河南省水利水电工程定额与造价

主　编　张　健
副主编　王海周
主　审　魏焕发

U0343807

黄河水利出版社

内容提要

本书参照河南省水利厅最新颁布的水利水电工程定额及设计概(估)算编制规定,从水利水电工程建设与管理的实际出发,以河南省水利水电工程概预算的编制过程为主线,详细介绍水利水电工程基本建设和概预算的基本概念、工程项目划分、费用构成、工程定额、基础单价及工程单价的编制,初步设计概算编制,投资估算、施工图预算和施工预算等内容的编制。

本书可供水利水电工程技术人员和大专院校相关专业师生参考,也可作为大专院校水利水电工程等相关专业概预算课程之教材。

图书在版编目(CIP)数据

河南省水利水电工程定额与造价/张健主编.—郑州:黄河水利出版社,2008.6
ISBN 978-7-80734-456-8

Ⅰ.河… Ⅱ.张… Ⅲ.①水利工程-建筑预算定额-河南省②水利工程-建筑造价管理-河南省③水力发电工程-建筑预算定额-河南省④水力发电工程-建筑造价管理-河南省 Ⅳ.TV512

中国版本图书馆 CIP 数据核字(2008)第 096009 号

出 版 社:黄河水利出版社
地址:河南省郑州市金水路 11 号　　邮政编码:450003
发行单位:黄河水利出版社
发行部电话:0371-66026940、66020550、66028024、66022620(传真)
E-mail:hhslcbs@126.com
承印单位:黄河水利委员会印刷厂
开本:787 mm×1 092 mm 1/16
印张:16.75
字数:400 千字　　印数:1—2 100
版次:2008 年 6 月第 1 版　　印次:2008 年 6 月第 1 次印刷

定价:32.00 元

前　言

随着社会主义市场经济体制的逐步完善，我国的基本建设造价管理体制已经发生了很大的变化。工程造价构成渐趋合理并逐步与国际惯例接轨，全面推行招标投标制，将竞争引入工程造价管理，这对合理确定和有效控制工程造价、提高投资效益，起到了积极的作用。

本书根据河南省水利厅2007年颁发的《河南省水利水电工程设计概（估）算编制规定》、《河南省水利水电建筑工程概算定额》、《河南省水利水电建筑工程预算定额》、《河南省水利水电设备安装工程概（预）算补充定额》、《河南省水利水电工程施工机械台时费定额》、水利部颁发[2002]《水利水电设备安装工程概算定额》、《水利水电设备安装工程预算定额》等，并结合水利水电建设的实践，比较系统地介绍了水利水电工程造价主要内容。

全书共分九章，第一章介绍基本建设，第二章介绍基本建设工程概预算，第三章介绍工程定额，第四章介绍水利水电工程费用，第五章介绍基础单价，第六章介绍建筑与安装工程单价，第七章介绍分部工程概算编制，第八章介绍设计总概算编制，第九章介绍计算机编制水利水电工程造价。

本书由张健主编并负责全书的统稿，第一章、第二章由华北水利水电学院水利职业学院赵辰和武桂枝编写，第三章、第四章、第五章由华北水利水电学院水利职业学院王新军和惠大众编写，第六章由华北水利水电学院水利职业学院张健和王利卿编写，第七章由华北水利水电学院水利职业学院石东山编写，第八章由华北水利水电学院水利职业学院王海周编写，第九章由华北水利水电学院水利职业学院张健、赵辰和武桂枝编写。

在本书编写过程中，河南省水利勘测设计研究有限公司王志军高级工程师、河南省河川工程监理有限公司魏焕发高级工程师、河南省南水北调中线工程建设管理局李申亭高级工程师、河南省白沙水库管理局许云高级工程师、河南华水工程管理有限公司韦强军总经理参与了教材大纲制定和内容审定工作。同时，本书在的编写过程中还参考和引用了一些相关专业书籍的论述，编者也在此向有关人员致以衷心的感谢。

由于编写时间仓促，加上编者水平有限，不足之处在所难免，恳请读者批评指正。

编　者

2008年3月

目 录

第一章 基本建设

第一节 概 述

一、基本建设的含义

基本建设是人类改造自然的一种活动。具体地说,基本建设是指国民经济各部门以扩大再生产为目的,而进行的各种新建、改建、扩建、迁建、恢复工程及与之相关的各项建设工作,以达到满足人们生产和生活必要物质条件的目的。如通常进行的工厂、矿山、港口、能源、交通、水利、医院、学校、商店、住宅等设施建设和购置机器设备、车辆、船舶等活动,以及与之相关的房屋搬迁、勘察设计和人员培训等建设工作。

根据马克思主义关于社会再生产的理论,任何社会的不断消耗都必须以社会生产不间歇地反复进行为基础,社会生产连续不断的更新,实质上是一个再生产过程。当这个过程表现为不断扩大规模和增加生产能力时,就是扩大再生产,在基本建设中即表现为新建项目(或工程)和扩建项目。当这个过程表现为维持原有规模和生产能力时,在基本建设中即表现为改建项目(或工程)和重建工程。此外,为保证社会扩大再生产或简单再生产的实现,还必须为各个经济活动领域的劳动者提供必要的生活设施,这在基本建设中即表现为各种非生产性工程建设。

二、基本建设的内容

基本建设是一个独特的、巨大的、综合性的物质生产部门,通过一定的投资活动来实现,其组成要素分如下三部分。

(一)建筑安装工程

建筑安装工程是基本建设的重要组成部分,包括建筑工程和安装工程。建筑工程是指永久性和临时性建筑物的构造工作;安装工程是指各种设备的安装、调试等工作。

(二)设备及工器具的购置

在基本建设工程中,需要一定数量及形式的设备和工器具来保证基本建设过程的顺利实施。设备及工器具的购置是指因建设项目需要而进行采购或自制达到固定资产标准的机电设备、金属结构设备、工具、器具等的购置工作。

(三)其他基本建设工作

除以上两项外,还有其他基本建设工作,如与固定资产扩大再生产相联系的勘察设计、征用土地、青苗补偿和移民安置补偿等。

具体而言,基本建设包括规划、勘察、设计、施工、试运转全过程以及地址选择、土地征用、施工设备、建筑及设备安装、生产设备和物质供应等内容,所以基本建设行业是专门从事有关工程建设的规划、勘察、设计、施工、科研以及管理的各类行业单位的总称。

三、基本建设的目的及作用

基本建设为发展国民经济提供物质基础,是提高人民群众物质文化生活水平和巩固国防的重要手段。它在国民经济中的作用表现为国民经济各行业再生产和扩大再生产的持续性进行与基本建设的密切关系,即构成国民经济的各个领域和各个生产部门,都是利用基本建设这一手段来实现。具体表现在以下几个方面:

(1)基本建设为国民经济的发展奠定物质技术基础,为社会再生产的不断扩大创造必要的条件。

(2)基本建设作为一个重要的产业部门,不仅可为社会创造巨大的物质财富,而且也为国民增加收入。

(3)基本建设为满足人民群众不断增长的物质及文化生活的需要,提供大量的住宅、各种文化福利设施以及社会公用工程项目。

(4)基本建设是增强国防力量的重要手段。

四、我国水利水电基本建设发展的成就

我国幅员辽阔,河流众多,全国大小河流长度约为 42 万 km,流域面积大于 100 km^2 的河流有 50 000 多条,其中流域面积大于 1 000 km^2 的大中河流有 1 500 余条,大于 1 km^2 的湖泊为 2 300 多个。

几千年来,勤劳勇敢的中国人民在与自然界做斗争的过程中,修建了许多兴利除害的水利工程,如灌溉川西平原的都江堰工程,贯穿南北的长达 1 700 多 km 的京杭大运河,还有已修建完成的世界上库容最大的长江三峡工程等。

虽然我国水利水电建设方面取得了巨大的成就,但同时面临的形势仍十分严峻,江河湖海的水患还在威胁着勤劳的中国人民,仍是我国的心腹之患。因此,目前国家加大了对水利的投资力度,并在水利建设中坚持全面规划、统筹安排、标本兼治、综合治理的原则,实行兴利除害相结合、开源节流并重、防洪抗旱并举的指导方针,促使我国水利水电建设向多元化、多层次、多渠道、高效率的水电投资和建设体系的方面发展。

第二节　基本建设的特点和项目划分

一、基本建设的特点

基本建设是固定资产再生产的一种经济活动。其与实际固定资产再生产的其他经济活动比较,有以下特点:

(1)形成新增的、完整的、可以独立发挥作用的固定资产。

(2)主要是固定资产的扩大再生产,含有固定资产的简单再生产。

(3)主要是外延的扩大再生产,在某种场合(如改建项目)表现为内涵的扩大再生产。例如,建设水电站、修水库、造桥梁、铺铁路等工程建设以及连带的机械设备、车辆、船舶等的购置和安装等,均为基本建设。

基本建设是全社会固定资产的扩大再生产,而各个建设项目的经济活动则是全社会固

定资产扩大再生产的有机组成部分。它能从根本上改变国民经济的重大比例、部门结构和生产力布局,对生产发展的远期速度及人民物质文化生活水平的提高都有重大影响,在整个国民经济计划中占有十分重要的地位。

二、基本建设项目划分

(一)一般基本建设项目划分

一个基本建设项目往往规模大、建设周期长、影响因素复杂,尤其是大中型水利水电工程。因此,为了便于编制基本建设计划和工程造价,组织招投标与施工,进行质量、工期和投资控制,拨付工程款项,实行经济核算和考核工程成本,须对一个基本建设项目进行系统的逐级划分。基本建设工程通常按项目本身的内部组成,将其划分为基本建设项目、单项工程、单位工程、分部工程和分项工程。

1.基本建设项目

基本建设项目是指按照一个总体设计进行施工,由一个或若干个单项工程组成,经济上实行统一核算,行政上实行统一管理的基本建设工程实体。如一座独立的工业厂房、一所学校或水利枢纽工程等。

一个建设项目中,可以有几个单项工程,也可以只有一个单项工程,不得把不属于一个设计文件内的、经济上分别核算、行政上分开管理的几个项目捆在一起作为一个建设项目,也不能把总体设计内的工程按地区或施工单位划分为几个建设项目。在一个设计任务书范围内,规定分期进行建设时,仍为一个建设项目。

2.单项工程

单项工程是一个建设项目中,具有独立的设计文件,竣工后能够独立发挥生产能力和使用效益的工程。如工厂内能够独立生产的车间、办公楼等,一所学校的教学楼、学生宿舍等,一个水利枢纽工程的发电站、拦河大坝等。

单项工程是具有独立存在意义的一个完整工程,也是一个极为复杂的综合体,它是由许多单位工程所组成的,如一个新建车间,不仅有厂房,还有设备安装等工程。

3.单位工程

单位工程是单项工程的组成部分,是指具有独立的设计文件、可以独立组织施工,但完工后不能独立发挥效益的工程。如工厂车间是一个单项工程,它又可以划分为建筑工程和设备安装工程两大类单位工程。

每一个单位工程仍然是一个较大的组合体,它本身仍然是由许多的结构或更小的部分组成的,所以对单位工程还需要进一步划分。

4.分部工程

分部工程是单位工程的组成部分,是按工程部位、设备种类和型号、使用的材料和工种的不同对单位工程所作的进一步划分。如建筑工程中的一般土建工程,按照不同的工种和不同的材料结构可划分为:土石方工程、基础工程、砌筑工程、钢筋混凝土工程等分部工程。

分部工程是编制工程造价、组织施工、质量评定、竣工结算与成本核算的基本单位,但在分部工程中影响工料消耗的因素仍然很多。例如,同样都是土方工程,由于土壤类别(普通土、坚硬土、砾质土)不同、挖土的深度不同、施工方法不同,则每一单位土方工程所消耗的人工、材料差别很大。因此,还必须把分部工程按照不同的施工方法、不同的材料、不同的规格等作进一步的划分。

5. 分项工程

分项工程是分部工程的组成部分，是通过较为简单的施工过程就能生产出来，并且可以用适当计量单位计算其工程量大小的建筑工程或设备安装工程产品。例如，每立方米砖基础工程、一台电动机的安装等。一般说，它的独立存在是没有意义的，它只是建筑工程或设备安装工程中最基本的构成要素。建设项目分解如图 1-1 所示。

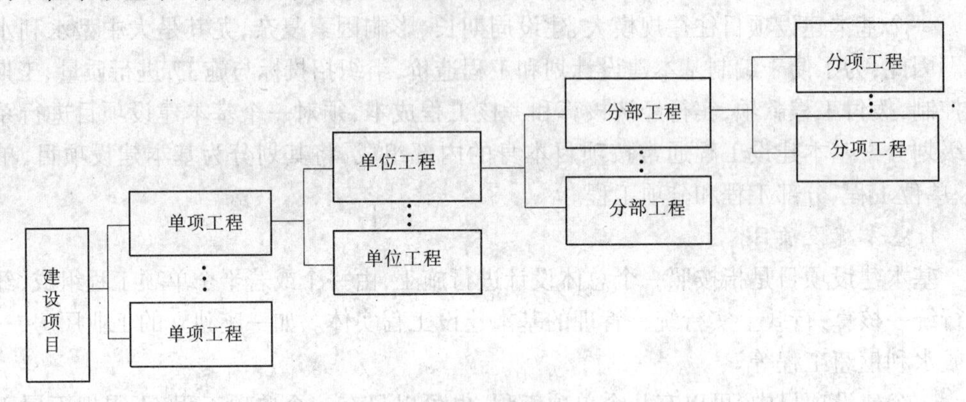

图 1-1 建设项目分解图

(二)水利工程项目划分

由于水利水电建设项目常常是由多种性质的水工建筑物构成的复杂的建筑综合体，同其他工程相比，包含的建筑种类多，涉及面广。例如，大中型水利水电工程除拦河大坝、主副厂房外，还有变电站、开关站、输变电线路、引水系统、泄洪设施、公路、桥涵、给排水系统、供风系统、通信系统、辅助企业、文化福利建筑等，难以严格按单项工程、单位工程等确切划分。在编制水利水电工程概(估)算时，根据现行水利部 2002 年颁发的《水利工程设计概(估)算编制规定》(以下简称《编规》)的有关规定，结合水利水电工程的性质特点和组成内容进行项目划分。

1. 两大类型

水利水电建设项目划分为两大类型，一类是枢纽工程(水库、水电站和其他大型独立建筑物)，另一类是引水工程及河道工程(供水工程、河湖整治工程和堤防工程)。

2. 五个部分

水利水电枢纽工程和引水工程及河道工程又划分为建筑工程、机电设备及安装工程、金属结构设备及安装工程、施工临时工程和独立费用五大部分。

1) 第一部分　建筑工程

(1) 枢纽工程。其是指水利枢纽建筑物(含引水工程中的水源工程)和其他大型独立建筑物。包括挡水工程、泄洪工程、引水工程、发电厂工程、升压变电站工程、航运工程、鱼道工程、交通工程、房屋建筑工程和其他建筑工程。其中，挡水工程等前七项为主体建筑工程。

(2) 引水工程及河道工程。其是指供水、灌溉、河湖整治、堤防修建与加固工程。包括供水、灌溉渠(管)道、河湖整治与堤防工程、建筑物工程(水源工程除外)、交通工程、房屋建筑工程、供电设施工程和其他建筑工程。

2）第二部分　机电设备及安装工程

（1）枢纽工程。其是指构成枢纽工程固定资产的全部机电设备及安装工程。本部分由发电设备及安装工程、升压变电设备及安装工程和公用设备及安装工程三项组成。

（2）引水工程及河道工程。其是指构成该工程固定资产的全部机电设备及安装工程。本部分一般由泵站设备及安装工程、小水电站设备及安装工程、供变电工程和公用设备及安装工程四项组成。

3）第三部分　金属结构设备及安装工程

该部分指构成枢纽工程和其他水利工程固定资产的全部金属结构设备及安装工程。包括闸门、启闭机、拦污栅、升船机等设备及安装工程，压力钢管制作及安装工程和其他金属结构设备及安装工程。金属结构设备及安装工程项目要与建筑工程项目相对应。

4）第四部分　施工临时工程

该部分指为辅助主体工程施工所必须修建的生产和生活用临时性工程。包括导流工程、施工交通工程、施工场外供电工程、施工房屋建筑工程及其他施工临时工程。

5）第五部分　独立费用

该部分由建设管理费、生产准备费、科研勘测设计费、建设及施工场地征用费和其他五项组成。

（1）建设管理费。其包括项目建设管理费、工程建设监理费和联合试运转费。

（2）生产准备费。其包括生产及管理单位提前进厂费、生产职工培训费、管理用具购置费、备品备件购置费、工器具及生产家具购置费。

（3）科研勘测设计费。其包括工程科学研究试验费和工程勘测设计费。

（4）建设及施工场地征用费。其包括永久工程征地和临时工程征地所发生的费用。

（5）其他。其包括定额编制管理费、工程质量监督费、工程保险费、其他税费。

第一、二、三部分均为永久性工程，均构成生产运行单位的固定资产。第四部分施工临时工程的全部投资扣除回收价值后，第五部分独立费用扣除流动资产和递延资产后，均以适当的比例摊入各永久工程中，构成固定资产的一部分。

3. 三级项目

根据水利工程性质，工程项目分别按枢纽工程、引水工程及河道工程划分，工程各部分下设一、二、三级项目。其中一级项目相当于单项工程，二级项目相当于单位工程，三级项目相当于分部分项工程。大中型水利基本建设工程概（估）算，按附录的项目划分编制。其中，第二、三级项目中，仅列示了代表性子目，编制概算时，第二、三级项目可根据水利工程初步设计编制规程的工作深度要求和工程情况增减或再划分，下列项目宜作必要的再划分：

（1）土方开挖工程，应将土方开挖与砂砾石开挖分列；

（2）石方开挖工程，应将明挖与暗挖，平洞与斜井、竖井分列；

（3）土石方回填工程，应将土方回填与石方回填分列；

（4）混凝土工程，应将不同工程部位、不同强度等级、不同级配的混凝土分列；

（5）模板工程，应将不同规格形状和材质的模板分列；

（6）砌石工程，应将干砌石、浆砌石、抛石、铅丝（钢筋）笼块石等分列；

（7）钻孔工程，应按使用不同钻孔机械及钻孔的不同用途分列；

（8）灌浆工程，应按不同灌浆种类分列；

(9)机电、金属结构设备及安装工程,应根据设计提供的设备清单,按分项要求逐一列出;

(10)钢管制作及安装工程,应将不同管径的钢管、叉管分列。

对于招标工程,应根据已批准的初步设计概算,按水利水电工程业主预算项目划分进行业主预算(执行概算)的编制。

(三)项目划分注意事项

(1)现行的项目划分适用于估算、概算、施工图预算。对于招标文件和业主预算,要根据工程分标及合同管理的需要来调整项目划分。

(2)建筑安装工程三级项目的设置除深度应满足《编规》的规定外,还必须与采用定额相适应。

(3)对有关部门提供的工程量和预算资料,应按项目划分和费用构成正确处理。如施工临时工程,按其规模、性质,有的应在第四部分施工临时工程一至四项中单独列项,有的包括在"其他施工临时工程"中,不单独列项,还有的包括在各个建筑安装工程直接工程费中的现场经费内。

(4)注意设计单位的习惯与概算项目划分的差异。如施工导流用的闸门及启闭设备大多由金属结构设计人员提供,但应列在第四部分施工临时工程内,而不是第三部分金属结构内。

第三节　基本建设程序

一、基本建设程序的组成内容

工程项目建设的各阶段、各环节、各项工作之间存在着一定的不可违反的先后顺序。基本建设程序是指基本建设项目从决策、设计、施工到竣工验收整个工作进程过程中各阶段及其工作所必须遵循的先后次序与步骤。它所反映的是在基本建设过程中各有关部门之间一环扣一环的紧密联系和工作中相互协调、相互配合的工作关系。

我国的基本建设程序最初是1952年由政务院颁布实施的。经过50多年的不断探索和发展,特别是经过近30多年的一系列改革,基本建设程序得到进一步的完善,具体工作内容包括以下各项。

(一)项目建议书阶段

在流域规划的基础上,由主管部门提出建设项目的轮廓设想,从宏观上衡量分析项目建设的必要性和可能性,分析建设条件是否具备,是否值得投入资金和人力进行可行性研究。

项目建议书编制一般由政府委托有相应资质的设计单位承担,并按国家现行规定权限向上级主管部门申报审批。

(二)可行性研究阶段

这一阶段的主要工作是对项目在经济上是否合理、技术上是否可行、财务上是否盈利进行综合研究、分析和论证,选出多种方案进行比较,提出评价意见,推荐最佳方案。在可行性研究阶段要编写出可行性研究报告,因为可行性研究报告是建设项目立项决策的依据,也是项目办理资金筹措、签订合作协议、进行初步设计等工作的依据和基础。

(三)初步设计阶段

初步设计是解决建设项目的技术可靠性和经济合理性问题的,因此具有一定程度的规划性质,是建设项目的"纲要"设计。

在初步设计阶段,要提出设计报告、初设概算和经济评价3项资料,阐明在指定的地点、时间和投资控制数内,拟建项目在技术上的可行性和经济上的合理性,并通过对设计对象做出的基本技术经济规定,编制项目的总概算。

(四)施工图设计

它是基本建设工程设计的最后阶段,是在经批准的初步设计和技术设计的基础上,根据建筑安装工程的需要,设计和绘制出更加详细的具有细部构造尺寸等图纸的设计工作。其主要内容包括:水工建筑物的平面图、剖面图、立面图以及建筑和结构详图,即施工图。施工图设计一般应全面贯彻初步设计和技术各项重大要求,是设备材料的订货、非标准设备的制造、施工图预算的编制和进行施工等的依据。

(五)施工准备阶段

为了保证建设施工的顺利进行,就必须做好各项准备工作。大中型建设项目设计任务书批准之后,主管部门根据设计任务书要求的建设进度和工作实际情况,组建建设单位,负责建设工作全过程的管理。其主要工作是:参与组织设计文件的审查,办理土地征用、移民拆迁,落实各种物资供应渠道,组织大型设备的加工制造和特殊材料的订货,并根据工作进度的内容协调开工应有的"三通一平"工作和外部条件,安排施工力量等。

(六)组织施工阶段

所有建设项目,都必须列入国家年度基本建设计划,做好建设施工设备,只有具备了开工条件并经过授权机关批准后才能开工建设。项目开工后,必须做到计划、设计、施工3个环节相互联系,在施工过程中,施工方必须严格遵守施工图纸、施工验收规范的规定,按照合理的施工顺序组织施工,并加强施工中的核算。同时,大中型项目必须进行招标投标后方可施工。

(七)生产准备

为了保证建设项目建成后能及时、顺利地投产,建设单位要根据建设项目的生产技术特点和要求,组成专门的生产班子,尽可能建制成套,抓好生产准备工作。内容主要有:招收和培训生产、技术管理人员,落实生产所需的各种原材料和内外部条件,制定必要的管理制度和生产操作规程及有关制度等。

(八)竣工验收阶段

竣工验收是工程建设完成,转入生产运行的标志。其作用在于:一是在投产前解决一些影响正常生产的问题;二是参加建设的各单位分别进行总结,给予必要的奖惩;三是正式移交固定资产,交付使用。所有建设项目都必须按批准的设计文件规定的内容建完并且质量符合要求,设计文件所规定的内容都要及时组织验收,并有效地交付使用才能最终结束全部工程。

(九)后评价阶段

建设项目后评价阶段是指项目竣工投产运行一段时间后,一般经过1~2年生产运行后,再对项目建设的各个阶段进行系统评价的一种技术经济活动。通过后评价阶段以达到肯定成绩、总结经验、研究问题、提高项目决策水平和投资效果的目的。

后评价阶段的主要内容包括：

(1)影响评价，通过项目建成投产后对社会各方面的影响来评价项目决策的正确性、合理性。

(2)经济效益评价，通过对项目建成投产后所产生的实际效益的分析，来评价项目投资是否合理、经营管理是否恰当，是否达到规划中的经济效益。

(3)过程评价，对项目立项、设计、施工、竣工投产等全过程进行系统分析与全面评价。

二、基本建设程序和概预算间的关系

基本建设不同阶段的工程概预算是随着设计深度的加深而逐步变化的，它们之间密切相关，逐级控制。前一段工作是后一段工作的依据、基础和先决条件，后一段工作是前一段工作的继续深化和检验。国家规定：经过审批的建设项目投资估算是工程造价的最高限额，不得任意突破，设计概算必须控制在投资估算范围之内；而施工图预算或合同标价应控制在批准的初步设计总概算或执行概算范围之内。

对基本建设工程概预算逐级编制与控制的目的，不仅仅在于控制项目投资不超过批准的造价限额，更重要的在于加强计划管理，实行经济概算，合理地使用人力、物力、财力，以取得最大的投资效益。

基本建设程序与工程概预算的关系如图 1-2 所示。

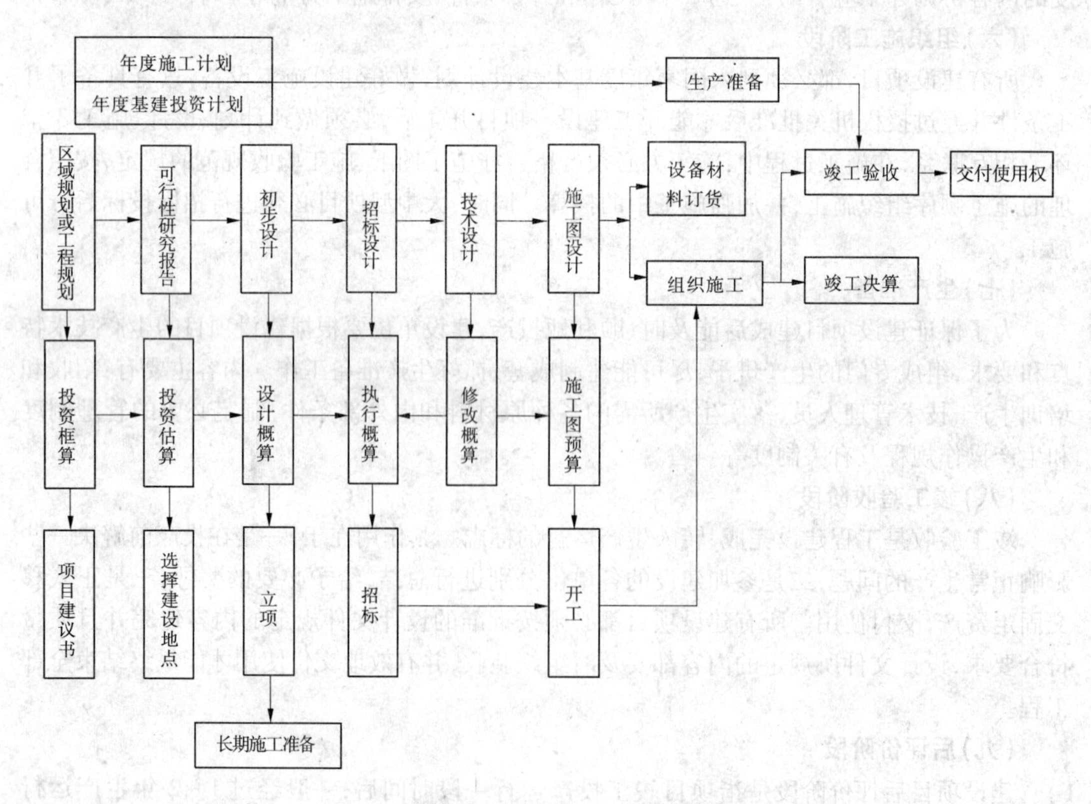

图 1-2　基本建设程序与工程概预算的关系

三、基本建设管理的基本职能

（一）计划职能

计划职能，是对未来的基本建设进行规划和安排的活动。它包括预测未来、决策目标、制订方案等内容。计划职能不仅限于编制计划，它还担负着组织相互有关的建设管理人员通过调查、预测决策、制定措施，形成各种方案，并付诸书面或其他形式等的一系列活动。

（二）组织职能

组织职能，是对实现计划目标的各种要素（劳动者、生产工具和原材料）和人们在经济活动的相互关系进行组合配置的活动。它是基本建设各要素、各环节形成互相联系的整体，保证基本建设顺利进行。

（三）指挥职能

指挥职能，是管理主体通过各种方法推动管理对象实现管理目标的活动，指挥形式有国家下达强制性管理指令、指令性计划、思想政治工作、依靠行政权力和运用经济杠杆进行间接指挥等。

（四）控制职能

控制职能，是为保证计划目标的实现，对基本建设全过程进行监督、检查和调节的各种活动。控制职能贯穿于基本建设的全过程。通过控制，可以使基本建设各要素形成相互制约的封闭系统。根据控制对象和范围，控制职能可分为宏观控制和微观控制；根据控制的实施方式，可分为直接控制和间接控制；根据控制发生的时期，可分为预先控制、过程控制和事后控制。

四、基本建设资金的主要来源和筹集

(1)财政拨款。

(2)国家基本建设基金(分经营性和非经营性)。

(3)银行贷款。包括建设银行贷款、工商银行贷款、农业银行贷款等。

(4)债券。包括重点企业债券、电力债券、建设债券等。

(5)集资。包括自筹、地方集资、企业集资及转由地方安排等。

(6)利用外资。

(7)电力建设资金。

第四节　水利水电工程造价与管理

一、工程造价

（一）工程造价的含义

在水利水电工程中，工程造价是指各类水利水电项目从筹建到竣工验收交付使用全过程所需的费用。

它有两层含义：

(1)第一层含义。工程造价指建设项目的建设成本，即完成一个建设项目所需要的各

项费用总和，包括基本建设的各项费用，即建筑及安装工程费、设备及工器具的购置费、其他基本建设工程费用，以上各费用也就是建筑工程造价、安装工程造价、设备造价等。这一含义是从投资者——业主的角度来定义的。投资者为了获得其预期的效益，需要在基本建设各过程中进行必要的一系列的投资管理。在投资活动中所支付的全部费用形成了固定资产和无形资产。所有这些费用构成了第一层含义的工程造价。

(2)第二层含义。工程造价是指建设项目的工程价格，也就是为建设一项工程，预计或实际在土地、设备、技术、劳务市场以及承发包等交易活动中所形成的建设安装工程价格和建设工程总价格。工程价格是以工程这种特定的商品形式作为交易对象，通过招标投标、承发包或其他交易形式，最终由市场形成价格。工程的范围及内涵可以是一个涵盖范围很大的建设项目，也可以是一个单项工程，甚至可以是整个建设工程中的某个很小的分段。

我们通常所说的工程造价就是指第二层含义的工程造价，即认为工程价格指的是工程承发包价格。工程承发包价格是工程价格中的一种最重要、最典型的价格形式。它是在建筑市场通过招标投标，由主体投资者和供给主体建筑商共同认可的价格。由于工程承发包交易活动形成的建筑安装工程价格在水利水电工程项目所形成的固定资产中占有50%～60%的份额，也是工程建设中最活跃的部分，所以我们平时把工程价格界定为工程承发包价格是可行的，有着现实意义。

工程造价的两层含义，即建设成本和工程承发包价格，二者之间既有联系又存在一定的区别，建设成本是对业主来说的，工程承发包价格是对应于承包方、发包方双方而言的。

(二)工程造价的职能

工程造价除具有一般商品的价格职能外，还具有以下特殊的职能。

1. 预测职能

由于建设工程的特点，工程造价一般都很大，无论是投资者还是承包商，都要对拟建工程进行预先测算。投资者预先测算工程造价，不仅可以作为项目决策的依据，同时也是筹集资金、控制造价的需要。承包商对工程造价的测算，既为投标决策提供依据，也为投标报价和成本管理提供依据。

2. 控制职能

工程造价的控制职能表现在两个方面：一方面是对投资的控制，即在投资的各个阶段，根据对造价的多次性预估，对造价进行全过程多层次的控制；另一方面是对以承包商为代表的商品和劳务供应企业的成本控制。在价格一定的条件下，企业实际成本开支决定企业的盈利水平。成本越高盈利越低，成本高于价格就威胁企业的生存。所以，企业要以工程造价来控制成本。

3. 评价职能

工程造价是评价总投资和分项投资合理性及投资效益的主要依据之一。在评价土地价格、建筑安装工程产品和设备价格的合理性时，就必须利用工程造价资料；在评价建设项目偿贷能力、获利能力和宏观效益时，也要依据工程造价。工程造价也是评价建筑安装企业管理水平和经营成果的重要依据。

4. 调控职能

工程建设直接关系到经济增长，也直接关系到资源分配和资金流向，对国计民生都产生重大影响。所以，国家对建设规模、结构进行宏观调控在任何条件下都是不可缺少的，对政府投资项目进行直接调控和管理也是非常必要的。这些都要用工程造价作为经济杠杆，对工程建设中的物质消耗水平、建设规模、投资方向等进行调控和管理。

（三）工程造价的有关概念

1. 静态投资与动态投资

静态投资是以某一基准年、月的建设要素的价格为依据所计算出的建设项目的投资。水利水电工程静态投资包括建筑工程费、机电设备及安装工程费、金属结构设备及安装工程费、施工临时工程费、独立费用、基本预备费等。

动态投资是指为完成一个工程项目的建设，预计投资需要量的总和。它除了包括静态投资所含内容之外，还包括建设期融资利息、价差预备费等。动态投资适应了市场价格运行机制的要求，使投资的计划、估算、控制更加符合实际，符合经济运行规律。

静态投资和动态投资虽然内容有所区别但二者又有密切联系。动态投资包含静态投资，静态投资是动态投资最主要的组成部分，也是动态投资的计算基础。

2. 建设项目总投资

建设项目总投资是投资主体为获取预期收益，在选定的建设项目上投入所需要全部资金的经济行为。生产性建设项目总投资包括固定资产投资和流动资产投资两部分。而非生产性建设项目总投资只有固定资产投资，不含上述流动资产投资。建设项目总造价是项目总投资中固定资产投资的总额。

3. 固定资产投资

建设项目的固定资产投资就是建设项目的工程造价，二者在量上是一致的。其中，建筑安装工程投资也就是建筑安装工程造价，二者在量上也是一致的。

固定资产投资包括基本建设投资、更新改造投资、房地产开发投资及其他固定资产投资四部分。其中基本建设投资是用于新建、改建、扩建和重建项目的资金投入行为，是形成固定资产的主要手段，在固定资产投资中占的比重最大，占全社会固定资产投资总额的50%～60%。更新改造投资是在保证固定资产简单再生产的基础上，通过以先进科学技术改造原有技术，实现以内涵为主的固定资产扩大再生产的资金投入行为，占全社会固定资产投资总额的20%～30%，是固定资产再生产的主要方式之一。房地产开发投资是房地产企业开发厂房、宾馆、写字楼、仓库和住宅房屋设施及开发土地的资金投入行为，目前在固定资产投资中已占20%左右。其他固定资产投资，是按规定不纳入投资计划和用专项资金进行基本建设及更新改造的资金投入行为，它在固定资产投资中占的比重较小。

4. 基本建设工程造价

基本建设工程造价，是基本建设产品价值的货币表现。基本建设工程造价是比较典型的生产领域价格。从投资的角度看，它是建设项目投资中的基本建设工程投资。基本建设工程造价是投资者和承包商双方共同认可的由市场形成的价格。在建筑市场，建筑安装企业所生产的产品作为商品既有使用价值也有价值。这种商品所具有的技术经济特点，使它的交易方式、计价方法、价格的构成因素，以至付款方式都存在许多特点。

二、工程造价管理

工程造价管理是随着社会生产力的发展、商品经济的发展和现代管理科学的发展而产生和发展的，最终目的是运用各种科学手段获得最大的效益。

(一)工程造价管理的含义

工程造价管理包括以下两方面的含义。

1. 建设工程的投资费用管理

建设工程投资管理作为建设工程的投资费用管理,就是为了达到预期的效果(效益)对建设工程的投资行为进行计划、预测、组织、指挥、监控等系列活动。但是,工程造价第一层含义的管理侧重于投资费用管理,而不是侧重于工程建设的技术方面。建设工程投资费用管理的含义是:为了实现投资的预期目标,在拟定的规划、设计方案的条件下,预测、计算、确定和监控工程造价及其变动的系统活动。这一含义既涵盖了微观层次的项目投资费用的管理,也涵盖了宏观层次的投资费用的管理。

2. 建设工程的价格管理

建设工程的价格管理属于价格管理范畴。在社会主义市场经济条件下,价格管理分微观价格管理和宏观价格管理。微观价格管理,是指业主对某一建设项目的建设成本的管理和承、发包双方对工程承包价格的管理。它是在掌握市场价格信息的基础上,为实现管理目标而进行的成本控制、计价、定价和竞价的系统活动。微观价格管理反映了微观主体按支配价格运动的经济规律,对商品价格进行能动的计划、预测、监控和调整,并接受价格对生产的调节。承、发包方为了维护各自的利益,保证价格的兑现和风险的补偿,双方都要对工程承发包价格进行管理,如工程价款的支付、结算、变更、索赔、奖惩等,这都属于微观价格管理。宏观价格管理,是指国家利用法律、经济、行政等手段对建设项目的建设成本和工程承发包价格进行的管理和调控。

工程建设关系国计民生,同时今后国家投资公共、公益性项目仍然会有相当份额,所以国家对工程造价的管理,不仅承担一般商品价格的调控职能,而且在政府投资项目上也承担着微观主体的管理职能,有着双重角色的双重管理职能。

(二)不同建设阶段的工程造价管理

工程造价管理不仅是指概预算编制,也不仅是指投资管理,还包括建设项目从可行性研究阶段工程造价的预测开始,工程造价预控、经济性论证、承发包价格确定、建设期间资金运用管理到工程实际造成的确定和经济后评价为止的整个建设过程的工程造价管理。

由于分阶段进行而且生产周期长,应根据不同建设阶段造价控制的要求编制不同深度的造价文件,包括投资估算、设计概算、施工图预算、招投标合同价格、竣工结算、竣工决算等。

(1)在项目建议书阶段,按照有关规定,应编制投资估算。经有关部门批准,作为拟建项目列入国家中长期计划和开展前期工作的控制造价。

(2)可行性研究阶段编制投资估算书,对工程造价进行预测。工程造价的全过程管理要从估算这个“龙头”抓起,充分考虑各种可能的意外和风险及价格上涨等动态因素,打足投资、不留缺口,适当留有余地。

(3)初步设计阶段编制概算,对工程造价作进一步的测算。初步设计阶段对建筑物的布置、结构形式、主要尺寸及设备选型等重大问题都已明确,可行性研究阶段遗留的不确定性因素已基本不存在,所以概算对工程造价不是一般的预测,而是具有定位性质的测算。

(4)技术设计阶段和施工图设计阶段,设计单位应分别编制修正概算和施工图预算,要对工程造价作更进一步的计算。

(5)标底必须控制在业主预算范围以内。对于投标单位,则要对投标项目按招标文件给定的条件,在对工程风险及竞争形势分析的基础上作出报价。

(6)工程实施阶段的工程造价管理包括两个层次的内容:①业主与其代理机构(建设管理单位)之间的投资管理;②建设单位与施工承包单位之间的合同管理。第一个层次的内容主要有编制业主预算,资金的统筹与运作,投资的调整与结算。第二个层次的主要内容有工程价款的支付、调整、结算以及变更和索赔的处理等。

(7)建设项目全部工程完工后,建设单位应编制竣工决算,以反映从工程筹建到竣工验收实际发生过的全部建设费用的投资额度和投资效果。

复习思考题

1. 什么叫基本建设?基本建设的特点和作用如何?
2. 基本建设项目如何划分?
3. 水利水电建设工程的项目如何划分?
4. 基本建设程序有哪些内容?
5. 设计文件由哪些内容组成?
6. 水利水电建设工程概预算工作包括哪些内容?它与基本建设程序的关系怎样?
7. 基本建设管理有哪些基本职能?
8. 工程造价管理的含义是什么?
9. 简述水利水电工程造价管理的含义和作用。
10. 水利水电工程造价文件的类型有哪些?
11. 水利工程项目是如何划分的?其内容如何?

第二章　基本建设工程概预算

第一节　概　述

工程概预算,是基本建设工程实施以前对所需资金使用的计划,是以货币形式表现的基本建设项目投资额的技术经济文件,是通过一定的计划程序计算和确定工程价格的计划文件。在基本建设管理工作中,工程概预算是合理地确定和有效地控制基本建设工程造价的重要手段。

基本建设工程概预算,是根据不同设计阶段的具体内容和有关定额、指标分别进行编制的。根据我国基本建设程序的规定,在工程的不同建设阶段,要编制相应的工程造价,一般有以下几种。

一、投资估算

可行性研究是水利水电建设程序中的一个重要阶段,是前期工作的关键性环节。投资估算是可行性研究报告的重要组成部分,是国家为近期开发项目做出科学决策和批准进行初步设计的重要依据,是编制基本建设计划,实行基本建设投资大包干,控制其中建设拨款、贷款的依据,也是考核设计方案和建设成本是否合理的依据。

可行性研究报告的投资估算一经上级主管部门的批准,即作为控制该建设项目初步设计概算静态总投资的最高限额,不得任意突破。

二、初步设计概算

它是指在初步设计阶段,设计单位为确定拟建基本建设项目所需的投资额或费用而编制的工程造价文件。它是初步设计文件的重要组成部分,必须完整地反映工程初步设计的内容,严格执行国家有关的方针、政策和制度,实事求是地根据工程所在地的建设条件,正确地按有关依据和资料,在经批准的可行性研究报告及估算总投资的控制下进行编制。

初步设计概算经批准后,是确定和控制基本建设投资,编制基本建设计划、利用外资概算和执行概算、工程招标的标底,实行建设项目投资包干,考核工程造价和验核工程经济合理性的依据,是国家控制该建设项目总投资的依据,也是编制施工招标标底的依据。

三、执行概算

执行概算是在已经批准的初步设计概算的基础上,对已经确定实行投资包干或招标承包制的大型水利水电工程建设项目,根据工程管理与投资的支配权限,按照管理单位及分标项目的划分进行投资的切块分配而编制的,以便对工程投资进行管理与控制,并作为项目投资主管部门与建设单位签订工程总承包(或投资包干)合同的主要依据。

四、修改概算

对于某些大型工程或特殊工程采用三阶段设计时，在技术设计阶段，随着设计内容的深化，可能会出现建设规模、结构类型、设备类型和数量等内容与初步设计相比不同的情况，设计单位应对投资额进行具体核算，对初步设计总概算进行修改，进而编制修改概算。作为设计文件的组成部分，修改概算是在量(指工程规模或设计标准)和价(指价格水平)都有变化的情况下，对设计概算的修改。

五、施工图预算

施工图预算，应在已批准的初步设计概算的控制下进行编制。当某些单位工程施工图预算超过初步设计概算时，设计总负责人应当分析原因，考虑修改施工图设计，力求与批准的初步设计概算达到平衡。

施工图预算的主要作用如下：

(1)它是确定单位工程项目造价，编制固定资产计划的依据。

(2)它是在初步设计概算的控制下，进一步考核设计经济合理性的依据。

(3)它是签订工程承包合同，实行建设单位(施工单位)投资包干和办理工程结算的依据。

(4)它是建筑单位进行单项工程招标时确定招标标底的重要依据，是结算工程价款的依据。

(5)它是建筑企业进行经济核算、考核工程成本的依据。

由于它是施工图设计的组成部分，因此应由设计单位负责编制。一般建筑工程的施工图预算可作为编制施工招标标底的依据。

六、标底与报价

标底，是招标工程的预期价格，主要是以招标文件和图纸为依据，按有关规定，结合工程的具体情况，计算出的合理的工程价格。它是由业主委托具有相应资质的设计单位、社会咨询单位编制完成的，包括发包造价、与造价相适应的质量保证措施及主要施工方案，为了缩短工期所需的措施费等。标底的作用是招标单位在一定浮动范围内合理控制工程造价，明确自己在发包工程上应承担的经济义务，同时也是投资单位考核发包工程造价的主要尺度。

投标报价即报价，是施工企业(或厂家)对建筑工程施工产品的自主定价。它反映的是市场价格，体现了企业的经营管理、技术和装备水平。中标报价是建筑工程施工产品的成交价格。

七、外资概算

外资概算，是根据资金来源和利用外资的形式进行编制的，也是初步设计内资概算的延续和补充。其编制一般应按两个步骤进行：第一步是按国内概算的编制办法和规定完成内资概算的编制；第二步是在已确定的外资来源、额度和投向的基础上，参照国内概算的编制办法，编制外资概算。

八、施工预算

施工预算,是建筑企业以单位工程为对象所编制的人工、材料、机械台时耗用量及其费用总额,即单位工程计划成本。其编制的目的是按计划控制企业劳动和物资耗用量。施工预算包括:

(1)分层、分部位、分项工程量指标。

(2)所需人工、材料、机械台时消耗量指标。

(3)按人工工种、材料种类、机械类型分别计算的消耗量。

(4)按人工、材料和机械台时的消耗总量分别计算的人工费、材料费和机械使用费,以及按分项工程和单位工程计算的直接费。

施工预算是根据施工图的工程量、施工组织设计(或施工方案)和体现企业平均先进水平的施工定额,采用实物量法进行编制的。施工预算和建筑安装工程预算的定额,反映了企业个别劳动量和社会平均劳动量间的差别,能体现降低工程成本计划的要求。

九、竣工结算

它是施工单位与建设单位对承建工程项目的最终结算,是在实行按估算或合同价格结算价款办法的前提下,施工单位和建设单位清算工程款的一项日常管理工作。按工程施工阶段的不同,工程结算有中间结算和竣工结算之分。

中间结算就是在工程施工过程中,由施工单位按"月度工程统计报表"列明的当期已完成的工程实物量,以经过审批的工程预算书或合同中的相应价格为依据,向建设单位办理工程价款结算的一种过渡性结算。它是整个工程竣工结算,以确定工程的最终造价,并作为项目竣工决算的重要依据。

十、竣工决算

竣工决算是指建设项目全部完成后,在工程竣工验收阶段,由建设单位编制的从项目筹建到建成投产全部费用的技术经济文件。它是建设投资管理的重要环节,是工程竣工验收、交付使用的重要依据,也是进行建设项目财务总结、银行对其实行监督的必要手段。

竣工决算的目的是要确定工程项目的最终实际成本。其按决策范围不同,有建安工程竣工决算和建设项目竣工决算之分。水利水电工程建设通常以项目工程为竣工决算对象。工程竣工结算报告由施工单位编制;建设项目的竣工决算报告由建设单位编制。

竣工结算和竣工决算的关系可归纳为以下两点:

(1)竣工结算只反映承建工程项目的最终预算成本,其确定的工程造价,只是整个工程建设的成本部分;而竣工决算还包括工程建设的其他费用的实际支出和分摊,它是作为项目竣工决算的重要依据。

(2)办理竣工结算一般是以单位工程或工程合同为对象的,是编制竣工决算的基础,只有先办竣工结算 ,才能编制竣工决算,所以要求竣工结算应该完工一项业主结算一项,为编制竣工决算文件创造条件。

第二节　工程概预算的关系

一、概算和预算的关系

概算和预算统称为工程建设预算，大致有以下区别。

（一）所起作用不同

概算在初步设计阶段编制，并作为向上级主管部门报批投资的文件，经审批后用以编制固定资产计划，是控制建设项目投资的依据；预算在施工图设计阶段编制，它起着对建筑产品计算价格的作用，是结算工程价款的依据。

（二）编制依据不同

概算依据概算定额或概算指标进行编制，其内容经综合、扩大而比施工图预算简化，概括性强；预算则依据预算定额或综合预算定额单价及统一取费率进行编制，其项目较详细。

（三）编制内容不同

概算应包括工程建设的全部内容，如总概算要考虑从工程开始筹建到其全部竣工验收交付使用为止所需的一切费用；预算一般不编制总预算，只编制单位工程预算和综合预算书，同时一般不包括准备阶段的费用（如勘察、征地、生产职工培训费等）。

二、"三算"及其相互关系

通常所说的基本建设的"三算"，是指设计概算、施工图预算和竣工决算。"三算"是工程建设中必不可少的经济工作。它们各自的作用虽然不同，但相互间有着密切的内在联系，即前者控制后者，后者补充前者。具体体现在：设计概算是控制工程项目投资的依据，施工图预算是控制工程实际成本不超过控制投资额的依据，竣工决算的内容相当一部分是按施工图预算，一部分按实际成本列入的，控制项目投资额的超支或节约，须与竣工决算和经批准的设计概算相比较。因此，要努力提高预算的编制质量，以保证竣工决算的真实可靠性。

三、工程概预算的作用和特点

（一）工程概预算的作用

基本建设概预算，是考核设计与方案在技术上的可行性、经济上的合理性，确定基本建设项目总投资，编制年度投资计算，实行投资包干，进行工程招投标，筹措工程建设资金，办理投资拨款、贷款，核算建设成本，考核工程造价和投资效果等项内容的主要依据。由于编制阶段、编制依据和工作深度的不同，它所起的作用也不同。

1. 投资估算的作用

可行性研究阶段的投资估算，是建设项目决策的重要依据之一。设计任务书一经批准，其投资估算就是工程造价的最高限额，起着控制建设项目总造价的作用。

2. 设计概算（或投资概算）的作用

设计概算，是初步设计文件中不可缺少的组成部分，是由设计单位在已批准的可行性研究报告及投资估算的控制下而编制的。它是国家确定和控制建设项目的投资总额、编制年度基本建设计划的依据；是控制基本建设拨款和贷款的依据；是实行建设项目投资包干、招投标项目控制标底的依据；是控制施工图预算，考核设计单位成果是否经济合理的依据；也是建设单位进行成本核算、考核成本是否经济合理的依据。

3. 施工图预算的作用

施工图预算，是在单项工程开工之前，由设计单位在已审定的施工图纸、施工组织设计、预算定额、费用标准和其他有关文件的基础上，编制的更加具体详细的工程费用文件。它是建设单位落实调查年度投资计划的依据；是招标工程编制标底和报价的依据；是签订承包合同及办理工程拨款和结算的依据，是单项工程或建设项目竣工后办理竣工决算的依据；是施工单位实行经济核算，考核人工、材料、机械消耗数量的标准。

4. 施工预算的作用

施工预算，就是施工单位根据施工图纸、施工定额和施工组织设计，按照内容核算要求编制的一种预算。其作用是施工单位进行企业内部经济管理和施工核算成本控制的依据，是编制施工作业计划的依据。

（二）工程概预算的特点

1. 科学性和客观性

工程概预算是现阶段工程建设技术水平和管理水平的反映。概预算编制人员必须了解设计过程，熟悉施工技术，掌握编制方法，具有一定的设计施工和工程经济专业知识，还要实事求是，深入调查研究，掌握建设项目设计和建设地点的技术经济资料及市场信息，科学、客观地编制好概预算。

2. 政策性和严肃性

经过审查批准的工程概预算，是确定基本建设工程计划价格的技术经济文件，具有法律效力。编制工程概预算，要严格执行国家颁布的各项政策、法令、规定和制度，正确选用定额标准、费率标准和价格，提高概预算的准确性，既要防止漏项少算，又要防止高估冒算，决不容许人为地抬高或压低工程造价。针对水利水电工程施工风险大的特点，在编制概预算时还应留有一定余地，以防失控。

第三节　工程概预算的表现形式

基本建设是一项十分复杂的工作，整个工程的建设是一个庞大的系统工程，涉及到多专业、多学科、多部门和不同的单项工程，在各个不同的设计阶段所体现的工作内容也不尽相同，因此在概预算文件的表现形式上也不尽一样。一般来讲，概预算文件的表现形式有以下几种：

（1）在区域规划和工程规划阶段，概预算文件的表现形式是投资框算。

（2）在可行性研究阶段，概预算文件的表现形式是投资估算。

（3）在初步设计阶段，概预算文件的表现形式是投资概算（或设计概算）。个别复杂的工程需要进行技术设计，在该阶段概预算文件的表现形式是修改概算。

（4）在招标设计阶段，概预算文件的表现形式是执行概算，并应据此编制招标标底（国外称工程师预算）。

(5)在施工图设计阶段,概预算文件的表现形式是施工图预算(或称设计预算)。

当工程按设计文件的要求全部完成,经有关部门初验合格,建设单位就应提出申请,要求上级主管部门进行竣工验收。在此期间,建设单位应按工程性质,根据水利或水电建设工程不同的工程验收规程的要求准备有关的资料,同时应根据《水利工程基本建设项目竣工决算报告编制规程》的要求编制竣工决算的报告,一并提交工程验收委员会进行审查。工程经验收合格后,才能办理资产转移和移交。

综上所述,概预算文件表现形式见图 2-1。

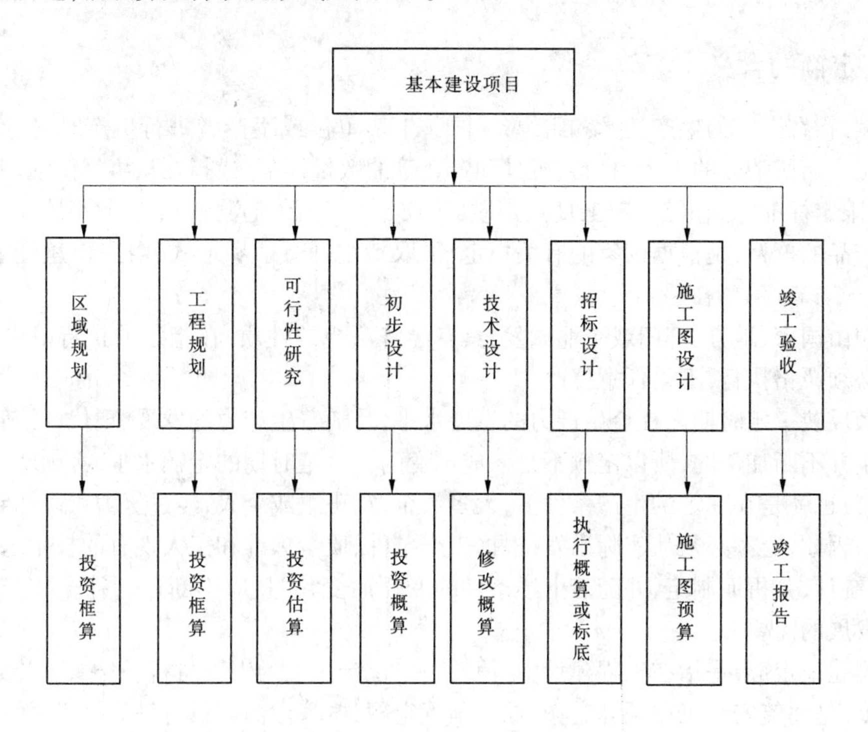

图 2-1　概预算文件表现形式

复习思考题

1. 工程概预算的作用和分类是什么?请详细说明。

2. 工程概算和预算有何区别和联系?

3. 工程概算的特点如何?

4. 工程概算文件在不同设计阶段的表现形式是什么?

5. 何为“三算”,它们有何关系?

6. 试述工程概预算的编制程序。

7. 区分下列概念:设计预算和设计概算;施工图预算和施工预算;竣工结算和竣工决算;标底和报价。

第三章　工程定额

第一节　概　述

一、定额的含义

定额，指在一定的生产技术和组织条件下，生产单位或生产者进行生产时，生产质量合格的单位产品所消耗的人力、材料、机具和资金等的数量标准，或指在从事经济活动时对人、财、物的限定标准。如定额（定工日）、定质（定质量）、定量（定数量）、定价（定价格）等。工程建设产品的价格，是根据国家的有关规定，采取特定的方法和形式，由工程建设定额来确定的。

定额由国家、地方、部门或企业颁发，具有经济法规的性质，在指定的执行范围内，任何单位都必须严格执行，不得任意修改。

定额反映一定时期内社会生产力的发展水平，是随着生产力的发展、现代经济管理的发展而产生并不断加深的，所以定额不是一成不变的。一定时期的定额水平，必须坚持平均先进的原则，也就是在一定的生产条件下，大多数企业、班组或个人，经过努力可以达到或超过的标准。因此，定额必须从实际出发，根据生产条件、质量标准和工人现有的技术水平等，经过测算、统计、分析而制定，并随着上述条件的变化而变化，且应不断进行补充和修订，以适应生产发展的需要。

工程建设定额，是指在工程建设中，消耗在单位产品上的人工材料、机械、资金或工期的规定额度，是建筑安装工程预算定额、综合预算定额、概算定额、概算指标、投资估算指标、施工定额和工期定额的总称。在社会主义国家中，定额是实行经济核算和编制计划的依据，也是现代经济管理的基础和重要内容。因此，在社会主义企业中，工程建设定额具有以下三大特点。

（一）定额的科学性

工程建设定额中的各类参数，是在遵循客观规律的条件下，以实事求是的态度，运用科学的方法认真研究分析后确定的。在技术方法上，吸取了现代科学管理的成就，结构严密，概括性强。

（二）定额的法令性

工程建设定额，一经主管部门的颁发，就具有国家法令性质，各有关职能机构都必须贯彻执行，任何使用单位或个人也都必须遵守，执行定额没有随意性。主管部门要对企业或单位进行必要的监督，使定额的执行具有严肃性和纪律性。

（三）定额的群众性

定额的群众性，是指它的制定和执行都具有广泛的群众性。

（1）定额水平高低的取舍，主要取决于广大建筑安装工人的生产能力和创造水平，定额上劳动消耗的数量标准是建筑企业职工的劳动和智慧的综合结晶。

(2)广大群众是测定、编制定额的参加者,定额本身就反映着群众易于掌握的特点。

(3)广大群众是定额的执行者。定额的执行归根结底要依靠广大建筑安装职工在一切技术经济活动中实现它,否则,定额就会变成一纸空文,并失掉它的特有的组织群众、动员群众的力量。

(4)广大群众是定额的拥护者。群众之所以信任它,是因为它根据社会主义原则把群众的长远利益和眼前利益正确地结合起来,保护了群众的利益。

定额的三大特点是互相联系的,定额的科学性是定额法令性的客观依据,定额的法令性又是贯彻执行定额的重要保证,定额的群众性则是制定和执行定额的可靠基础。

二、工程定额的分类

(一)按物质内容分类

1. 劳动的消耗定额(劳动定额、人工定额)

它反映出建筑安装工人劳动生产率的平均先进水平,其表示形式有时间定额和产量定额两种。时间定额,指在合理的劳动组织和施工条件下,生产质量合格的单位产品所需的劳动量;产量定额,指在同样条件下,在单位时间内所生产的质量合格的产品数量。时间定额和产量定额互为倒数关系。

2. 材料消耗定额

材料消耗定额,指在节约与合理使用材料的条件下,生产质量合格的单位产品所需一定规格材料的数量标准(如建筑材料、成品、半成品或配件)。

3. 机械作业定额(机械台时定额)

它是指施工机械在正常的施工条件下,合理地组织劳动和使用机械时,在单位时间内完成合格产品所需消耗的机械台时数量标准。

(二)按其编制程序和用途分类

1. 施工定额

施工定额,是用于施工管理的定额,指一种工种完成某一计量单位合格产品所需的人工、材料和施工机械台时消耗量的标准,是编制施工预算和施工计划的依据,也是施工企业内部编制作业计划、进行工料分析、签发工程任务单和考核预算成本完成情况的依据。

2. 预算定额

预算定额,是由国家主管部门或其授权单位组织编制、审批和颁发的,用于编制设计预算的定额。它确定了一定计量单位的分部分项工程或结构构件的人工、材料(包括成品、半成品)和施工机械台时耗用量以及费用标准。

3. 概算定额或概算指标

概算定额,是预算定额的扩大和合并,是确定一定计量单位的工程的人工、材料和施工机械台时费的需要以及费用标准。

概算指标,是以整个建筑物为对象,或以一定数量工程为计量单位,而规定的人工、材料和机械耗用量及其费用标准。

概算定额,是介于预算定额和概算指标之间的定额。

4. 投资估算指标

它是在可行性研究阶段作为技术经济比较或建设投资估算的依据，是由概算定额扩大和统计资料分析编制而成的。

（三）按编制单位和执行范围分类

1. 全国统一定额

全国统一定额，是根据全国各专业工程的生产技术和组织管理的一般情况而编制的定额，各行业、部门普遍使用，在全国范围内执行，一般由国家计委或其授权单位编制。

2. 全国行业定额

它是在某个部门或几个部门使用的专业定额。

3. 地方定额

地方定额，是参照全国统一定额、行业定额及国家有关统一规定，由省、自治区和直辖市根据地方工程特点编制的本地区执行的定额。如河南省水利厅2007年颁发的《河南省水利水电建筑工程预算定额》。

4. 企业定额

企业定额，指建筑安装企业在其生产经营过程中，在全国统一定额和地方定额的基础上，根据自身积累资料和工程特点，结合本企业具体情况自行编制的定额，供企业内部管理和企业投标报价用。

（四）按其费用性质分类

1. 直接费定额

直接费定额，由直接进行施工所发生的人工、材料成品、半成品、机械使用和其他费组成，是计算工程单价的基础。

2. 间接费定额

间接费定额，指企业为组织和管理施工所发生的各项费用，一般以直接费或人工费作为计算基础。

3. 施工机械台时费定额

施工机械台时费定额，是指在施工过程中，为使机械正常运转所发生的机上人员、动力、燃料消耗数量和基本折旧、大修理、经常性修理、安装拆卸和替换设备等费用的定额。

三、工程建设定额的作用

定额是企业管理的基础工作之一，对搞好企业管理具有非常重要的作用。

（一）定额是编制计划的基础

无论是国家还是企业，在制订各种计划时，都直接或间接地以各种定额作为依据计算人力、财力和物力等各项资源的需要量。因此，定额是编制计划的基础。

（二）定额是确定工程造价的依据，是评比设计方案合理性的尺度

工程造价是根据设计内容通过工程概预算来确定的，而在编制概预算时，对需要的劳动力、材料和机械设备消耗量是按照有关定额计算的。因此，定额是确定产品成本的依据。同时，同一建筑产品的不同设计方案的成本，反映了不同设计方案的技术经济水平的高低，因此定额是比较和评价设计方案是否经济合理的尺度。

（三）定额是实行投资包干和招投标承包制的依据

为了提高工程建设的经济效益，大力推行市场经济条件下投资包干和招投标承包制，工程建设在实施过程中，无论是签订投资包干协议还是编制招标标底或投标报价，都必须以定额为依据。

（四）定额是贯彻按劳分配的尺度

施工企业为了提高经济效益，必须加强科学管理，实行经济核算，而定额正是考核工料消耗与劳动生产率，贯彻按劳分配，实行经济核算的依据。

（五）定额是总结推广先进生产方法的手段

用定额标定方法可以对同一产品在同一操作条件的生产方法进行观察、分析和总结，从而得到一套优化的生产方法，作为施工中推广的范例，使劳动生产率获得普遍的提高。

工程建设中常用的定额，各自又有以下作用。

1. 概算定额的作用

（1）是编制初步设计概算和修改概算的主要依据。

（2）是筛选设计方案、进行经济比较和分析的必要依据。

（3）是编制建筑工程项目主要材料申报计划的计算基础。

（4）是制定概算指标的计算基础。

（5）是工程在施工期中结算的依据。

2. 预算定额的作用

（1）是编制预算和结算的依据。

（2）是编制单位估价表的依据。

（3）是计算工程预算造价和编制建筑工程概算定额及概算指标的依据。

（4）是施工单位评定劳动生产率、进行经济核算的依据。

四、编制定额的原则

为了保证各类定额的质量，在编制定额时，必须遵循下列原则。

（一）平均合理的原则

编制定额，必须从实际出发，根据定额的性质，确定先进合理的定额水平，既不能反映少数先进水平，更不能以后进水平为依据，而只能采用平均先进水平，这样才能代表社会生产力的水平和方向，推动社会生产力的发展。实践证明，定额水平过低，不能促进生产发展；定额水平过高，会挫伤工人的生产积极性。平均先进水平，既反映了先进经验和操作水平，又从实际出发，区别对待，综合分析有利因素和不利因素，使定额水平做到先进合理。

（二）简明适用的原则

编制定额，结构形式要简明适用，主要是指定额项目划分要合理，文字要通俗，计算要简便。具体而言，定额必须简明适用，在保证具有一定的准备性的前提下，简化定额项目，以主体结构项目为主，合并相关部分，进行适当综合和扩大，这样可以简化工程量计算。同时，定额项目单位应尽量和产品计量单位相一致，对定额中章、节编排应方便基层单位使用。

第二节　定额的编制方法

编制水利水电建筑安装工程定额以施工定额为基础，施工定额由劳动定额、材料消耗定额和机械使用定额三部分组成,在施工定额的基础上再编制预算定额,而概算定额是以预算定额为基础综合扩大编制的。如河南省水利厅于2007年编制的《河南省水利水电建筑工程预算定额》乘以1.03的概算系数即为设计概算,投资估算指标按预算定额乘以1.13的估算系数,或按概算定额乘以1.10的估算系数采用。编制施工定额的方法有经验估工法、统计分析法、计算分析法、技术测定法和比较类推法5种。

一、经验估工法

它是由有丰富实践经验的施工技术人员、定额专业人员和工人相结合,总结在施工实践中所积累的经验和资料,通过交流、讨论分析和综合平衡拟定定额。其关键是要搜集符合当前生产力水平的经验与资料,并尽可能减少编制过程中的主观片面性。

该方法一般用于品种多、工程量少、施工时间短,以及一些不常出现的项目等一次性定额的制定。

二、统计分析法

统计分析法,是根据一定时期内完成的工程数量和相应的工时消耗、材料消耗、机械台时消耗等的统计资料,加以整理,结合当前组织技术和生产条件,分析对比后拟定定额。统计分析法的关键是要搜集和积累真实、系统、完整、准确的统计资料。

三、计算分析法

计算分析法,是根据施工及验收技术规范和操作规程,确定定额项目的施工方法质量标准,选择典型图纸,用理论计算方法拟定定额项目单位工程所需的人工、材料和机械台时耗用量定额。

四、技术测定法

这是根据现场测定制定定额的一种科学方法。其基本做法是:首先对施工过程和工作时间进行科学分析,拟定合理的施工工序,然后在施工实践中对各个工序进行实测、查定,从而确定在合理的生产组织措施下,工人与施工机械的正常生产和合理的材料消耗定额。

技术测定法确定工时定额与机械产量定额通常采用工作日写实记录法和测时法。工作日写实记录法,主要用于研究各种性质的工时消耗,包括基本工作时间、辅助工作时间、不可避免的中断时间、准备与结束时间、休息时间和各种损失时间等;测时法,主要用于观察循环施工过程中循环组成部分的工时消耗,通过计时观察、写实记录获得制定定额所需的技术数据。

采用技术测定法确定材料消耗定额,常用实验室试验法与现场观测法。

实验室试验法,是通过专业的仪器设备来测定满足一定技术要求的单位产品的各种材料消耗量。用试验法确定材料消耗定额,要考虑施工现场各种影响材料消耗的因素。

现场观测法,是在合理使用材料的条件下,在施工现场对正常施工的典型结构的完成产品数量和材料消耗量进行实际测算,通过分析法来确定材料消耗定额。

技术测定法有较高的准确性和科学性,是制定新定额和典型定额的主要方法。

五、比较类推法

比较类推法，是根据同类型项目或相似项目的定额进行对比分析类推而制定定额。此法在比较的典型定额与相关定额之间呈比例关系时才选用。它常与其他方法结合使用，用于定额编制中某项数据的确定。

上述几种方法是编制劳动定额的基本方法，在编制定额中，可以结合具体情况灵活运用，相互结合，相互借鉴，其中技术测定是基础。

第三节　定额的应用

一、定额的组成内容

水利水电工程中现行的各种定额，一般由总说明、分册、分章说明、目录、定额表和有关附录组成，其中定额表是各种定额的主要组成部分。

河南省水利厅 2007 年颁发的《河南省水利水电建筑工程概算定额》和《河南省水利水电建筑工程预算定额》的定额表内，列出了各定额项目完成不同子目单位工程量所必需的人工、主要材料和主要机械台时消耗量。《河南省水利水电建筑工程预算定额》各定额项目的定额表上方注明该定额项目的适用范围和工作内容，在定额表内对完成不同子目单位工程量所必需耗用的零星用工、用料及机具费用，以“其他费用”项列出。《河南省水利水电建筑工程概算定额》的定额表上方只说明该定额项目的工作内容，在定额表内对完成不同子目单位工程量所必需的零星材料和辅助机械使用费，以“零星材料费”和“其他材料使用费”列出。

河南省水利厅 2007 年颁发的《河南省水利水电设备安装工程概(预)算补充定额》的定额表，以安装费价目表或以设备原价为计算基础的安装费率两种形式表示。表中所列安装费包括设备安装费和构成工程实体的装置性材料安装费。安装费由人工费、材料费和机械使用费组成。

构成工程实体的装置性材料(即被安装的材料，如电缆、管道、母线等)安装包括装置性材料本身的价值。

二、定额的使用

定额在水利水电工程建设经济管理工作中起着重要作用，设计单位的概预算工作人员和施工企业的经济管理人员都必须熟练准确地使用定额，为此，必须做到以下几点：

(1)首先要认真阅读定额的总说明和分册说明，对说明中指出的编制原则、依据、适用范围、使用方法，已经考虑和没有考虑的因素，以及有关问题的说明等，都要通晓和熟悉。

(2)要了解定额项目的工作内容，能根据工程部位、施工方法、施工机械和其他施工条件正确地选用定额项目，做到不错项、不漏项、不重项。

(3)要学会使用定额的各种附录。例如，对建筑工程要掌握土壤与岩石分级、砂浆与混凝土配合材料及用量的确定；对于安装工程，要掌握安装费调整和各种装置性材料用量和概算指标的确定等。

(4)要注意定额修正的各种换算关系。当施工条件与定额项目规定条件不符时,应按定额说明和定额表附注中有关规定换新修正。例如,各种运输定额的运距换算、各种系数换算等。除特殊说明外,一般乘系数换算均按连乘计算。使用时还要区分修正系数是全面修正还是只乘以人工工日、材料消耗或机械台时的某一项或几项。

(5)要注意定额单位和定额中数字表示的适用范围。概预算工程项目的计量单位要和定额项目的计量单位一致。要注意区分土石方工程中的自然方和压实方,砂石备料中的成品方、自然方和堆方、码方,砌石工程中的砌体方与石料码方,沥青混凝土的拦合方与成品方等。定额中凡数字后用"以上"、"以外"表示的都不包括数字本身,凡数字后用"以下"、"以内"表示的都包括数字本身。凡用数字上下限表示的,如 500 ~ 1 000 相当于500 以上到1 000以下。

复习思考题

1. 什么叫定额?为什么要制定定额?
2. 简述施工定额、预算定额与概算定额的作用和它们间的相互关系。
3. 工程建设定额的分类和特点是什么?
4. 常用编制定额的方法有哪几种?分别说明之。
5. 工程定额的作用是什么?
6. 编制工程定额的原则是什么?
7. 怎样才能使用好定额?
8. 定额由哪些内容组成?
9. 2007 年河南省水利厅颁发的定额的主要内容、表现形式及适用范围是什么?

第四章　水利水电工程费用

第一节　费用构成

水利水电工程建设项目费用是指工程从筹建到竣工验收、交付使用所需要的各种费用之和。根据河南省水利水电工程概预算定额及设计概(估)算编制规定(2007),水利水电工程建设项目费用由建筑及安装工程费、设备费、施工临时工程费、独立费、预备费、建设期融资利息组成。

一、建筑及安装工程费

建筑及安装工程费用由直接工程费、间接费、企业利润、税金四部分组成。

(一)直接工程费

直接工程费是指在建筑与安装工程施工过程中直接消耗在工程项目上的活劳动和物化劳动,由直接费、其他直接费和现场经费组成。

直接费包括人工费、材料费、施工机械使用费。

其他直接费包括冬雨季施工增加费、夜间施工增加费和其他。

现场经费包括临时设施费和现场管理费。

(二)间接费

间接费是指施工企业为建筑与安装工程施工而进行组织与经营管理所发生的各项费用。它构成产品成本,由企业管理费、财务费用和其他费用组成。

(三)企业利润

企业利润是指按照规定应计入建筑与安装工程费用中的利润,利润率不分建筑工程和安装工程,均按直接工程费与间接费之和的7%计算。

(四)税金

税金是指国家对施工企业承担建筑与安装工程作业收入所征收的营业税、城市维护建设税和教育费附加。税金率应当分别根据国家发布的有关文件规定的征收范围和税率计算。

二、设备费

设备费包括设备原价、运杂费、运输保险费和采购及保管费。

三、施工临时工程费

施工临时工程是指在水利水电基本建设工程项目的施工准备阶段和建设过程中,为了保证永久建筑安装工程的施工而修建的临时工程和辅助设施。其费用构成与建筑安装工程相同。

四、独立费用

独立费用是由建设管理费、生产准备费、科研勘测设计费、建设及施工场地征用费和其他五项组成。

五、预备费

预备费是指初步设计阶段难以预料而在施工过程中又有可能发生的规定范围内的工程和费用，以及工程建设内发生的价差。它包括基本预备费和价差预备费两项。

六、建设期融资利息

根据国家财政金融政策规定，工程在建设期内须偿还并且应当计入工程总投资的融资利息。

第二节 计算程序

编制水利水电工程费用时，要针对具体工程，根据不同的设计阶段和设计成果，收集各种现场资料、文件定额等，划分工程项目，编制工程的人工预算单价，材料预算价格，施工用水、用电、用风以及砂石料预算价格，施工机械台时费，然后编制分部分项工程概预算，汇总分部分项工程概预算，形成单位工程或单项工程概预算，汇总单位工程或单项工程概预算以及其他费用，编制总概预算。

一、水利水电建设工程项目费用的计算

按河南省水利厅豫水建字[2006]52号文颁发的《河南省水利基本建设工程设计概（估）算费用构成及取费标准》的规定计算概（估）算表的费用。

（一）第一部分：建筑工程

建筑工程按照主体建筑工程、交通工程、房屋建筑工程、供电线路工程、其他建筑工程分别采用不同的方法编制。一般该部分费用按建筑工程量乘以单价计算。

（二）第二部分：机电设备及安装工程

该部分费用按机电设备费及安装工程量乘以安装工程单价计算。

（三）第三部分：金属结构设备及安装工程

该部分费用按金属结构设备费及安装工程量乘以安装工程单价计算。

（四）第四部分：临时工程

1. 导流工程

按设计工程量乘以单价计算，也可以扩大单位指标编制。

2. 施工交通工程

按设计工程量乘以单价计算，也可以扩大单位指标编制，也可以根据工程所在地造价指标编制。

3. 场外供电工程

限10 kV等级以上输变电工程，按工程量乘以单价计算，也可以根据工程所在地区造价

指标编制。

4. 施工房屋建筑工程

该工程包括施工仓库和办公及文化福利建筑两部分,具体计算参考有关文件。

5. 其他施工临时工程

按以上累计建安工作量(不包括其他施工临时工程)之和的百分率计算,枢纽工程取3.5%,河道灌区工程取0.8%。第一部分至第四部分合计后减去设备费,即为建安工作量。

(五)第五部分:独立费用

独立费用又称其他基本建设支出,是指生产准备和施工过程中与工程建设有直接关联又难于直接摊入某个单位工程的其他工程的费用。

1. 建设管理费

(1)前期工作咨询费。

(2)建设单位开办费。

(3)建设单位管理费。

(4)工程建设监理费。

(5)联合试运转费。

(6)其他费用。包括招标业务费、施工图审查费、工程验收审计与质量检测及蓄水安全鉴定费和其他。

以上6项是按照国家及省有关部门相关规定计列的。

2. 生产准备费

(1)生产及管理单位提前进场厂费。

(2)生产职工培训费。

(3)管理用具购置费。

(4)备品备件购置费。

(5)工器具及生产家具购置费。

前三项按第一部分至第四部分建安工作量的百分率计算。

后两项购置费按第二部分、第三部分设备费的百分率计算。

3. 科研勘测设计费

(1)工程科学研究试验费。按第一部分至第四部分合计建安工作量的百分率计算。

(2)工程勘测设计费。按照国家及省有关部门相关规定计列。

4. 建设及施工场地征用费

其具体编制方法和计算标准可以参照移民和环境部分概算编制规定执行。

5. 其他费用

(1)定额编制管理费。按照国家及省有关部门相关规定计列。

(2)工程质量监督费。按照国家及省有关部门相关规定计列。

(3)安全生产监督费。按照国家及省计划(物价)有关部门相关规定计列。

(4)工程保险费。按照工程第一部分至第四部分投资合计的4.5‰计算。

(5)其他税费。按国家有关规定计列。

(六)第六部分:预备费及建设期融资利息

1. 预备费

(1)基本预备费。根据工程规模、施工年限和地质条件等不同情况,按工程第一部分至第五部分投资合计数(依据分年度投资表)的百分率计算,初步设计阶段为5% ~8%。

(2)价差预备费。根据施工年限,依据资金流量表的静态投资为计算基数,按照国家计委,根据物价变动趋势,适当调整和发布的年物价指数计算。

2. 建设期融资利息

建设期融资利息是根据国家财政金融政策规定,工程在建设期内须偿还并且应当计入工程总投资的融资利息。

3. 静态总投资

工程第一部分至第五部分投资与基本预备费之和构成静态总投资。

4. 总投资

工程第一部分至第五部分投资、基本预备费、价差预备费和建设期融资利息之和构成工程总投资。

编制总概算表时,在第五部分独立费用之后。按照顺序计列以下项目:

(1)第一部分至第五部分投资合计;

(2)基本预备费;

(3)静态总投资;

(4)价差预备费;

(5)建设期融资利息;

(6)总投资。

二、建筑工程、安装工程单价的计算

(一)直接工程费

1. 直接费

(1)人工费。定额劳动量(工时数)乘以人工预算单价。

(2)材料费。定额材料用量乘以材料预算单价。

(3)机械使用费。定额机械使用量(台时数)乘以施工机械台时费。

2. 其他直接费

其他直接费包括冬雨季施工增加费、夜间施工增加费和其他三部分,按直接费的百分率计算。

应说明的是,照明线路工程费包括在“临时设施费”中,施工附属企业系统、加工厂、车间照明,列入相应的产品中,均不包括在夜间施工增加费之内。

3. 现场经费

按直接费的百分率计算。

(二)间接费

间接费根据间接费定额表规定计算,建筑工程以直接工程费作为计算基础;安装工程以人工费作为计算基础。

(三)企业利润

企业利润按直接工程费和间接费之和的7%计算。

(四)税金

税金按直接工程费、间接费和企业利润之和的百分率计算。

复习思考题

1. 水利水电工程建设费用由哪些内容构成?
2. 建筑工程和安装工程有哪些费用?各部分费用如何计算?
3. 水利水电工程建设总投资如何计算?
4. 价差预备费和基本预备费有何区别?

第五章　基础单价

在编制水利水电工程概预算时，需要根据工程项目所在地区的有关规定、工程所在地的具体条件、施工技术、材料来源等，编制人工预算单价、材料预算价格、施工机械台时费、砂石料单价、砂浆及混凝土材料价格、施工用电、风、水预算价格，作为编制建筑安装工程单价的基本依据。这些预算价格统称为基础单价。

第一节　人工预算单价

一、人工预算单价的组成

人工预算单价是指在编制概预算过程中，用以计算各种生产工人人工费时所采用的人工费单价，指直接从事建筑安装施工的生产工人的工资、工资性津贴和属于生产工人开支范围内的各项费用。人工预算单价是计算建筑安装工程单价和施工机械使用费中人工费的基础单价。

人工预算单价的组成内容和标准，在不同的时期、不同的部门、不同的地区，都是不相同的。因此，在编制概预算时，必须根据工程所在地区工资类别和现行水利水电施工企业工人工资标准及有关工资性津贴标准，按照国家有关规定，正确地确定生产工人人工预算单价。

人工预算单价由基本工资、辅助工资、工资附加费等三部分内容组成，划分为工长、高级工、中级工、初级工四个档次。

(一)基本工资

基本工资包括岗位工资、年功工资和年应工作天数内非作业天数的工资。其中：

(1)岗位工资是指按照职工所在岗位从事的各项劳动要素测评结果确定的工资。

(2)年功工资是指按照职工工作年限确定的工资，随工作年限增加而逐年累加。

(3)生产工人年应工作天数内非作业天数的工资，包括职工开会学习、培训期间的工资，调动工作、休假、探亲期间的工资，因气候影响的停工工资，女工哺乳期间的工资，产假、婚假、丧假期间的工资及病假在六个月以内的工资等。

(二)辅助工资

辅助工资是指在基本工资之外，以其他形式支付给职工的工资性收入，指根据国家有关规定属于工资性质的各种津贴，主要包括地区津贴、施工津贴、夜餐津贴、节日加班津贴等。

(三)工资附加费

工资附加费是指按照国家规定提取的职工福利基金、工会经费、养老保险费、医疗保险费、工伤保险费、职工失业保险基金和住房公积金。

二、人工预算单价计算

人工预算单价应根据国家有关规定，按工程所在地区的工资区类别和水利水电施工企业工人工资标准并结合水利工程特点等进行计算。河南省水利水电行业现执行的是河南省水利厅2007年制定的人工预算单价计算办法。

(一)人工预算单价计算方法

根据2007年河南省水利厅颁发的有关规定,现行人工预算单价包括以下3大项12小项内容,其分项计算方法如下。

1.基本工资

其计算公式为:

基本工资(元/工日)=基本工资标准(元/月)×地区工资系数×12月÷251天×1.068 (5-1)

2.辅助工资

其计算公式为:

施工津贴(元/工日)=津贴标准(元/天)×365×95%÷251天×1.068 (5-2)

夜餐津贴(元/工日)=(中班津贴标准+夜班津贴标准)÷2×30%(20%) (5-3)

节日加班津贴(元/工日)=基本工资(元/工日)×3×10÷251天×35% (5-4)

3.工资附加费

由职工福利基金、工会经费、养老保险费、医疗保险费、工伤保险费、职工失业保险基金、住房公积金组成。

其计算公式为:

职工福利基金(元/工日)=[基本工资(元/工日)+辅助工资(元/工日)]×费率标准(%) (5-5)

工会经费(元/工日)=[基本工资(元/工日)+辅助工资(元/工日)]×费率标准(%) (5-6)

养老保险费(元/工日)=[基本工资(元/工日)+辅助工资(元/工日)]×费率标准(%) (5-7)

医疗保险费(元/工日)=[基本工资(元/工日)+辅助工资(元/工日)]×费率标准(%) (5-8)

工伤保险费(元/工日)=[基本工资(元/工日)+辅助工资(元/工日)]×费率标准(%) (5-9)

职工失业保险基金(元/工日)=[基本工资(元/工日)+辅助工资(元/工日)]×费率标准(%) (5-10)

住房公积金(元/工日)=[基本工资(元/工日)+辅助工资(元/工日)]×费率标准(%) (5-11)

注意:

(1)上述费用计算中的1.068为年应工作天数内非工作天数的工资系数;

(2)计算夜餐津贴时,式中百分数的选取为:枢纽工程取30%,引水工程及河道工程取20%。

4.人工工日预算单价

其计算公式为:

人工工日预算单价(元/工日)=基本工资+辅助工资+工资附加费 (5-12)

5. 人工工时预算单价

其计算公式为:

人工工时预算单价(元/工时) = 人工工日预算单价(元/工日)÷日工作时间(工时/工日) (5-13)

人工预算单价可采用例 5-1 中表 5-5 所示格式计算。

(二)人工预算单价计算标准

1. 有效工作时间

年应工作天数:251 天(全年 365 天减去双休日 104 天、法定节日 10 天);

日工作时间:8 工时/工日;

年非作业天数:16 天/年;

年有效工作天数:年应工作天数减去年非作业天数,为 235 天;

年应工作天数内非作业天数的工资系数:251 ÷ 235 = 1.068。

2. 基本工资

根据河南省水利厅现行《河南省水利水电工程设计概(估)算编制规定》,并结合水利水电工程特点,分别确定了枢纽工程、引水工程及河道工程工资标准。

(1)基本工资标准:基本工资标准见表 5-1。

表 5-1 基本工资标准(六类工资区)

序号	名 称	单 位	枢纽工程	引水工程及河道工程
1	工 长	元/月	550	385
2	高级工	元/月	500	350
3	中级工	元/月	400	280
4	初级工	元/月	270	190

注:按国家规定享受生活费补贴的特殊地区,可按有关规定计算,并计入基本工资。

(2)地区工资系数:根据劳动部的规定,六类以上工资区的地区工资系数如表 5-2 所示。应说明的是,河南省水利水电工程不考虑工资系数。

表 5-2 与六类工资区对应的各类工资区地区工资系数

工资区类别	地区工资系数	工资区类别	地区工资系数
七类工资区	1.026 1	十类工资区	1.104 3
八类工资区	1.052 2	十一类工资区	1.130 4
九类工资区	1.078 3		

(3)辅助工资标准:经国家有关部门和河南省水利厅批准的地区津贴计入辅助工资,各省、自治区、直辖市规定的各种补贴按现行规定不计入人工预算单价。辅助工资标准见表 5-3。

表 5-3 辅助工资标准

序号	项目	枢纽工程	引水工程及河道工程
1	地区津贴	按国家、省、自治区、直辖市的规定	
2	施工津贴	5.3 元/天	4.5 元/天
3	夜餐津贴	4.5 元/夜班,3.5 元/中班	

注:初级工的施工津贴标准按上述数值的 50% 计取。

(4)工资附加费标准:工资附加费标准见表5-4。

表5-4 工资附加费标准

序号	项 目	费率标准(%)	
		工长、高级工、中级工	初级工
1	职工福利基金	14	7
2	工会经费	2	1
3	养老保险费	20	10
4	医疗保险费	4	2
5	工伤保险费	1.5	1.5
6	职工失业保险基金	2	1
7	住房公积金	5	2.5

【例5-1】 某中型水利枢纽工程位于河南省,按河南省水利厅现行规定计算该工程工长的人工工日预算单价和人工工时预算单价。

解:参考上述计算方法,该工程人工预算单价计算成果见表5-5。

表5-5 某工程人工预算单价计算成果

地区类别	六类	定额人工等级	工长
序号	项 目	计算式	单价(元)
1	基本工资	550×12÷251×1.068	28.08
2	辅助工资	(1)+(2)+(3)+(4)	10.19
(1)	地区津贴		
(2)	施工津贴	5.3×365×95%÷251×1.068	7.82
(3)	夜餐津贴	(3.5+4.5)÷2×30%	1.20
(4)	节日加班津贴	28.08×3 ×10÷251×35%	1.17
3	工资附加费	(1)+(2)+(3)+(4)+(5)+(6)+(7)	18.56
(1)	职工福利基金	(28.08+10.19)×14%	5.36
(2)	工会经费	(28.08+10.19)×2%	0.77
(3)	养老保险费	(28.08+10.19)×20%	7.65
(4)	医疗保险费	(28.08+10.19)×4%	1.53
(5)	工伤保险费	(28.08+10.19)×1.5%	0.57
(6)	职工失业保险基金	(28.08+10.19)×2%	0.77
(7)	住房公积金	(28.08+10.19)×5%	1.91
4	人工工日预算单价	1+2+3	56.83
5	人工工时预算单价	56.83÷8	7.10

相应地，可计算出不同工种的人工预算单价，表5-6列举了河南省水利水电工程不同工种的人工预算单价。

表5-6　不同工种人工预算单价

工程类别	枢纽工程		引水工程及河道工程	
工长	56.83(元/工日)	7.10(元/工时)	41.44(元/工日)	5.18(元/工时)
高级工	52.89(元/工日)	6.61(元/工时)	38.72(元/工日)	4.84(元/工时)
中级工	44.99(元/工日)	5.62(元/工时)	33.20(元/工日)	4.15(元/工时)
初级工	24.34(元/工日)	3.04(元/工时)	17.76(元/工日)	2.22(元/工时)

第二节　材料预算价格

材料指用于水利水电建筑安装工程中的消耗性材料、装置性材料和周转性材料。在工程建设过程中，直接为生产某建筑安装工程而耗用的原材料、半成品、成品、零件等统称为材料，而材料费是工程投资的主要组成部分，一般达到工程总投资的30%～65%。因此，正确计算材料的预算价格，对于提高工程概预算质量、降低工程造价具有重要意义。材料按照其作用及对工程投资的影响程度，分为主要材料和次要材料。

材料预算价格是计算建筑安装工程单价中材料费的基础单价，在编制过程中，必须坚持实事求是的原则，进行深入细致的调查研究工作，按工程所在地编制年的价格水平计算。

一、主要材料与次要材料的划分

在编制材料预算价格时，首先遇到的问题是水利水电工程建设中所使用的材料品种繁多，规格各异，在编制材料的预算价格时没必要也不可能逐一详细计算，而是按其用量的多少及对工程投资的影响程度，将材料划分为主要材料和次要材料，对主要材料逐一详细计算其材料预算价格，而对次要材料则采用简化的方法进行计算。

（一）主要材料

主要材料是指在施工中用量大或用量虽小但价格很高，对工程投资影响较大的材料。

水利水电工程常用的主要材料一般有：

(1)水泥。包括硅酸盐水泥、普通硅酸盐水泥、矿渣硅酸盐水泥、火山灰质硅酸盐水泥、粉煤灰硅酸盐水泥及一些特殊性能的水泥。

(2)钢材。包括各种钢筋、钢绞线、钢板、工字钢、槽钢、角钢、扁钢、钢管、钢轨等。

(3)木材。包括原木、板枋材等。

(4)油料。包括汽油、柴油。

(5)火工产品。包括炸药(起爆炸药、单质猛炸药、混合猛炸药)、雷管(火雷管、电雷管、延期电雷管、毫秒电雷管)、导电线或导火线(导火索、纱包线、导爆索等)。

(6)砂石料。指砂、碎(卵)石、块石等当地建筑材料，是建筑工程中混凝土、反滤层、堆砌石和灌浆等结构物的主要建筑材料。由于水利水电工程需要量较大，一般自行开采，其材料预算价格将在本章第五节作专门介绍。

(7)电缆及母线。

由于主要材料对工程总投资影响大,因此一般需要编制材料预算价格,在编制水利水电工程概预算时,对其价格必须分别按照不同的供应地点、运输方式、运输里程等进行分析计算,以求尽可能接近实际。

(二)次要材料

次要材料又称其他材料,指施工中用量少、对工程投资影响较小的除主要材料以外的其他材料。一般包括电焊条、铁钉、铁件等。

次要材料是相对于主要材料而言的,二者之间并没有严格的界限,要根据工程对某种材料用量的多少及其在工程投资中的比重来确定。如大体积混凝土掺用粉煤灰,或大量采用沥青混凝土防渗的工程,可将粉煤灰、沥青视为主要材料;而对石方开挖量很小的工程,炸药可不作为主要材料。

二、主要材料预算价格的组成

材料费指用于建筑安装工程中的消耗性材料费、装置性材料费和周转性材料费。具体内容在定额中表现为应计入的未计价材料费和计价材料费。

主要材料预算价格指材料从供货地点运到工地分仓库或者相当于工地分仓库材料堆放料场的出库价格,一般包括材料原价、包装费、运杂费、运输保险费、采购及保管费五项。其中,材料的包装费并不是对每种材料都可能发生。例如,散装材料不存在包装费,有的材料包装费已计入出厂价。

主要材料预算价格的计算公式为:

$$\text{材料预算价格}=(\text{材料原价}+\text{包装费}+\text{运杂费})\times(1+\text{采购及保管费率})+\text{运输保险费} \tag{5-14}$$

为了使编制的材料预算价格符合工程实际,在编制材料预算价格之前,需要到有关部门收集相关建筑材料的市场信息。通常需要收集的信息有:工程所在区域建筑材料的市场价格、供应状况、对外交通条件、已建工程的实际经验和资料、国家或地方有关法规等。为了节约资金,降低工程造价,应合理选择材料的供货商、供货地点、供货比例和运输方式等,一般情况下,应考虑就近选择材料来源地。

(一)材料原价

它是计算材料预算价格的基值,随着社会主义市场经济的发展,材料原价可按照材料市场价或交货价格确定,一般按工程所在地区就近大的物资供应公司、材料交易中心的市场成交价或设计选定的生产厂家的出厂价或工程所在地建设工程造价管理部门公布的价格信息计算。同一种材料,因源产地、供应商家的不同,会有不同的供应价格,需根据市场调查的详细资料,按不同产地的市场价格和供应比例,采取加权平均方法计算。

1. 水泥产品

根据国家计委和建材局计价管理的规定,从1996年4月1日起,全部水泥执行市场价,水泥产品价格由厂家根据市场供求状况和水泥生产成本自主定价,水泥原价为选定厂家的出厂价。在可行性研究阶段编制投资估算,水泥原价可统一按袋装水泥价格计算。

2. 钢材

钢材根据设计所需要的规格品种的市场价计算。如果设计提供品种规格有困难时,钢筋可采用普通 A3 光面钢筋ϕ16～18 比例占 70%、低合金钢 20MnSi ϕ20 ～25 比例占 30% 进行计算。各种型钢、钢板的代表规格、型号和比例，根据设计要求确定。

3. 木材

凡工程所需木材可由林区贮木场直接供应的工程，原则上一般按照贮木场的大宗市场批发价；由工程所在地区木材公司供应的，执行地区木材公司规定的大宗市场批发价。

确定木材原价的代表规格，按二（杉木）、三（松木）类树种各 50%，Ⅰ、Ⅱ等材各占 50% 考虑，长度按 2.0～3.8 m，原松木径级为 ϕ20～28 cm，锯材按中板中枋，杉木径级根据设计由贮木场供应情况确定。

4. 油料

汽油、柴油的原价全部按工程所在地区石油公司的批发价计算。汽油代表规格为 70#，柴油代表规格按工程所在地区气温条件确定。其中Ⅰ类气温区 0#柴油比例占 75%～100%，-10#～-20#柴油比例占 0～25%；Ⅱ类气温区 0#柴油比例占 55%～65%，-10#～-20#柴油比例占 35%～45%；Ⅲ类气温区 0#柴油比例占 40%～55%，-10#～-20#柴油比例占 45%～60%。Ⅰ类气温区包括广东、广西、云南、贵州、四川、江苏、湖南、浙江、湖北、安徽；Ⅱ类气温区包括河南、河北、山西、山东、陕西、甘肃、宁夏、内蒙古；Ⅲ类气温区包括青海、新疆、西藏、辽宁、吉林、黑龙江。

5. 火工产品

按国家及地方有关规定计算其价格。其中，炸药的代表规格为：2#岩石铵梯炸药，4#抗水岩石铵梯炸药，1～9 kg/包。

上述 5 种建筑材料是水利水电工程概预算编制中一般必须编制预算价格的主要材料，在具体工程中须根据工程项目进行增删。

（二）包装费及包装品回收价值

包装费是指为便于材料的运输或为保护材料而进行包装所需的费用，包括厂家所进行的包装以及在运输过程中所进行的捆扎、支撑等费用。凡由生产厂家负责包装并已将包装费计入材料原价的，在计算材料的预算价格时，不再计算包装费。包装费和包装品的价值，因材料品种和厂家处理包装品的方式不同而异，应根据具体情况分别进行计算。一般情况下，袋装水泥的包装费按规定计入出厂价，不计回收，不计押金，散装水泥用专罐车运输，一般不计包装费；钢材一般不进行包装，特殊钢材存在少量包装费，但与钢材价格相比，所占比重很小，编制预算价格时可忽略不计；木材应按实际发生的情况进行计算；火工产品包装费已包括在出厂价中；油料用油罐车运输，一般不存在包装费。

（三）材料运杂费

材料运杂费是指材料由供货地点运到工地分仓库或者相当于工地分仓库材料堆放料场发生的全部费用之和，即运输费和各种杂费之和。它包括运输费、调车费、装卸费、出入库费和其他费用。而由工地分仓库或者相当于工地分仓库材料堆放料场至各施工现场的运输费用，已包括在定额内，在材料预算价格中不再计算。

在编制材料预算价格时，应按施工组织设计所选定的材料来源、运输流程、运输方式、运输工具、运输线路和运输里程以及交通部门规定的取费标准，计算材料的运杂费。特殊材料或部件运输，要考虑特殊措施费、改造路面和桥梁等费用。

材料运杂费一般计算步骤如下。

1. 确定材料运输流程

根据施工组织设计，材料由交货地点运到工地分仓库或者相当于工地分仓库的材料堆放料场的运输，是由哪几种运输方式和转运环节组成，先编制出简单的运输流程示意图（见图5-1），以免在计算运杂费时发生遗漏和重复。

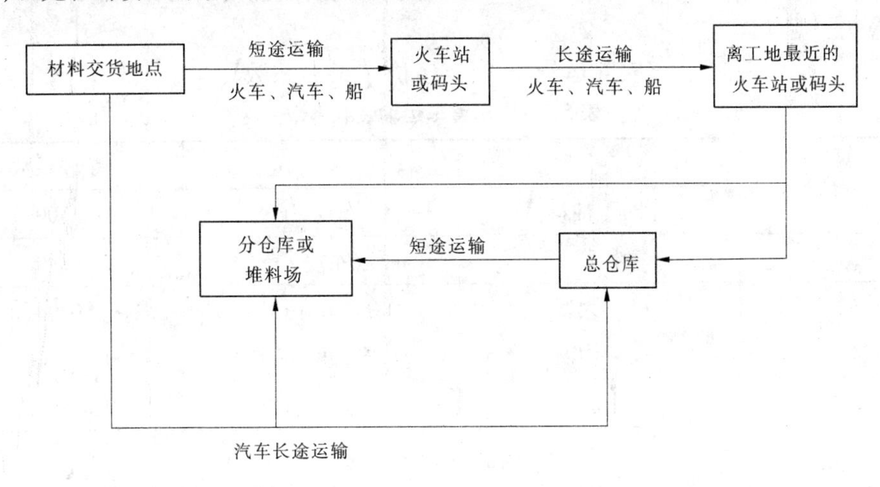

图5-1　运输流程示意图

2. 选择合理的运输方式及其参数

1）运输方式

要经济合理，一般每吨运输费以船舶最低，火车次之，汽车、拖拉机、马车、人力车运费依次增高。

2）整车与零担比例

整车与零担比例是指火车运输中整车和零担货物的比例，又称整零比。汽车运输不考虑整零比。在铁路运输方式中，要确定每一种材料运输中的整车与零担比例，据以计算其运费。其比例主要视工程规模大小决定。工程规模大，由厂家直供的份额多，批量就大，整车比例就高。

整车运价较零担便宜，材料运费的计算中，应以整车运输为主。根据已建大、中型水利水电工程实际情况，水泥、木材、炸药、汽油和柴油等可以全部按整车计算；钢材可考虑一部分零担，其比例可按大型水利水电工程10%～20%、中型水利水电工程20%～30%选取，如有实际资料，应按实际资料选取。

整零比在实际计算时多以整车或零担所占百分率表示。计算时，按整车和零担所占百分率加权平均计算运价。

其计算公式为：

$$运价 = 整车运价 \times 整车量(\%) + 零担运价 \times 零担量(\%) \tag{5-15}$$

3）装载系数

装载系数指货物实际毛重量与车辆标准重量的比值。火车整车运输货物时，只有当货物重量超过车辆标准重量时，才按照货物实际重量计费，除此情况外，一律按车辆标记载重量计费。但在实际运输过程中，经常出现不能满载的情况，如由于材料批量原因，可能装不满一整车而不能满载；或虽已满载，但因材料容重小其运输重量不能达到车皮的标记吨位；

或为保证行车安全,对炸药类危险品也不允许满载。这样,就存在实际运输重量与运输车辆标记载重量不同的问题,在计算运费时,常用装载系数表示:

$$装载系数 = 实际运输重量 \div 运输车辆标记载重量 \tag{5-16}$$

据统计,火车整车运输装载系数如表5-7所示,供计算时参考。考虑装载系数后的实际运价计算为:

$$实际运价 = 规定运价 \div 装载系数 \tag{5-17}$$

表5-7　火车整车运输装载系数

序号	材料名称		单位	装载系数
1	水泥、油料		t/(车皮·t)	1.00
2	木材		m^3/(车皮·t)	0.90
3	钢材	大型工程	t/(车皮·t)	0.90
4		中型工程	t/(车皮·t)	0.80~0.85
5	炸药		t/(车皮·t)	0.65~0.70

采用汽车和其他方式运输货物时不考虑装载系数。一般货物计费重量均按实际运输重量计算。对每立方米不足333 kg的轻浮货物(如油桶),整车运输时,装车高度、宽度和长度不得超过规定限度,以车辆标重计费;零担运输时,以货物包装最高、最宽、最长部分计算体积,按每立方米折重333 kg计价。

4)毛重系数

材料毛重指包括包装品重量的材料运输重量。运输部门不是以物资的实际重量计算运费的,而是按毛重计算运费的,所以材料运输费中要考虑材料的毛重系数。

$$毛重系数 = \frac{毛重}{净重} = \frac{材料实际重量 + 包装品重量}{材料实际重量} \tag{5-18}$$

$$材料毛重 = 材料重量 \times 毛重系数 \tag{5-19}$$

毛重系数大于或等于1。一般情况下,建筑材料中:水泥、钢材、木材和油罐车运输的油料毛重系数为1,炸药的毛重系数为1.17,油料采用自备油桶运输时,其毛重系数汽油为1.15、柴油为1.14。

考虑毛重系数后的实际运价为:

$$实际运价 = 规定运价 \times 毛重系数 \tag{5-20}$$

5)交通部门和厂家取费标准

(1)铁路运杂费。根据铁路运输里程图计算运输里程和铁路货物运价分级表及其运价号查出货物的运价,再根据下列公式计算运输费:

$$铁路运价 = \frac{整车规定运价}{装载系数} \times 毛重系数 \times 整车比例 + 零担规定运价 \times 毛重系数 \times 零担比例 \tag{5-21}$$

通过计算可以求得铁路货物运输费,但是杂费不可忽视,如上站费、装卸费、调车费、捆扎费等。

委托国有铁路部门运输的材料,在国有线路上行驶时,其运杂费一律按铁道部现行规定计算;属于地方营运的铁路,执行地方的规定。

施工单位自备机车车辆在自营专用线上行驶的运杂费,按列车台时费和台时货运量以及运行维护人员开支摊销费计算。其运杂费计算公式为:

$$每吨运杂费 = \frac{机车台时费 + 车辆台时费之和}{每列火车设计载重量 \times 装载系数 \times 列车每小时行驶次数} + 每吨装卸费 + 现场管理人员开支的摊销费(元/t) \quad (5\text{-}22)$$

如果自备机车还要通过国有铁路,还应付给铁路部门过轨费,其运杂费计算公式为:

$$每吨运杂费 = \frac{机车台时费 + 车辆台时费之和 + 列车过轨费}{每列火车设计载重量 \times 装载系数 \times 列车每小时行驶次数} + 每吨装卸费 + 现场管理人员开支的摊销费(元/t) \quad (5\text{-}23)$$

列车过轨费按铁道部门的规定计算。

(2)公路和水路运杂费。按工程所在省、自治区、直辖市公路部门和航运部门的现行有关规定计算。

6)确定运量比例

一个工程有两种以上的对外交通方式时,还需要确定每种材料在各种运输方式中所占的比例,求出加权平均运杂费。修建铁路专用线的工程,在施工初期铁路往往不能通车,在这段期间内的全部运输量,都得依靠公路或其他运输方式承担。在确定运量比例时,不要忽略了施工初期的运输方式。

(四)材料运输保险费

材料运输保险费是指向保险公司交纳的货物保险费,其计算公式为:

$$材料运输保险费 = 材料原价 \times 材料运输保险费率 \quad (5\text{-}24)$$

材料运输保险费率可按中国人民保险公司或者河南省有关规定计算。

(五)材料采购及保管费

材料采购及保管费是指建设单位和施工单位的材料供应部门在组织材料的采购、运输保管和供应过程中所发生的各项费用。其主要内容包括:

(1)各级材料采购、供应及保管部门工作人员的基本工资、辅助工资、工资附加费、教育经费、办公费、差旅交通费、劳动保护费及工具、用具使用费等项费用。

(2)仓库、转运站等设施的检修费、固定资产折旧费、技术安全措施费,以及材料的检验费、试验费等。

(3)材料在运输、保管过程中发生的损耗,按照材料运到工地分仓库的价格(不包括运输保险费)的3%计算。

材料采购及保管费计算公式为:

$$材料采购及保管费 = (材料原价 + 包装费 + 运杂费) \times 采购及保管费率 \quad (5\text{-}25)$$

【例5-2】 一辆火车货车车厢标记重量为50 t,装2#岩石铵梯炸药1 420箱(每箱装炸药24 kg,箱重0.6 kg)。假设炸药原价为4 600.00 元/t(未含17%增值税和8%的管理费),需要运输500 km,装、卸车费均为10 元/t,全部采用整车运输。发到基价为9.6 元/t,运行基价为0.043 7 元/(t · km),炸药运价在此基础上扩大50%,运输保险费率为8‰,采购保管费率按3%计。试计算:(1)计费重量;(2)毛重系数;(3)装载系数;(4)该炸药的预算价格。

解:

(1)该车货物的实际运输重量=1 420×(24+0.6)=34 932(kg)=34.93 t

(2)毛重系数=毛重÷净重=(24+0.6)/24=1.03

(3)装载系数=实际运输重量/车厢标记重量=34.93/50=0.7

(4)计算炸药预算价格:

炸药原价=4 600.00×(1+17%)×(1+8%)=5 812.56(元/t)

运杂费=(9.60+0.043 7×500)×(1+50%)/0.7+10.00×2=87.39(元/t)

运输保险费=5 812.56×8‰=46.50(元/t)

炸药预算价格=(原价+运杂费)×(1+采购及保管费率)+运输保险费

=(5 812.56+87.39×1.03)×(1+3%)+46.50=6 126.15(元/t)

【例5-3】 某水利枢纽工程位于河南省,施工总仓库距火车站A站20 km,总仓库到工地分仓库平均运距为2 km,试根据下列条件计算C42.5普通水泥的综合预算价格。

解:1.运输流程和货源分配

(1)焦作水泥厂供应水泥,采用火车整车运送到A站,运距为235 km,然后由工地自备汽车从A站运到工地分仓库,供货比例为70%,原价为260元/t;

(2)郑州物资供应站供应水泥,采用火车零担运送到A站,运距为140 km,然后由工地自备汽车从A站运到工地分仓库,供货比例为30%,原价为270元/t。

具体的运输流程见图5-2。

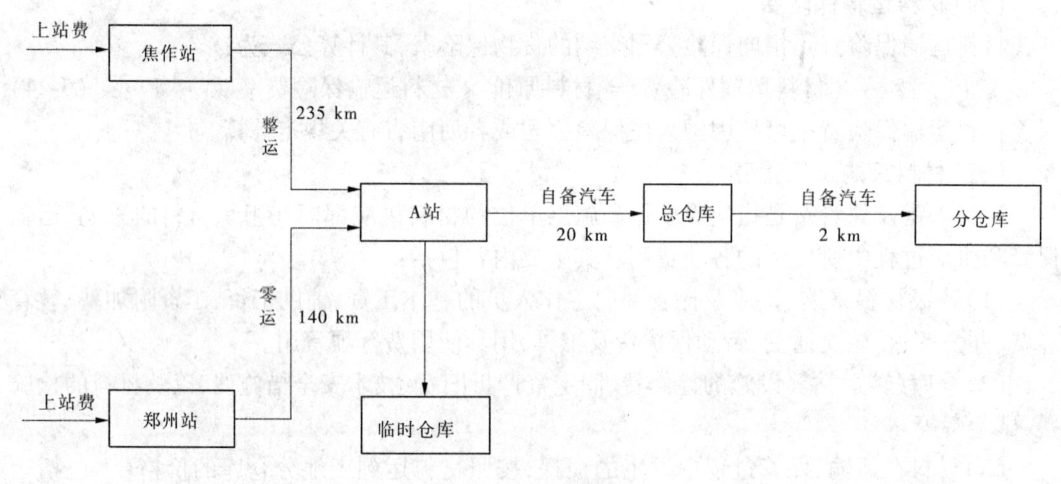

图5-2 运输流程图

2.计算依据

(1)火车运输的整车与零担比例为70:30,整车装载系数为1.0,单位毛重系数为1.005;

(2)火车运价率由货物运价号(整车7#、零担12#)和运距查《铁路货物运价规则》得出,整车运价率为4.8元/t,零担运价率为0.004元/kg;

(3)汽车运价执行当地汽车运价规则,运价为0.6元/(t·km),自备汽车加价系数为1.25;

(4)杂费及费率:火车、汽车的装、卸费3.5元/(t·次),除此以外,其他杂费之和为7.8元/t,运输保险费率为8‰,采购及保管费率为3%。

水泥运杂费和综合预算单价计算过程及计算结果详见表5-8、表5-9。

表5-8 主要材料运输费用计算

编号	1	2	材料名称	42.5级普通水泥		材料编号	
交货条件	厂家	物资站	运输方式	火车	汽车	火车	
交货地点	焦作	郑州	货物等级			整车	零担
交货比例	70%	30%	装载系数	1.00		70%	30%

编号	运输费用项目	运输起讫地点	运输距离(km)	计算公式	合计(元)
1	铁路运杂费	焦作—A站	235	7.8 +3.5 ×2 +4.8/1.0	19.60
	公路运杂费	A站—工地分仓库	22	3.5 ×4 +22 ×0.6 ×1.25	30.50
	综合运杂费				50.10
2	铁路运杂费	郑州—A站	140	7.8 +3.5 ×2 +0.004 ×1000	18.80
	公路运杂费	A站—工地分仓库	22	3.5 ×4 +22 ×0.6 ×1.25	30.50
	综合运杂费				49.30
每吨综合运杂费(元/t)				50.10 ×70% +49.30 ×30% =49.86	

表5-9 主要材料预算价格计算

编号	名称及规格	单位	原价依据	单位毛重(t)	每吨运费(元)	价格(元/t)					
						原价	运杂费	采购及保管费	运到工地分仓库价格	保险费	预算价格
1	焦作水泥厂	t		1.005	50.10	260	50.35	9.31	319.66	2.08	321.74
2	郑州物资站	t		1.005	49.30	270	49.55	9.59	329.14	2.16	331.30
钢筋综合材料预算价格				321.74 ×70% +331.30 ×30% =324.61							

三、次要材料预算价格的确定

次要材料一般品种较多,其费用在投资中所占比例很小,一般不必逐一详细计算其预算价格。次要材料预算价格可采用工程所在地区就近城市定额预算管理站公布的工业与民用建筑安装工程材料预算价格,加运至工地的运杂费用(一般可取预算价格的5%左右)来确定;或采用该材料的市场价,加8%左右的运杂费和采购及保管费计算。没有地区预算价格的材料,由设计单位参照水利水电工程实际价格水平确定。

四、基价、调差价及限价

为了避免材料市场价格起伏变化,造成间接费、企业利润的相应变化,有些部门(如工业与民用建筑)和有些地方的水利水电主管部门,对主要材料规定了统一的价格,按此价格进入工程单价计取有关费用,故称为取费价格。这种价格由主管部门发布,在一定时期内固定不变,故又称基价。

参考各地经验,河南省水利厅豫水建[2006]52号文颁发的《河南省水利水电工程设计概(估)算编制规定》中规定,砂、碎石(砾石)、块石、料石等预算价格如超过60元/m^3,按60元/m^3取费,这种只规定上限的基价,称为规定价或限价。

相对于基价、限价而言,按实际市场价计算出的材料预算价与限价之差称为材料调差价。在计算工程单价时,凡遇到砂、碎石(砾石)、块石、料石等的工程单价,其材料预算价格如超过限价,应按限价进入工程单价计费,超过部分作为材料价差,并按规定计取税金后,列入三级项目(见工程部分项目划分表)。

第三节　施工机械台时费

施工机械台时费是指一台施工机械在一个工作小时内正常运行所消耗和分摊的各项费用的总和,一个机械台时是指一台机械正常工作一个小时。台时费是计算建筑安装工程单价中机械使用费的基础单价,应根据施工机械台时费定额及有关规定进行编制。随着施工机械化程度的提高,施工机械台时费在工程投资中所占比例越来越大,目前已达到20%~30%。因此,准确计算施工机械台时费对合理确定工程投资是非常重要的。

一、施工机械台时费的组成内容

施工机械台时费由三类费用组成。

(一)一类费用

一类费用也称不可变费用,由折旧费、修理及替换设备费(含大修理费、经常性修理费)、安装拆卸费等组成。一类费用在施工机械台时费定额中以金额表示,其大小是按定额编制年的物价水平确定的,因此考虑物价上涨因素,编制台时费时应按主管部门公布的调整系数进行调整。现行河南省水利厅颁发的《河南省水利水电工程施工机械台时费定额》一类费用是按2000年度价格水平编制的。

1. 折旧费

折旧费指机械在寿命期内收回原值的台时折旧摊销费用。

2. 修理及替换设备费

修理及替换设备费指机械使用过程中,为了使机械保持正常功能而进行修理所需费用、日常保养所需的润滑油料费、擦拭用品费、机械保管费以及替换设备、随机使用的工具附具等所需的台时摊销费。包括以下几个方面:

(1)大修理费:指机械使用一定间隔台时,为了使机械保持正常功能而进行大修理所需的摊销费用。

(2)经常性修理费:包括中修费(属于大型施工机械则不包括中修费)、小修费、各级保养费、润滑及擦拭材料费以及保管费等的摊销费用。

(3)替换设备费:包括机械需用的蓄电池、变压器、启动器、电线、电缆、电器开关、仪表、轮胎、传动皮带、输送皮带、钢丝绳、胶皮管等替换设备和为了保证机械正常运转所需的随机使用的工具、附具的摊销费用。

3. 安装拆卸费

安装拆卸费指机械进出工地的安装、拆卸、试运转和场内转移及辅助设施的摊销费用。其主要内容有：

（1）安装前的准备，如设备开箱、检查清扫、润滑及电气设备烘干等所需的费用。

（2）设备自场内仓库至安装拆卸地点的往返运输费用和现场范围内的运转费用。

（3）设备进、出入工地的安装、调试以及拆除后的整理、清扫和润滑等费用。

（4）一般的设备基础开挖、混凝土浇筑和固定锚桩等费用。如因地形条件和施工布置需要进行大量土石方开挖及混凝土浇筑等，应列入临时工程项目。

（5）为设备的安装拆卸所搭设的平台、脚手架、地锚和缆风索等临时设施和施工现场清理等的费用。

不需要安装拆卸的施工机械，台时费中不计列此项费用，例如，自卸汽车、船舶、拖轮等。现行施工机械台时费定额中，凡备注栏内注有“※”的大型施工机械，表示该项定额未计列安装拆卸费，其费用在临时工程中的“其他施工临时工程”中计算，如混凝土搅拌楼、缆索起重机、钢模台车等。

（二）二类费用

二类费用又称可变费用，因为工程所在地的人工预算单价和材料预算价格不同，此项费用一般随着工程地点的不同而变化。它是指机上人工费和机械所消耗的动力费、燃料费。在施工机械台时费定额中以实物消耗量形式表示，其定额数量一般不允许调整，其费用按国家规定的人工工资计算办法和工程所在地的物价水平分别计算。

（1）机上人工费：指施工机械运转时应配备的机上操作人员预算工资所需的费用。机上人工费在台时费定额中以工时数量表示，它包括机械运转时间、辅助时间、用餐、交接班以及必要的机械正常中断时间。机上人工费按中级工计算，机下辅助人员预算工资一般列入工程人工费，不包括在内。

（2）动力、燃料或消耗材料费：指施工机械正常运转时所耗用的各种动力、燃料及各种消耗性材料，包括风（压缩空气）、水、电、油、煤等所需的费用，定额中以实物消耗量表示。其中，机械消耗电量包括机械本身的消耗和最后一级降压变压器低压侧至施工用电点之间的线路损耗，风、水消耗包括机械本身的消耗和移动支管的损耗。

（三）三类费用

三类费用是指施工机械每台时所摊销的牌照税、车船使用税、养路费、保险费等。根据河南省水利厅豫水建[2006]52 号文的规定，此项费用暂时计列。不领取牌照、不交纳养路费的非车船类施工机械不计算。

二、施工机械台时费的计算

台时费的计算现执行2007 年河南省水利厅颁发的《河南省水利水电工程施工机械台时费定额》及有关规定。

（一）一类费用

根据施工机械型号、规格、吨位等参数，查阅定额可得一类费用。现行厅颁定额中，一类费用以金额形式表示，按 2000 年价格水平编制，以后年度由于物价上涨，由主管部门发布不同调整系数进行调整。计算公式为：

$$一类费用 = 定额一类费用金额 \times 编制年调整系数 \tag{5-26}$$

(二)二类费用

根据定额中的人工工时、燃料、动力消耗量及各工程的人工工资单价、材料预算价格，计算出二类费用。其中人工费按中级工计算。计算公式如下：

$$二类费用 = 机上人工费 + 动力、燃料费 \tag{5-27}$$

其中：

$$机上人工费 = 定额机上人工工时数 \times 中级工人工预算单价 \tag{5-28}$$

$$动力、燃料费 = \sum (定额动力、燃料消耗量 \times 动力、燃料预算价格) \tag{5-29}$$

(三)三类费用

根据实际情况计算。一般情况下不需支付三类费用，如施工机械须通过公用车道时，按工程所在地政府现行规定的收费标准计算车船使用税和养路费。计算方法为：

$$车船使用税(元/台时) = 车船使用税标准(元/(年\cdot t)) \times 吨位(t) \div 年工作台时(台时/年) \tag{5-30}$$

$$养路费(元/台时) = 养路费标准(元/(月\cdot t)) \times 吨位(t) \times 12(月/年) \div 年工作台时(台时/年) \tag{5-31}$$

在燃油"费改税"实施后，养路费将以税费的形式计入燃油单价内，不再单独征收。

(四)施工机械台时费的计算

施工机械台时费的计算公式为：

$$施工机械台时费 = 一类费用 + 二类费用 \tag{5-32}$$

【例5-4】 试计算25 t自卸汽车的台时费。

已知该水利枢纽工程中中级工人工预算单价为5.62元/工时，柴油预算价格为5.25元/kg。台时费中一类费用不需调整。

解：查河南省水利厅颁发的机械台时费定额可知，定额编号是3020。

一类费用中折旧费85.89元/台时，修理及替换设备费42.95元/台时，一类费用小计为128.84元/台时；二类费用中机上人工为1.3工时/台时，柴油耗量为20.8 kg/台时。则有：

一类费用 = 128.84元/台时

二类费用 = 7.31 + 109.2 = 116.51(元/台时)

其中：

机上人工费 = 1.3 × 5.62 = 7.31(元/台时)

动力燃料费 = 20.8 × 5.25 = 109.2(元/台时)

所以，25 t自卸汽车的台时费 = 一类费用 + 二类费用

= 128.84 + 116.51 = 245.35(元/台时)

三、补充施工机械台时费的编制

当施工组织设计选取的施工机械在现行台时费定额中缺项或施工机械的规格、型号与定额不符时，必须编制补充施工机械台时费。当设计选取的施工机械在定额中存在，但其设备容量与现行定额中同类设备不符且位于定额所包含的容量范围之内时，为了与现行定额水平相吻合，可按现行定额水平采取直线内插法分别确定各项费用，编制补充机械台时费定额，也可按以下办法编制施工机械台时费。

（一）一类费用

1. 折旧费

其计算公式如下：

$$台时折旧费 = \frac{机械预算价格 \times (1 - 残值率)}{机械经济寿命总台时} \tag{5-33}$$

或

$$台时折旧费 = \frac{机械预算价格 \times 年折旧率}{机械年工作台时} \tag{5-34}$$

$$国产施工机械预算价格 = 机械市场价 + 运杂费 \tag{5-35}$$

$$残值率 = \frac{机械残值 - 清理费}{机械预算价格} \times 100\% \tag{5-36}$$

$$机械经济寿命总台时 = 经济使用年限 \times 年工作台时 \tag{5-37}$$

式中：运杂费一般按机械设备原价的5%～7%计算；机械残值率是指机械达到使用寿命要报废时的残值，扣除清理费后占机械预算价格的百分率，一般可取4%～5%；机械经济寿命总台时是指机械开始运转至经济寿命终止的运转总台时数；经济使用年限是指国家规定的该种机械从使用到经济寿命终止的平均工作年数；年工作台时是指该种机械在经济使用期内平均每年运行的台时数。

进口施工机械预算价格，包括到岸价、关税、增值税（或产品税）、调节税、进出口公司手续费、人民币保证金和银行手续费、国内运费等项费用，按国家现行有关规定及实际调查资料计算；公路运输机械（汽车、拖车、公路自行机械）预算价格按国务院发布的《车辆购置附加费征收办法》的规定，需增加车辆购置附加费。计算公式如下：

$$公路运输机械预算价格 = 车辆出厂价 + 运杂费 + 车辆购置附加费 \tag{5-38}$$

2. 大修理费

其计算公式如下：

$$台时大修理费 = \frac{一次大修理费用 \times 大修理次数}{机械经济寿命总台时} \tag{5-39}$$

大修理次数是指机械在经济使用期限内需进行大修理的次数，其计算公式为：

$$大修理次数 = \frac{机械经济寿命总台时}{大修理间隔台时} - 1 \tag{5-40}$$

一次大修理费用是指一次全面大修理所消耗的全部费用。主要包括人工、材料、配件、管理、机械使用、场内往返运输等费用，也可参考实际资料按占机械预算价格的百分率计算。

3. 经常性修理费

经常性修理费包括修理费、润滑及擦拭材料费等。

1）修理费

修理费包括中修和各级定期保养的费用，一般按大修理间隔内的平均修理费计算，计算公式为：

$$\begin{aligned} 修理费 &= \frac{大修理间隔期内修理费之和}{大修理间隔台时} \\ &= \frac{中修费用 + 各级保养费用}{大修理间隔台时} \end{aligned} \tag{5-41}$$

也可按下式计算：

$$经常性修理费 = 台时大修理费 \times 经常性修理费率 \tag{5-42}$$

$$经常性修理费率 = \frac{典型机械台时经常修理费}{典型机械台时大修理费} \times 100\% \tag{5-43}$$

2）润滑及擦拭材料费

其计算公式如下：

$$台时润滑及擦拭材料费 = \frac{机械年润滑及擦拭材料费}{年工作台时} \tag{5-44}$$

其中，润滑油脂的耗用量一般按机械台时耗用燃料油量的百分比计算，柴油机械按6%，汽油机械按5%，棉纱头及其他油等耗用量，可按实际情况计算。

4. 保管费

保管费是指机械保管部门保管机械所需的费用，包括机械在规定年工作台时以外的保养、维护所需的人工、材料和用品费用。其计算公式如下：

$$台时保管费 = \frac{机械预算价格}{机械年工作台时} \times 保管费率 \tag{5-45}$$

保管费率的高低与机械预算价格有直接的关系。机械预算价格低，保管费率高；反之，机械预算价格高，保管费率低。保管费率一般在0.15%～1.5%范围内。某水电工程局总结出修正的经验公式为：

$$台时保管费 = K_{保} \times 台时机上人工数 \tag{5-46}$$

$$K_{保} = HGZJ \tag{5-47}$$

$$H = \left(年日历天数 - \frac{年台时数}{日工作台时}\right) \times \frac{8}{年台时数} \tag{5-48}$$

$$G = \frac{工时人工预算单价}{出勤率} \tag{5-49}$$

式中：H 为闲置系数；G 为实际出勤工时人工预算单价；Z 为闲置期间人员调整系数，为70%；J 为闲置期间设备维修消耗的材料费用系数，一般取1.1。

5. 替换设备及工具、附具费

替换设备及工具、附具费是指机械正常运行所需更换的设备工具、附具摊销到台时费中的费用。其计算公式为：

$$台时替换设备及工具、附具费 = \frac{年替换设备及工具、附具费}{年工作台时} \tag{5-50}$$

在资料不易取得的情况下，也可按上述占大修理费的百分率的方法计算。

6. 安装拆卸及辅助设施费

计算公式为：

$$台时安装拆卸及辅助设施费 = 台时大修理费 \times 安拆费率 \tag{5-51}$$

$$安拆费率 = \frac{典型机械安装拆卸及辅助设施费}{典型机械台时大修理费} \times 100\% \tag{5-52}$$

特大型和部分大型施工机械的安装拆卸及辅助设施费，不在施工机械台时费中计列，而另列于临时工程中。

上述2～6项费用计算较烦琐，资料不易取得，编制补充机械台时费时也可按相似机械相应定额中的各项费用占基本折旧费的比例计算，其中2～5项之和即为修理及替换设备费。

（二）二类费用

1. 机上人工费

机上人工费计算公式为：

$$台时机上人工费 = 机上人工工时数 \times 人工工时预算单价 \tag{5-53}$$

2. 动力、燃料费

计算补充施工机械台时费时，动力、燃料台时消耗量可按下列公式计算：

（1）电动机械台时电力消耗量。计算公式为：

$$Q = NK \tag{5-54}$$

$$K = \frac{K_1 K_2}{K_3 K_4} \tag{5-55}$$

式中：Q 为台时电力消耗量，kW·h；N 为电动机额定功率，kW；K 为电动机台时动力消耗综合利用系数；K_1 为时间利用系数，一般取0.40～0.60；K_2 为电动机能量利用系数，一般取0.50～0.70；K_3 为低压线路电力损耗系数，一般取0.95；K_4 为平均负荷时电动机有效利用系数，一般取0.78～0.88。

（2）内燃机械台时燃料消耗量。计算公式为：

$$Q = 1(\mathrm{h}) \times NGK \tag{5-56}$$

式中：Q 为台时燃料消耗量，kg；N 为发动机额定功率，kW；G 为额定耗油量，kg/(kW·h)；K 为发动机综合利用系数，一般取0.20～0.40。

（3）蒸汽机械台时水、煤消耗量。计算公式为：

$$Q = 1(\mathrm{h}) \times NGK \tag{5-57}$$

式中：Q 为台时水、煤消耗量，kg；N 为蒸汽机额定功率，kW；G 为额定水、煤耗用量，kg/(kW·h)；K 为蒸汽机综合利用系数，机车取0.14～0.80，锅炉、打桩机取0.55～0.75。

（4）风动机械台时压缩空气消耗量。计算公式为：

$$Q = 60(\mathrm{min}) \times qK \tag{5-58}$$

式中：Q 为台时压缩空气消耗量，m^3；q 为风动机械压缩空气消耗量，m^3/min；K 为风动机械综合利用系数，一般可取0.60～0.70。

如果有三类费用，再按规定进行计算。一类费用、二类费用、三类费用之和即为所计算的施工机械台时费。

四、组合台时费的计算

组合台时（简称组时）是指多台施工机械设备相互衔接或配备形成的机械联合作业系统的台时，组时费是指系统中各机械台时费之和，其计算公式为：

$$B = \sum_{i=1}^{m} T_i n_i \tag{5-59}$$

式中：B 为机械组时费，元/组时；m 为该系统的机械设备种类数目；T_i 为第 i 种机械设备的台时费，元/台时；n_i 为第 i 种机械配备的台数，台。

【例5-5】 试计算QTP－80外爬式塔式起重机台时费。资料如下：①出厂价30.5万元，运杂费率5%；②设备使用年限19年，年工作台班250个，耐用台班4 750个，残值率4%；③大修理次数2次，一次大修理费占设备预算价格的4%；④台时经常性修理费占台时大修理费的231%；⑤台时替换设备费占台时大修理费的88%；⑥安装拆卸费按规定单独计算，不列入台时费；⑦年保管费占设备预算价格的0.25%；⑧动力燃料费：电动机容量53.4 kW，电动机综合利用系数0.24；⑨机上人工2个，人工工时预算单价5.53元；⑩电价0.5元/(kW·h)。

解：设备预算价格 = 305 000 × (1 + 5%) = 320 250(元)

一类费用：

(1)基本折旧费 = 320 250 × (1 − 4%) ÷ (4 750 × 8) = 8.09(元/台时)

(2)大修理费 = 320 250 × 4% × 2 ÷ (4 750 × 8) = 0.67(元/台时)

(3)经常性修理费 = 0.67 × 231% = 1.55(元/台时)

(4)替换设备费 = 0.67 × 88% = 0.59(元/台时)

(5)保管费 = 320 250 × 0.25% ÷ (250 × 8) = 0.40(元/台时)

一类费用小计为11.30元/台时。

二类费用：

(1)机上人工费 = 5.53 × 2 = 11.06(元/台时)

(2)耗电费 = 53.4 × 0.24 × 0.5 = 6.41(元/台时)

二类费用小计为17.47元/台时。

台时费 = 一类费用 + 二类费用 = 11.3 + 17.47 = 28.77(元/台时)

【例5-6】 某施工机械出厂价为120万元(含增值税)，运杂费率5%，残值率3%，寿命台时为10 000 h，电动机功率250 kW，电动机台时电力消耗综合系数0.8，中级工人工预算单价5.62元/工时，电价0.732元/(kW·h)，同类型施工机械台时费定额的数据为：折旧费108.10元；修理及替换设备费44.65元；安装拆卸费1.38元；中级工2.4元/工时。试计算该施工机械台时费。

解：(1) 一类费用：

基本折旧费 = 1 200 000 × (1 + 5%) × (1 − 3%)/10 000 = 122.22(元/台时)

修理及替换设备费 = 122.22/108.10 × 44.65 = 50.48(元/台时)

安装拆卸费 = 122.22/108.10 × 1.38 = 1.56(元/台时)

一类费用 = 122.22 + 50.48 + 1.56 = 174.26(元/台时)

(2)二类费用：

机上人工费 = 2.4 × 5.62 = 13.49(元/台时)

电力、燃料消耗费 = 250 × 1 × 0.8 × 0.732 = 146.40(元/台时)

二类费用 = 13.49 + 146.40 = 159.89(元/台时)

则该施工机械台时费 = 174.26 + 159.89 = 334.15(元/台时)

第四节　施工用电、水、风预算单价

由于电、水、风在水利水电工程施工中消耗量非常大，其预算价格的准确程度直接影响到施工机械台时费的高低，从而影响到工程投资。因此，在编制电、水、风预算单价时，要根据施工组织设计所确定的电、水、风布置方式、供应形式、设备配置情况或施工企业已有的实际资料分别计算它们的预算价格。

一、施工用电预算价格

水利水电工程施工用电的电源，一般有两种供电方式：由国家或地方电网及其他电厂供电即外购电；由施工企业自备柴油机或自建发电厂供电的即自发电等。其中，电网供电电价低廉，电源可靠，是施工时的主要电源；自发电成本较高，一般作为施工单位的备用电源或高峰用电时使用。

施工用电按其用途可分为生产用电和生活用电两部分。生产用电是指直接计入工程成本的生产用电，包括施工机械用电、施工照明用电和其他生产用电。生活用电是指生活、文化、福利建筑的室内外照明和其他生活用电。水利水电工程概预算中的施工用电电价计算范围仅指生产用电，生活用电因不直接用于生产，应在间接费内开支或由职工负担，不在施工用电电价计算范围内。

（一）施工用电价格的组成

施工用电价格，由基本电价、电能损耗摊销费和供电设施维修摊销费三部分组成，根据施工组织设计确定的供电方式以及不同电源电量所占比例计算。

1. 基本电价

（1）外购电（电网供电）的基本电价：指施工企业向外（供电单位）购电按规定所需支付的供电价格。凡是国家电网供电，执行国家或工程所在省、自治区、直辖市规定的电网电价和规定的加价进行计算，即包括非工业、普通工业的电网电价、电力建设基金、用电附加费及各种按规定的加价。由地方电网或其他企业中、小型电网供电的，执行地方电价主管部门规定的电价。

（2）自发电的基本电价：指施工企业自建发电厂（或自备发电机）的单位成本。自建发电厂一般有柴油发电厂（柴油发电机组）、燃煤发电厂和水力发电厂等。

【例 5-7】 某施工单位自备燃煤电厂，已知施工期间需要的发电量及其余资料为：发电量 1.546×10^6 kW·h，厂用电率 8%，燃煤消耗费 605 894 元，水费 11 552 元，材料费 75 904 元，运行、维修、管理人员工资 70 136 元，基本折旧费 30 198 元，大修费 11 936 元，其他费用 11 826 元，试计算基本电价。

解：总供电量 $=1.546\times10^6\times(1-8\%)=1.42\,232\times10^6$（kW·h）

总费用 $=605\,894+11\,552+75\,904+70\,136+30\,198+11\,936+11\,826$

$=817\,446$（元）

基本电价 = 总费用/总供电量 = 0.57 元/(kW·h)

2. 电能损耗摊销费

（1）外购电的电能损耗摊销费：指从施工企业与供电部门的产权分界处起，到现场各施工点最后一级降压变压器低压侧止，在所有变配电设备和输配电线路上所发生的电能损耗摊销费，包括高压电网到施工主变压器高压侧之间的高压输电线路损耗和由主变压器高压侧至现场各施工点最后一级降压变压器低压侧之间的变配电设备及配电线路损耗两部分。

（2）自发电的电能损耗摊销费：指从施工企业自建发电厂的出线侧起，至现场各施工点最后一级降压变压器低压侧止，在所有变配电设备和输配电线路上发生的电能损耗摊销费。

当出线侧为低压供电时，损耗已包括在台时耗电定额内；当出线侧为高压供电时，则应计入变配电设备及线路损耗摊销费。

从最后一级降压变压器低压侧至施工用电点的施工设备和低压配电线路损耗，已包括在各用电施工设备、工器具的台时耗电定额内，电价中不再考虑。

3. 供电设施维修摊销费

供电设施维修摊销费指摊入电价的变配电设备的折旧费、大修理费、安装拆卸费、变配电设备及配电线路的移设和运行维护费等。

按现行编制规定，施工场外变、配电设备可计入临时工程，故供电设施维修摊销费中不包括基本折旧费。

供电设施维修摊销费一般可根据经验指标计算。

（二）施工用电电价计算

1. 外购电电价

计算公式为：

$$\text{电网供电价格}=\frac{\text{基本电价}}{(1-\text{高压输电线路损耗率})\times(1-10\ \text{kV 以下变配电设备及配电线路损耗率})}+\text{供电设施维修摊销费（变配电设备除外）}\qquad(5\text{-}60)$$

2. 自发电电价

（1）采用专用水泵供给冷却水，计算公式为：

$$\text{柴油发电机供电价格}=\frac{\text{柴油发电机组（台）时费}+\text{水泵组（台）时费}}{\text{柴油发电机额定容量之和}\times\text{发电机出力系数}\times(1-\text{厂用电率})}\div(1-\text{变配电设备及配电线路损失率})+\text{供电设施维修摊销费}\qquad(5\text{-}61)$$

（2）采用循环冷却水，计算公式为：

$$\text{柴油发电机供电价格}=\frac{\text{柴油发电机组（台）时费}}{\text{柴油发电机额定容量之和}\times\text{发电机出力系数}\times(1-\text{厂用电率})}\div(1-\text{变配电设备及配电线路损耗率})+\text{供电设施维修摊销费}+\text{单位循环冷却水费}\qquad(5\text{-}62)$$

式中：高压输电线路损耗率取5%；10 kV 以下变配电设备及配电线路损耗率取6%；供电设施维修摊销费取0.02元/(kW·h)；发电机出力系数取0.8；厂用电率取5%；单位循环冷却水费取0.04元/(kW·h)。

3. 综合电价

外购电与自发电的电量比例按施工组织设计确定。同一工程中有两种或两种以上供电方式供电时，综合电价应根据供电比例加权平均计算。

电价计算公式：

$$\text{施工用电价格}=\text{电网供电价格}\times\text{电网供电比例（\%）}+\text{柴油发电机自发电价格}\times\text{自发电比例（\%）}\qquad(5\text{-}63)$$

【例5-8】 某水利枢纽工程施工用电90%由地方电网供电，10%自备柴油机发电。已知电网基本电价为0.55元/(kW·h)，损耗率高压线路取5%，变配电设备和输电线路损耗率取6%，供电设施摊销费取0.02元/(kW·h)。柴油机总容量为800 kW，其中200 kW二台,400 kW 一台,并配备 3.7 kW 水泵三台供给冷却水。以上三种机械台时费分别为 132 元/台时、266 元/台时和 11 元/台时。厂用电率取为 5%,发电机出力系数取 0.80。试计算外购电、自发电电价和综合预算电价。

解:(1)计算外购电电价:

$$外购电电价 = \frac{0.55}{(1-0.05)(1-0.06)} + 0.02 = 0.636(元/(kW\cdot h))$$

(2)计算自发电电价:

$$自发电电价 = \frac{132\times 2 + 266\times 1 + 11\times 3}{800\times 0.80\times (1-0.05)(1-0.06)} + 0.02 = 1.005(元/(kW\cdot h))$$

(3)计算综合电价:

$$综合电价 = 0.636\times 0.9 + 1.005\times 0.1 = 0.673(元/(kW\cdot h))$$

二、施工用水价格

水利水电工程的施工用水,包括生产用水和生活用水两部分。生产用水是指直接进入工程成本的施工用水,主要包括施工机械用水、砂石料筛洗用水、混凝土拌制和养护用水、钻孔灌浆用水、土石坝砂石料填筑用水等。生活用水是指用于职工、家属的饮用和洗涤等的用水。水利水电基本建设工程概预算中施工用水的水价,仅指生产用水的水价,对生产用水计算水价是计算各种用水施工机械台时费用和工程单价的依据。生活用水应属于间接费用开支和职工自行负担,不属于施工用水水价计算范畴。如生产、生活用水采用同一系统供水,凡为生活用水而增加的费用(如净化药品费等),均不应摊入生产用水的单价内。生产用水如需分别设置几个供水系统,则可按各系统供水量的比例加权平均计算综合水价。

(一)施工用水价格的组成

施工用水价格由基本水价、供水损耗摊销费和供水设施维修摊销费组成。

1. 基本水价

它是根据施工组织设计确定的按施工高峰用水量所配备的供水系统设备(不含备用设备),按台时产量分析计算的单位水量的价格。基本水价是构成水价的主要组成部分,其高低与生产用水的工艺要求以及施工布置密切相关,如用水需做沉淀处理、扬程高等,则水价高,反之水价就低。

基本水价的计算公式为:

$$基本水价 = \frac{水泵组(台)时费}{水泵额定容量之和(m^3/h)\times 能量利用系数} \tag{5-64}$$

式中:能量利用系数一般取 0.8。

2. 供水损耗摊销费

指施工用水在贮存、输送、处理过程中的水量损失。在计算水价时,水量损耗通常以损耗率的形成表示,计算公式为:

$$损耗率 = \frac{损失水量}{水泵总出水量}\times 100\% \tag{5-65}$$

供水损耗率的大小与蓄水池及输水管路的设计、施工质量和维修管理水平的高低有直接关系,一般可按出水量的 10% 计取。

3. 供水设施维修摊销费

指摊入水价的蓄水池、供水管路等供水设施的单位维护修理费用。一般情况下，工程中的生产用水和生活用水的摊销费难以准确计算，可按 0.02 元/m^3 的经验指标摊入水价。

(二)水价计算

$$施工用水水价 = \frac{水泵组(台)总台时费}{水泵额定容量之和 \times 能量利用系数 \times (1 - 损耗率)} + 供水设施维修摊销费 \tag{5-66}$$

(三)水价计算时应注意的问题

(1)水泵台时总出水量计算，应根据施工组织设计选定的水泵型号、系统的实际扬程和水泵性能曲线确定。

(2)在计算台时总出水量和台时总费用时，如计入备用水泵的出水量，则台时总费用中亦应包括备用水泵的台时费。如备用水泵的出水量不计，则台时费也不包括。

(3)供水系统为一级供水，台时总出水量按全部工作水泵的总出水量计算。供水系统为多级供水，则：①当全部水量通过最后一级水泵出水，台时总出水量按最后一级工作水泵的出水量计算，但台时总费用应包括所有各级工作水泵的台时费；②有部分水量不通过最后一级，而由其他各级分别供水时，要逐级计算水价；③当最后一级系供生活用水时，则台时总出水量包括最后一级，但该级台时费不应计算在台时总费用内；④施工用水有循环用水时，水价要根据施工组织设计的供水工艺流程计算。

【例 5-9】 某工程施工生产用水设两个供水系统，均为一级供水。A 系统设 150D30×4 水泵 3 台，其中备用 1 台，包括管路损失总扬程 116 m，相应出水流量 150 m^3/(h·台)；B 系统设 3 台 100D45×3 水泵，其中备用一台，总扬程 120 m，相应出水量 90 m^3/(h·台)。两供水系统供水比例为 80∶20。已知水泵台时费分别为 92 元/台时和 72 元/台时。水量损耗率取 10%，维修摊销费取 0.02 元/m^3，能量利用系数取 0.8，求综合水价。

解：A 系统的水价为：

$(92 \times 2) \div [150 \times 2 \times 0.8 \times (1 - 10\%)] + 0.02 = 0.872$(元/$m^3$)

B 系统的水价为：

$(72 \times 2) \div [90 \times 2 \times 0.8 \times (1 - 10\%)] + 0.02 = 1.131$(元/$m^3$)

综合水价为：

$0.872 \times 80\% + 1.131 \times 20\% = 0.924$(元/$m^3$)

三、施工用风价格

水利水电工程施工用风是指在水利水电工程施工过程中用于石方开挖、混凝土工程、金属结构和机电设备安装工程等风动机械所需的压缩空气，如风钻、潜孔钻、振动器、凿岩台车等。一般是由施工企业自建压风系统供给压缩空气，编制施工用风风价是计算各种风动机械台时费的依据。

施工用风常用的有固定式空压机和移动式空压机供给。在大中型工程中，一般都采用多台固定式空压机集中组成压气系统，并以移动式空压机为辅助。为保证风压，减少管路损耗，顾及施工初期及零星工程用风需要，一般工程多采用分区布置供风系统，各区供风系统，因布置形式和机械组成不一定相同，因而各区的风价也不一定相同，这种情况下应按各系统供风量的比例加权平均计算综合风价。

对于工程量小、布局分散的工程，常采用移动式空气压缩机供风，此时可将其与不同施工机械配套，以空压机台时数乘台时费直接计入工程单价，不再单独计算其风价，相应风动机械台时费中不再计算台时耗风价。因此，这里所计算的风价是指固定式供风系统的供风价格。

(一)施工用风价格的组成

施工用风价格，由基本风价、供风损耗摊销费和供风设施维修摊销费组成。

(1)基本风价。指根据施工组织设计确定的施工高峰期配置的供风系统设备组(台)时总费用除以组(台)时总供风量计算的单位风量价格。

(2)供风损耗摊销费。指由压气站至用风工作面的固定供风管道，在输送压气过程中所发生的风量损耗摊销费用。损耗及损耗摊销费的大小与管道长短、管道直径、闸阀和弯头等构件多少、管道敷设质量、设备安装高程的高低有关。

风动机械本身的用风及移动的供风管道损耗已包括在该机械的台时耗风定额内，不在风价中计算。

(3)供风设施维修摊销费。指摊入风价的供风管道的维护修理费用。因该项费用数值甚微，初步设计阶段常不进行具体计算，而采用经验指标值摊入风价。

(二)风价计算

(1)采用水泵供水冷却时，计算公式为：

$$\text{施工用风价格} = \frac{\text{空压机组(台)时费} + \text{水泵组(台)时费}}{\text{空压机额定容量之和}(m^3/min) \times 60(min) \times \text{能量利用系数}} \div (1 - \text{供风损耗率}) + \text{供风设施维修摊销费} \tag{5-67}$$

(2)采用循环水冷却时，计算公式为：

$$\text{施工用风价格} = \frac{\text{空压机组(台)时费}}{\text{空压机额定容量之和}(m^3/min) \times 60(min) \times \text{能量利用系数}} \div (1 - \text{供风损耗率}) + \text{供风设施维修摊销费} + \text{单位循环冷却水费} \tag{5-68}$$

式中：能量利用系数取0.8；供风损耗率取10%；单位循环冷却水费取0.005元/m^3；供风设施维修摊销费取0.002元/m^3。

【例5-10】 某水利工程供风系统有两个，有关施工用风基本资料如表5-10所示，请计算该工程施工用风综合价格。

表5-10 基本资料

指标	系统一	系统二
空压机容量	40 m^3/min 一台	20 m^3/min 三台
供风比例	30%	70%
能量利用系数	0.80	0.80
供风损耗	10%	10%
单位循环冷却水费	0.005元/m^3	0.005元/m^3
供风设施摊销费	0.002元/m^3	0.002元/m^3
空压机台时费	132元/台时	73元/台时

解:系统一的风价为:

$132/[40\times60\times0.80\times(1-10\%)]+0.005+0.002=0.083$(元/m^3)

系统二的风价为:

$(73\times3)/[20\times3\times60\times0.80\times(1-10\%)]+0.005+0.002=0.091$(元/ m^3)

施工用风综合价格为:

$0.083\times30\%+0.091\times70\%=0.089$(元/ m^3)

第五节　砂石料单价

砂石料是水利水电工程中的主要建筑材料,它是砂砾料、砂、卵(砾)石、碎石、块石、料石等材料的统称。其中:砂砾料指未经加工的天然砂(砾)卵石料;骨料指经过加工分级后砂、砾石和碎石的统称;砂指粒径不超过5 mm的骨料;碎石指经破碎、加工分级后粒径大于5 mm的骨料;砾石指砂砾料经加工分级后粒径大于5 mm的卵石;碎石原料指未经破碎、加工的岩石开采料;超径石指砂砾料中大于设计骨料最大粒径的卵石;块石指长、宽各为厚度的2~3倍,厚度大于20 cm的石块;片石指长、宽各为厚度的3倍以上、厚度大于15 cm的石块;毛条石指长度大于60 cm的长条形四棱方正的石料;料石指毛条石经过修边打荒加工、外露面方正、各相邻面正交、表面凹凸不超过10 mm的石料。砂石料按粒径大小可划分为细骨料和粗骨料两种,其中:细骨料是指粒径在0.15~5 mm的砂料;粗骨料是指粒径在5~20 mm、20~40 mm、40~80 mm、80~120(150) mm的碎(卵)石料。

砂石料是水利水电工程的主要建筑材料,按其来源不同一般可分为天然砂石料和人工砂石料两种。天然砂石料是岩石经风化和水流冲刷而形成的,有河砂、山砂、海砂以及河卵石、山卵石和海卵石等;人工砂石料是采用爆破等方式,开采后的岩体经机械设备的破碎、筛洗、碾磨加工而成的碎石和人工砂(又称机制砂)。在水利工程建设中,由于砂石料使用强度高,使用量大,大中型工程一般由施工单位自行采备,形成机械化联合作业系统,小型工程一般可就近在市场上采购。外购砂石料的单价按编制材料预算价格的方法编制,自行采备的砂石料必须单独编制单价。水利水电工程中砂石料单价的高低对工程投资的影响较大,所以在编制其单价时,必须深入现场调查,认真收集地质勘探、试验、设计资料,掌握其生产条件、生产流程,正确选用定额进行计算,保证砂石料单价的可靠性。本节主要介绍自行采备砂石料的单价分析方法。

一、基本资料的收集

为了保证砂石料单价计算的准确可靠,在编制单价前必须收集和掌握下列资料,主要内容有:

(1)料场的位置、分布、地形条件、工程地质和水文地质特性、料场岩石类别及其物理力学特性等;

(2)料场的储量与可开采数量,料场的天然级配组成和设计级配,各料场覆盖层的清除厚度、数量及其占毛料开采量的比例与清除方式,设计出各级配骨料量;

(3)毛料的开采、运输、加工、筛洗,废料处理及成品料的运输和堆存方式;

(4)砂石料生产系统的加工工艺流程及其设备配置,各生产环节的设计生产能力、级配平衡计算成果及其相互间的衔接方式。

二、砂石料生产工序

(1)毛料(未经加工的砂砾料)或碎石原料的开采运输:指按施工组织设计确定的施工方法开采并且运到筛分厂毛料堆的过程;

(2)预筛分:指将天然毛料隔离超径石的过程;

(3)超径石或碎石原料破碎:指将超径石或碎石原料进行一次或者两次破碎,加工为需要粒径的碎石半成品的过程;

(4)筛洗加工:指将毛料或者碎石半成品通过各级筛分机与洗砂机冲洗筛分成设计需要的质量合格的不同粒径的骨料的过程;

(5)中间破碎:指由于生产和级配平衡的需要,将一部分多余的大粒径骨料再次进行破碎加工的过程;

(6)运输:指在加工各工序之间转运毛料、半成品料和成品料运到料仓的过程;

(7)二次筛分:指骨料经过长期堆放或长距离运输后,造成逊径或含泥量超过规定,需要进行二次筛分的过程。

以上各工序可以根据实际情况进行取舍或组合。

三、砂石料生产的工艺流程与单价组成

骨料生产由覆盖层清除、毛料开采运输、筛洗加工、成品骨料运输、弃料处理等工序组成,根据施工组织设计和有关资料选择合适的定额子目,分别计算各工序单价,目前在定额中已经把各种损耗计入到定额中,因此在计算时不再考虑损耗。

(一)砂石料生产的工艺流程

1. 覆盖层清除

天然砂石料场或采石场表面的杂草、树木、腐殖土或风化与弱风化岩石及夹泥层等覆盖物,在毛料开采前必须清理干净。该工序单价应根据施工组织设计确定的施工方式,套用一般土方工程概预算定额计算,然后摊入砂石料成品单价中。

2. 毛料开采运输

毛料开采运输是指毛料从料场开采、运输到筛分厂毛料堆的整个过程。该工序费用应根据施工组织设计确定的施工方法,选用概预算定额进行计算。

3. 毛料的破碎、筛分、冲洗加工

(1)天然砂石料的破碎、筛分、冲洗加工一般包括预筛分、超径石破碎、筛洗、中间破碎、二次筛分、堆存及废弃料清除等工序。

筛洗是指将毛料和碎石半成品通过各级筛分机与洗砂机筛分、冲洗成设计需要的质量合格的不同粒径粗骨料与细骨料的过程。一般包括预筛、初筛、复筛、洗砂等过程。其中,预筛分是指将毛料隔离超径石的过程。

破碎加工一般包括超径石破碎(粗碎)和中间破碎(中碎)。超径石破碎是指将预筛分隔离的超径石进行一次或两次破碎,加工成需要粒径的碎石半成品的过程;中间破碎是指由于生产和级配平衡的需要,将一部分大粒径骨料进行破碎加工的过程。按现行定额规定,超径石破碎定额包含中间破碎,只是在计算破碎单价时应根据要求破碎产品的粒径不同查找

相应的定额表。破碎后的碎石再返回筛分厂进行筛洗。

二次筛分是指粗骨料在运输、贮存过程中会受污染，逊径含量也可能超标，为保证混凝土质量，有的工程在骨料上搅拌楼之前进行的第二次筛分。

(2)人工砂石料的破碎、筛分、冲洗加工一般包括破碎(一般分为粗碎、中碎、细碎)、筛分(一般分为预筛、初筛、复筛)、清洗等工序。根据现行定额，人工砂石料加工分为三种情况，即单独生产碎石、单独生产人工砂、同时生产碎石和人工砂。当人工砂石料加工的碎石原料含泥量超过5%时，需增加预洗工序。

编制破碎筛洗加工单价时，应根据施工组织设计确定的施工机械、施工方法，套用相应概预算定额进行计算。

4. 成品的运输

成品运输是指将经过筛洗加工后的成品料，运至混凝土搅拌楼前的调节料仓或与搅拌楼上料胶带输送机相接为止的过程。运输方式根据施工组织设计确定，运输单价采用概预算相应的子目计算。

以上各工序可根据料场天然级配和混凝土生产需要，在施工组织设计中确定其取舍与组合。现行河南省水利厅颁布2007年定额按不同规模，列出了通用工艺设备，砂石的加工工艺可进行模块化组合。工程概预算阶段计算砂石料单价，可参考图5-3～图5-8工艺流程图。这些流程图只是通常应用过的一部分，不是唯一的，也不是最优的，对某个特定工程未必合适，仅仅是为了工程概算阶段计算砂石料单价。

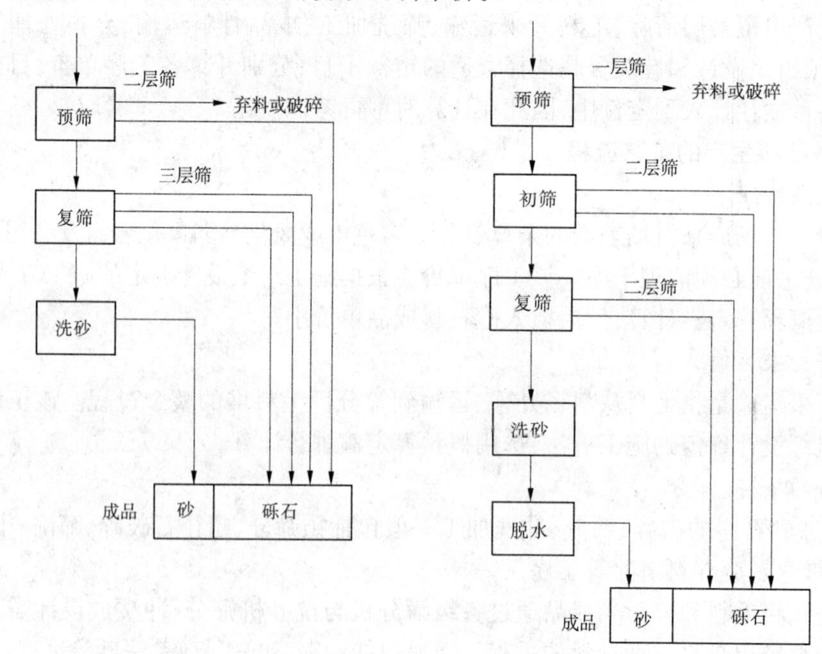

图5-3　天然砂砾料筛洗工艺流程

(二)砂石料单价组成

砂石料单价，是指混凝土拌和系统骨料贮存仓内1 m^3骨料的价格，它一般包括从料场覆盖层清除到毛料开采运输、砂砾料加工，直至成品料运输到混凝土搅拌楼前调节料仓或与搅拌楼上料胶带输送机相接为止的全部生产流程所发生的费用。砂石料单价应根据施工组

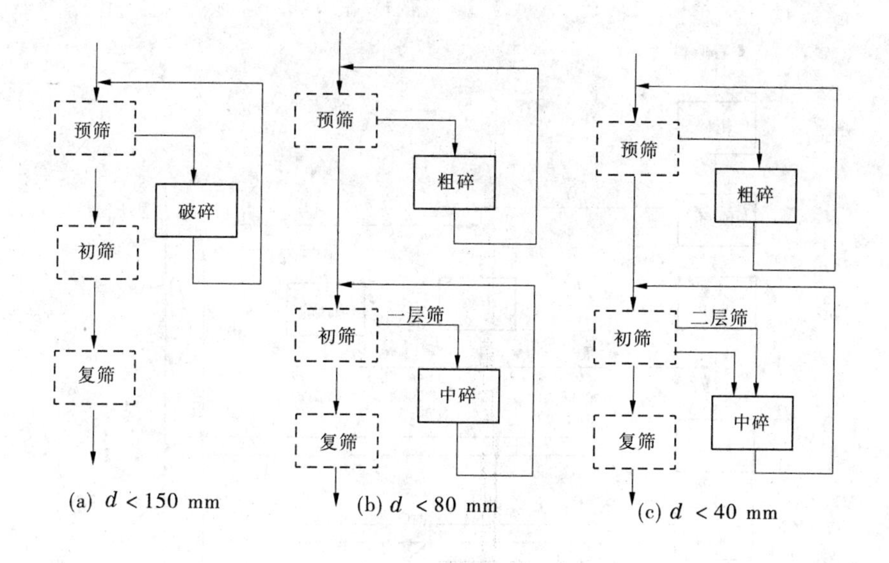

图 5-4 超径石破碎工艺流程

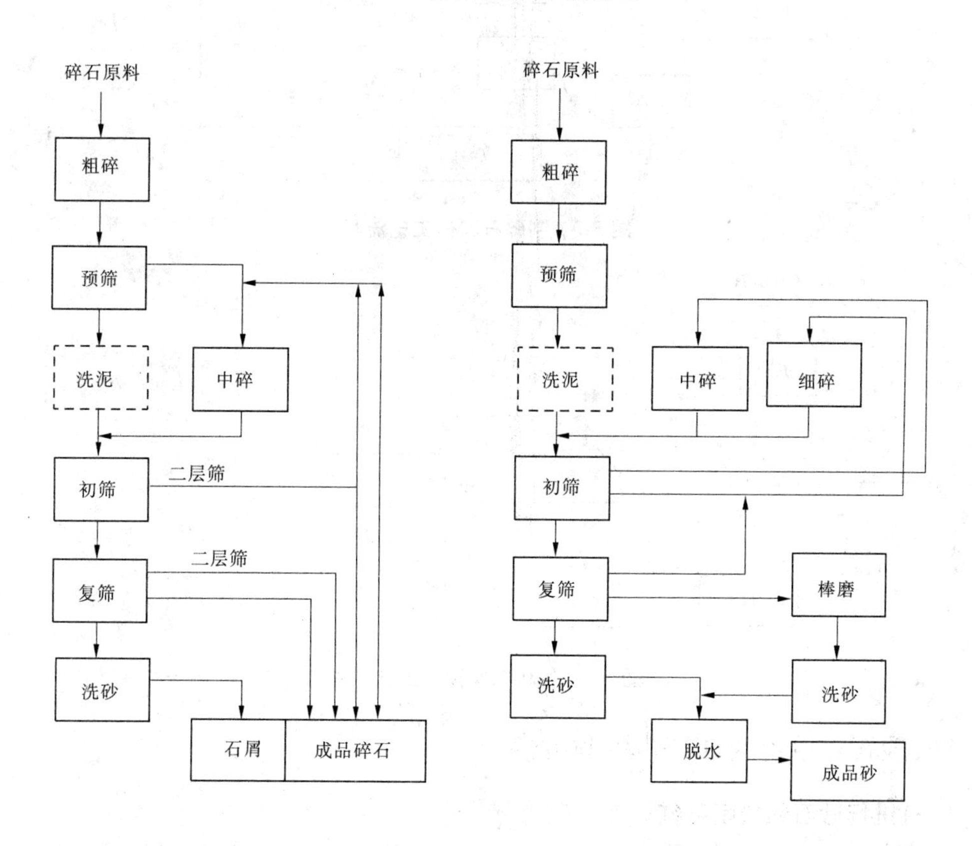

图 5-5 制碎石工艺流程

图 5-6 制砂工艺流程

织设计确定的砂石备料方案和工艺流程，按相应定额计算各加工工序单价，然后累计计算成品单价。

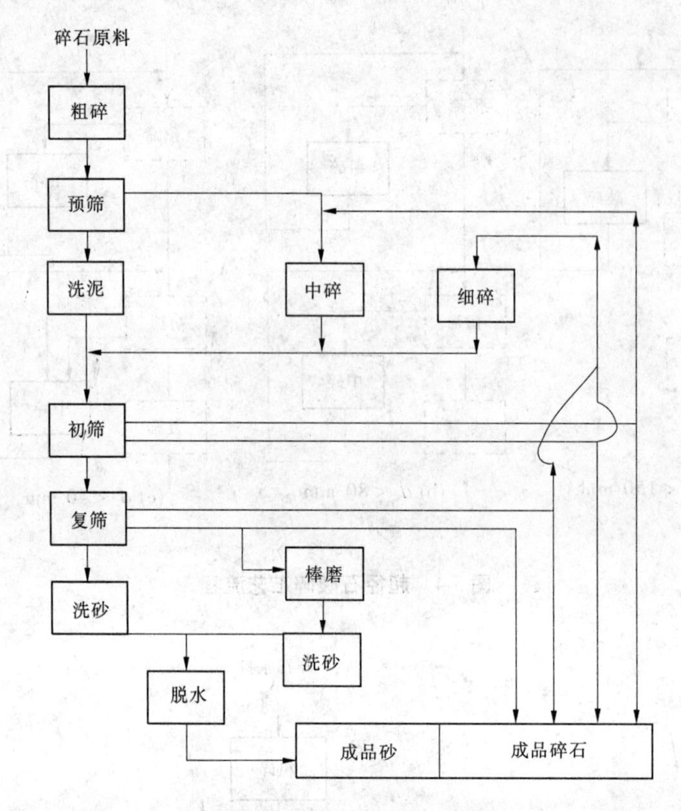

图 5-7 制碎石和砂工艺流程

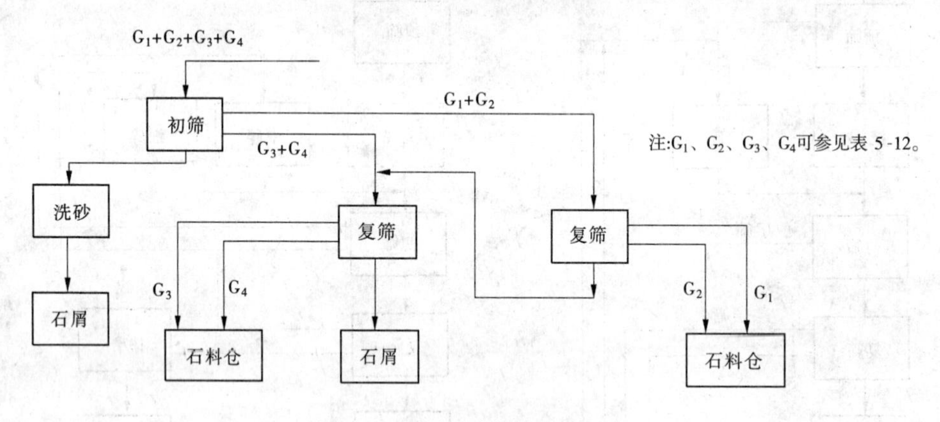

图 5-8 骨料二次筛分工艺流程

四、砂石料单价的计算步骤与方法

(一)进行砂石料级配平衡计算

级配平衡计算有粗算和精算之分,有一次平衡计算、多次平衡计算之分。在概算中粗算可满足要求,精算、多次平衡计算比较费时。级配平衡计算的主要内容有:

(1)根据地质勘探资料,编制砂砾料天然级配表;

(2)根据砂浆、混凝土工程量及其配合比列表计算出骨料需用量;

(3)确定天然砂砾料可利用率;

(4)根据天然级配表、骨料需用量表列表进行骨料级配平衡计算,表中列出各种粒径骨料需用量、天然产出量以及各种粒径骨料缺少量和富余量。若骨料级配供求不平衡,则需要进行调整。如砾石多而缺砂时,可用砾石制砂,中小石不足时,可用超径石或大石破碎补充。

(二)拟定砂石料生产工艺流程、确定砂石加工厂规模及计算参数

1. 拟定砂石料生产工艺流程

砂石料生产工艺流程可根据工程施工组织设计和骨料级配平衡计算成果并参考图5-3~图5-8等资料拟定。

2. 确定砂石加工厂规模

砂石加工厂规模由施工组织设计确定。根据《施工组织设计规范》(SDJ338—89)规定,砂石加工厂的生产能力应按混凝土高峰时段(3~5个月)月平均骨料需用量及其他砂石需用量计算。砂石加工厂生产时间,通常为每日二班制,高峰时为三班制,每月有效工作时间可按360 h计算。小型工程的砂石加工厂为一班制生产时,每月有效工作时间可按180 h计算。

计算出需要成品的小时生产能力及损耗,即可求得按进料量计的砂石加工厂小时处理能力,据此套用相应定额。

3. 确定计算参数

计算参数主要是指砂石料生产流程中各工序的工序单价系数。

1)覆盖层清除单价系数

覆盖层清除单价系数即覆盖层清除摊销率,是指覆盖层的清除量占设计成品骨料量的比例,计算公式为:

$$覆盖层清除摊销率 = 覆盖层清除量(m^3 自然方) \div 设计成品骨料量(t) \times 100\% \tag{5-69}$$

如各料场清除覆盖层性质与施工方法不同,应分别计算各料场覆盖层清除摊销率。

2)毛料采运单价系数

毛料采运单价系数按现行河南省水利厅颁布的2007年定额确定。其中,天然砂砾料采运单价系数按砂砾料筛洗定额表中砂砾料采运量除以定额数量确定;砾石原料采运单价系数按人工砂石料加工定额表中碎石原料量(包含含泥量)除以定额数量确定。

3)含泥碎石预洗单价系数

含泥碎石预洗单价系数按现行河南省水利厅颁布的2007年定额分章说明规定确定:制碎石取1.22;制人工砂取1.34。

4)弃料处理单价系数

弃料处理单价系数即弃料处理摊销率,计算公式为:

$$弃料处理摊销率 = 弃料处理量 \div 设计成品骨料量 \times 100\% \tag{5-70}$$

由天然砂砾料筛洗加工成合格骨料过程中产生的弃料总量是毛料开采量与设计成品骨料量之差,包括由于天然级配与设计级配不同而产生的级配弃料、超径弃料、筛洗剔除的杂质和含泥量以及施工损耗。在砂石骨料单价计算中,施工损耗在定额中考虑,不再计入弃料处理摊销率,只对超径弃料和级配弃料(包括筛洗剔除的杂质与含泥量)分别计算摊销率。如施工组织设计规定某种弃料需挖装运出至指定弃料地点时,则还应计算这一部分运出弃料摊销率。弃料处理单价应按弃料处理摊销率摊入到成品骨料单价中。

5)超径石破碎单价系数

超径石破碎(包含中间破碎)单价系数即超径石破碎摊销率。超径石如果破碎利用,则需将其破碎单价按超径石破碎摊销率摊入到成品骨料单价中。计算公式为:

$$超径石破碎单价系数 = 超径石破碎量 \div 砾石总用量 \tag{5-71}$$

6)二次筛分单价系数

如果骨料需要进行二次筛分,则需将二次筛分单价按二次筛分单价系数摊入到成品骨料单价中去。

$$二次筛分单价系数 = 二次筛分量 \div 砾石总用量 \tag{5-72}$$

此外,砂砾料筛洗、人工制碎石、人工制砂、人工制碎石和砂、成品(半成品)运输等工序的工序单价系数均为1.0。

(三)选用合适定额计算各工序单价

1.计算覆盖层清除单价

覆盖层清除单价以自然方计,根据施工组织设计确定的施工方法,采用土石方工程相应定额编制单价。

2.计算毛料采运、加工、运输单价

毛料(砂砾料或碎石原料)采运、加工、运输单价应根据施工组织设计确定的施工方法,结合砂石料加工厂生产规模,采用现行河南省水利厅颁布的概算定额或预算定额第六章"砂石备料工程"中相应定额子目编制概预算单价。

计算时应注意以下几点:

(1)除注明者外,毛料开采、运输定额计量单位为成品方(堆方、码方),砂石料加工等定额计量单位为成品重量(t)。计量单位之间的换算如无实际资料时,可参考表5-11中的数据。

表5-11　砂石料密度

砂石料类别	天然砂石料			人工砂石料		
	松散砂砾混合料	分级砾石	砂	碎石原料	成品碎石	成品砂
密度(t/m^3)	1.74	1.65	1.55	1.76	1.45	1.50

(2)在计算人工砂石料加工单价时,如果生产碎石的同时附带生产人工砂的数量不超过总量的10%,则采用单独制碎石定额计算其单价;如果生产碎石的同时生产的人工砂数量超过总量的10%,则采用同时制碎石和制砂的定额计算其单价。

(3)在计算砂砾料(或碎石原料)采运单价时,如果有几个料场,或有几种开采运输方式时,应分别编制单价后用加权平均方法计算毛料采运综合单价。

(4)弃料单价应为选定处理工序处的砂石料单价。在预筛时产生的超径石弃料单价,其筛洗工序单价可按砂砾料筛洗定额中的人工和机械台时数量各乘以0.2的系数计价,并扣除用水。若余弃料需转运到指定地点时,其运输单价应按砂石备料工程有关定额子目计算。

(5)根据施工组织设计,砂石加工厂的预筛粗碎车间与成品筛洗车间距离超过200 m时,应按半成品料运输方式及相关定额计算其单价。

(四)根据拟定流程计算砂石料综合单价

砂石料综合单价等于各工序单价分别乘以其单价系数后累加。在砂石料综合单价计算中,如弃料用于其他工程项目,应按可利用量的比例从砂石单价中扣除。

五、自行采备砂石料单价计算示例

【例 5-11】 某水利水电工程,混凝土总量 100 万 m^3,其中四级配 50 万 m^3,三级配 35 万 m^3,二级配 15 万 m^3,另用水泥砂浆 2.0 万 m^3。施工组织设计确定高峰时段混凝土浇筑量为 5 万 m^3/月,砂石加工厂设在料场附近,与混凝土搅拌楼相距 2 500 m,其间成品骨料运输采用胶带运输机。粗骨料上搅拌楼之前设二次筛分,4 种骨料中,有一半需进行二次筛洗。

该工程,天然砂砾料场距坝址 3 km,为水下中厚层料场,有效层平均厚度 4 m,无覆盖,拟采用 2 m^3 液压反铲挖掘机,2 m^3 液压正铲挖掘机装 15 t 自卸汽车运 1 km 到加工厂。

据地质勘探资料,砂砾料天然级配如表 5-12 所示。

试根据以上资料计算石子概算单价、砂子综合概算单价。

表 5-12 砂砾料天然级配

项目	以天然砂砾料为 100%				以砾石为 100%				自然密度 (t/ m^3)	砾石含泥率 (%)
	超径石 >150	砾石 150 ~ 5	砂子 5 ~ 0.15	粉粒 <0.15	G_1 150 ~ 80	G_2 80 ~ 40	G_3 40 ~ 20	G_4 20 ~ 5		
百分数	10.0	75.0	10.0	5.0	35.0	45.0	8.0	12.0	1.95	<0.1

注:石子、砂子粒径单位为 mm,下表同。

解:1. 骨料需用量计算

参考[2007]《河南省水利水电建筑工程概算定额》附录 7 中附表 7-7,C15 混凝土用水泥强度等级为 32.5;附表 7-15 接缝水泥砂浆 M20。骨料需用量如表 5-13 所示。

表 5-13 骨料需用量

序号	项目	混凝土量 (万 m^3)	骨料量 (万 t)	砂子		砾石		石子级配(%)			
				单位用量 (t/m^3)	合计用量 (万 t)	单位用量 (t/m^3)	合计用量 (万 t)	G_1 150 ~ 80	G_2 80 ~ 40	G_3 40 ~ 20	G_4 20 ~ 5
1	砂浆	2.0	3.10	1.55	3.1	0	0				
2	二级配	15.0	32.25	0.78	11.70	1.37	20.55			50	50
3	三级配	35.0	79.10	0.62	21.70	1.64	57.40		40	30	30
4	四级配	50.0	116.50	0.53	26.50	1.80	90.00	30	30	20	20
5	共计	102	230.95	0.62	63.00	1.65	167.95				
6	百分比 (%)		100		27.3		72.7	16.08	29.74	27.09	27.09

2. 级配平衡计算

天然砂砾料中粒径小于 0.15 mm 的粉粒在加工过程中随水冲走,大于 150 mm 的超径石有 2 个百分点无法利用,预筛后作弃料处理。由表 5-13 可知,天然砂砾料可利用率为 100% − 5% − 2% = 93%,因此天然砂砾料产出量为 230.95 ÷ 93% = 248.33(万 t),骨料需用量与天然级配平衡情况如表 5-14 所示。

表 5-14　骨料需用量与天然级配平衡情况

序号	项 目	总量（万 t）	其中有用量		砾石分级量（万 t）				>150 超径石利用量（万 t）	弃料量（万 t）
			砂量（万 t）	砾石（万 t）	G_1 150～80	G_2 80～40	G_3 40～20	G_4 20～5		
1	骨料需用量	230.95	63.00	167.95	27.00	49.95	45.50	45.50		
2	天然产出量	248.33	24.83	186.25	65.19	83.81	14.90	22.35	19.87	17.38
3	平衡情况	+17.38	−38.17	+18.30	+38.19	+33.86	−30.60	−23.15	+19.87	

注：其中超径石弃料量为 248.33×2%＝4.97（万 t）。

由表 5-14 可见，骨料级配供求不平衡：砾石多，砂缺 38.17 万 t，占需用量的 60%，需用砾石制砂；另外，G_3、G_4 石子缺 53.75 万 t，需用超径石和大石破碎补充，破碎量为 19.87＋38.19＋33.86＝91.92（万 t），占砾石总产量（186.25＋19.87＝206.12（万 t））的 44.6%，占砂石总用量（230.95 万 t）的 39.8%。

3. 拟定砂石料生产流程和工厂规模

（1）砂石料生产流程：

根据级配平衡计算成果和施工组织设计，可拟定本工程砂石料生产流程如图 5-9 所示。

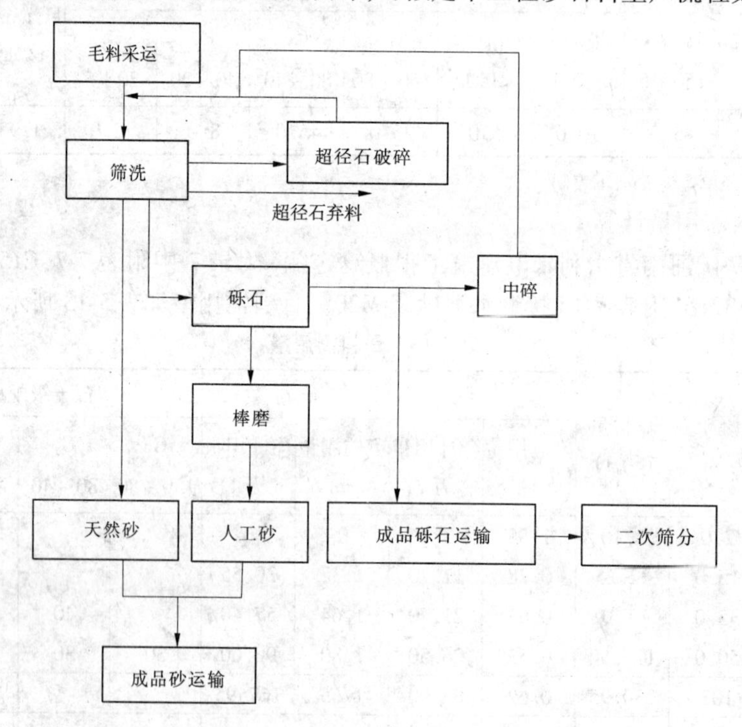

图 5-9　砂石料生产流程

（2）计算砂石加工厂规模。

①砂砾料筛洗厂生产能力：

$Q=1.16\times 50\,000\ \mathrm{m^3}$/月混凝土量 ×230.95 万 t 骨料 ÷102 万 $\mathrm{m^3}$ 混凝土 ÷360 h/月
$=364.1(\mathrm{t/h})$

式中：1.16 为加工损耗系数，查砂砾料筛洗定额确定，即用砂砾料采运量除以定额数量；360 h/月为砂石加工厂每月有效工作时间。

查定额可知,砂砾料筛洗厂生产规模应为 $Q_1 = 2 \times 220$ t/h。

②超径石破碎车间生产能力:

$Q = 91.92$ 万 t ÷ 248.33 万 t × 2 × 220 t/h = 162.9(t/h)

查定额可知,超径石破碎生产规模应为 $Q_2 = 1 \times 160$(t/h)。

③二次筛分厂生产能力(按混凝土搅拌能力计算):

$Q = 50\ 000\ m^3$/月 ÷ 360 h/月 = 138.9 (m^3/h)

查定额可知,二次筛分生产规模应为 $Q_3 = 140\ m^3/h$。

④砾石制砂厂生产能力:

$Q = 1.28 \times 38.17$ 万 t ÷ 248.33 万 t × 2 × 220 t/h = 86.6(t/h)

式中:1.28 为损耗系数,查人工制砂定额确定,即用定额中碎石原料采运量除以定额数量。

查定额可知,砾石制砂厂生产规模应为 $Q_4 = 2 \times 50$ t/h。

4. 计算工序单价和工序单价系数

(1)计算工序单价:

工序单价可根据施工组织设计确定的施工方法与砂石加工厂规模,选用相应的定额子目计算。假设各工序单价计算结果为:砂砾料开采单价 1.99 元/m^3,砂砾料运输单价 6.06 元/m^3,砂砾料筛洗单价 5.34 元/t,超径石破碎单价 3.94 元/t,成品骨料运输单价 6.22 元/m^3,骨料二次筛分单价 3.30 元/t,机制砂单价 23.86 元/t。工序单价计算过程略,计算方法详见第四章第二节。

(2)计算工序单价系数:

①毛料采运单价系数:查砂砾料筛洗定额可知,砂砾料开采、运输单价系数为116/100 = 1.16;查机制砂定额可知,碎石原料采运单价系数为 128/100 = 1.28。

②超径石破碎单价系数 = 91.92 万 t/206.12 万 t = 0.446

③超径石弃料摊销率 = 4.97 万 t /230.95 万 t = 0.022

④骨料二次筛分单价系数为 0.5,其他工序单价系数为 1.0。

5. 计算砂石料综合单价

(1)砾石综合单价计算,如表 5-15 所示,表中各计量单位的换算可参见表 5-11。

表 5-15　砾石综合单价计算

序号	项　目	定额编号	工序单价(元/ t)	系数	复价(元/ t)
1	砂砾料开采	60047	1.99/1.74	1.16	1.33
2	砂砾料运输	60212	6.06/1.74	1.16	4.04
3	砂砾料筛洗	60075	5.34	1.0	5.34
4	超径石破碎	60092	3.94	0.446	1.76
5	超径弃料摊销(就地弃料)	60047 60212 60075	1.33 + 4.04 + 5.34 × 0.2 = 6.438	0.022	0.14
6	成品运输(L = 2 500 m)	60164	6.22/1.65	1.0	3.77
7	二次筛分	60411	3.30	0.5	1.65
8	合 计				18.03

注:砾石单价为 18.03 × 1.65 = 29.75(元/m^3)。

(2)砂子综合单价计算。

本工程生产的砂有天然砂和人工砂两种,应先分别计算出其单价,再按其所占比例加权计算出砂子的综合单价。天然砂和人工砂的单价计算如表5-16、表5-17所示。

表5-16 天然砂单价计算

序号	项 目	定额编号	工序单价(元/t)	系数	复价(元/t)
1	砂砾料开采	60047	1.99/1.74	1.16	1.33
2	砂砾料运输	60212	6.06/1.74	1.16	4.04
3	砂砾料筛洗	60075	5.34	1.0	5.34
4	超径弃料摊销(就地弃料)	60047 60212 60075	1.33 +4.04 +5.34 ×0.2 =6.438	0.022	0.14
5	成品运输(L=2 500 m)	60164	6.22/1.55	1.0	4.01
6	合 计				14.86

注:天然砂单价为14.86 ×1.55 =23.03(元/m^3)。

表5-17 人工制砂单价计算

序号	项 目	定额编号	工序单价(元/t)	系数	复价(元/t)
1	砾石原料(d<40 mm)		1.33 +4.04 +5.34 +1.76 =12.47	1.28	15.96
2	机制砂	60133	23.86	1.0	23.86
3	成品运输(L=2 500 m)	60164	6.22/1.50	1.0	4.15
4	合 计				43.97

注:1.天然砂单价为43.97 ×1.50 =65.96(元/m^3)。

2.砾石原料价按砾石采运、筛洗、破碎综合价计算。

所以,砂子综合单价计算公式为:

$$23.03 \times 24.83/(24.83 + 38.17) + 65.96 \times 38.17/(24.83 + 38.17) = 49.04(\text{元}/m^3)$$

六、自采块石、料石单价计算

自采块石、片石、料石、条石单价是指开采质量合格的石料并运输到施工现场堆料点所需人工费、材料费和机械使用费的单位价格。一般包括料场覆盖层(风化层、无用夹层等)清除、石料开采、加工(修凿)、运输、堆存以及以上施工过程中的损耗等。但块石、片石、条石、料石加工及运输各节概预算定额中,均已考虑了开采、加工、运输、堆存损耗因素在内,计算概预算单价时不另计系数和损耗。

$$J_{\text{石}} = fF + D_1 + D_2 \tag{5-73}$$

式中:$J_{\text{石}}$为自采块石、片石、条石、料石单价,片石、块石单价以元/m^3成品码方计,料石、条石以元/m^3 清料方计；f 为覆盖层清除摊销率，指覆盖层清除量占需用石料方量的比例(%)；F 为覆盖层清除单价，元/m^3；D_1 为石料开采加工单价，根据岩石级别、石料种类和施工方法按定额相应子目计算，元/m^3；D_2 为石料运输堆存单价，根据施工方法和运距按定额相应子目计算，元/m^3。

七、外购砂石料的单价编制

外购砂石料的单价，根据市场实际情况和有关规定按第二节材料预算价格计算方法计算。

第六节　混凝土、砂浆材料单价

混凝土、砂浆材料是混凝土工程的主要材料。混凝土、砂浆材料单价是指配制 1 m^3 混凝土、砂浆所需的水泥、砂石骨料、水、掺和料及外加剂等各种材料的费用之和，不包括混凝土和砂浆拌制、运输、浇筑等工序的人工、材料和机械费用，也不包括除搅拌损耗外的施工操作损耗及超填量等。混凝土、砂浆材料单价在混凝土工程单价中占有较大的比重，在编制混凝土工程概算单价时，应根据设计选定的不同工程部位的混凝土及砂浆的强度等级、级配和龄期确定出各组成材料的用量，进而计算出混凝土、砂浆材料单价。

根据每立方米混凝土、砂浆中各种材料预算用量分别乘以其材料预算价格，其总和即为定额项目表中混凝土、砂浆的材料单价。

一、编制混凝土材料单价应遵循的原则

(1)编制拦河坝等大体积混凝土概预算单价时，必需掺加适量的粉煤灰以节省水泥用量，其掺量比例应根据设计对混凝土的温度控制要求或试验资料选取。如无试验资料，可根据一般工作实际掺用比例情况，按现行《河南省水利水电建筑工程概算定额》附录 7“掺粉煤灰混凝土材料配合表”选取。

(2)编制所有现浇混凝土及碾压混凝土概预算单价时，均应采用掺外加剂(木质素磺酸钙等)的混凝土配合比作为计价依据，以减少水泥用量。一般情况下不得采用纯混凝土配合比作为编制混凝土概预算单价的依据。

(3)现浇水泥混凝土强度等级的选取，应根据设计对不同水工建筑物的不同运用要求，尽可能利用混凝土的后期强度(60 d、90 d、180 d、360 d)，以降低混凝土强度等级，节省水泥用量。现行定额中，不同混凝土配合比所对应的混凝土强度等级均以 28 d 龄期的抗压强度为准，如设计龄期超过 28 d，应进行换算，各龄期强度等级与 28 d 龄期强度等级的换算系数如表 5-18 所示。当换算结果介于两种强度等级之间时，应选用高一级的强度等级。如某大坝混凝土采用 180 d 龄期设计强度等级为 C20，则换算为 28 d 龄期时对应的混凝土强度等级为：C20 × 0.71 ≈ C14，其结果介于 C10 与 C15 之间，则混凝土的强度等级取 C15。

表 5-18　混凝土龄期与强度等级换算系数

设计龄期(d)	28	60	90	180	360
强度等级换算系数	1.00	0.83	0.77	0.71	0.65

按照国际标准(ISO3893)的规定,且为了与其他规范相协调,将原规范混凝土及砂浆标号的名称改为混凝土及砂浆强度等级。新强度等级与原标号对照见表5-19和表5-20。

表5-19 混凝土强度等级与原标号对照

原用标号(kgf/cm^2)	100	150	200	250	300	350	400
新强度等级	C9	C14	C19	C24	C29.5	C35	C40

表5-20 砂浆新强度等级与原标号对照

原用标号(kgf/cm^2)	30	50	75	100	125	150	200	250	300	350	400
新强度等级	M3	M5	M7.5	M10	M12.5	M15	M20	M25	M30	M35	M40

二、混凝土材料单价的计算步骤与方法

混凝土各组成材料的用量是计算混凝土材料单价的基础,应根据工程试验提供的资料计算。若设计深度或试验资料不足,也可按下述计算步骤和方法计算混凝土半成品的材料用量及材料单价。

(一)选定水泥品种与强度等级

拦河坝等大体积水工混凝土,一般可选用强度等级为32.5与42.5的水泥。对水位变化区外部混凝土,宜选用普通硅酸盐大坝水泥和普通硅酸盐水泥;对大体积建筑物内部混凝土、位于水下的混凝土和基础混凝土,宜选用矿渣硅酸盐大坝水泥、矿渣硅酸盐水泥和粉煤灰硅酸盐水泥。

(二)确定混凝土强度等级和级配

混凝土强度等级和级配是根据水工建筑物各结构部位的运用条件、设计要求和施工条件确定的。在资料不足的情况下,可参考表5-21选定。

(三)确定混凝土材料配合比

确定混凝土材料配合比时,应考虑按混合料、掺外加剂和利用混凝土后期强度等节约水泥的措施。混凝土材料中各项组成材料的用量,应按设计强度等级,根据试验确定的混凝土配合比计算,计算中水泥、砂石预算用量要比配合比理论计算量分别增加2.5%、3%与4%。初设阶段的纯混凝土、掺外加剂混凝土,或可行性研究阶段的掺粉煤灰混凝土、碾压混凝土、纯混凝土、掺外加剂混凝土等,如无试验资料,可参照概算定额附录中的混凝土材料配合比查用。

现行《河南省水利水电建筑工程概算定额》附录7列出了不同强度混凝土、砂浆配合比。在使用附录中的混凝土材料配合比表时,应注意以下几个方面:

(1)表中混凝土材料配合比是按卵石、粗砂拟定的,如改用碎石或中、细砂,应对配合比表中的各材料用量按表5-22系数换算(注:粉煤灰的换算系数同水泥的换算系数)。

表 5-21　混凝土强度等级与级配参考

工程类别	不同强度等级、不同级配混凝土所占比例(%)			
	C20～C25 二级配	C20 三级配	C15 三级配	C10 四级配
大体积混凝土坝	8	32		60
轻型混凝土坝	8	92		
水闸	6	50	44	
溢洪道	6	69	25	
进水塔	30	70		
进水口	20	60	20	
隧洞衬砌				
混凝土泵衬砌边顶拱	80	20		
混凝土泵衬砌顶拱	30	70		
竖井衬砌				
混凝土泵浇筑	100			
其他方法浇筑	30	70		
明渠混凝土		75	25	
地面厂房	35	35	30	
河床式电站厂房	50	25	25	
地下厂房	50	50		
扬水站	30	35	35	
大型船闸	10	90		
中小型船闸	30	70		

表 5-22　碎石或中、细砂配合比换算系数

项目	水泥	砂	石子	水
卵石换为碎石	1.10	1.10	1.06	1.10
粗砂换为中砂	1.07	0.98	0.98	1.07
粗砂换为细砂	1.10	0.96	0.97	1.10
粗砂换为特细砂	1.16	0.90	0.95	1.16

注:1. 水泥按重量计,砂、石子、水按体积计。

2. 若实际采用碎石及中细砂时,则总的换算系数应为各单项换算系数的乘积。

(2)埋块石混凝土,应按配合表列材料用量,扣除埋块石实体的数量计算。

埋块石混凝土材料量 = 配合表列材料用量 ×(1 - 埋块石率(%))　　(5-74)

1 块石实体方 = 1.67 码方

因埋块石增加的人工工时见表 5-23。

表 5-23　埋块石混凝土人工工时增加量

埋块石率(%)	5	10	15	20
每100 m^3 埋块石混凝土增加人工工时	24.0	32.0	42.4	56.8

注:不包括块石运输及影响浇筑的工时。

(3)当工程采用的水泥强度等级与配合比表中不同时,应对配合比表中的水泥用量进行调整,见表5-24。

表 5-24　水泥强度等级换算系数参考

原强度等级	代换强度等级		
	32.5	42.5	52.5
32.5	1.00	0.86	0.76
42.5	1.16	1.00	0.88
52.5	1.31	1.13	1.00

(4)除碾压混凝土材料配合比表外,混凝土配合比表中各材料的预算量包括场内运输及操作损耗,不包括搅拌后(熟料)的运输和浇筑损耗,搅拌后的运输和浇筑损耗已根据不同浇筑部位计入定额内。

(5)水泥用量按机械拌和拟定,若人工拌和,则水泥用量需增加5%。

(四)计算混凝土材料单价

混凝土材料单价计算公式为:

$$混凝土材料单价 = \sum(某材料用量 \times 某材料预算价格) \tag{5-75}$$

材料预算价格按本章第二节相关知识计算。

如果有几种不同强度等级的混凝土,需要计算混凝土材料的综合单价,则按各强度等级的混凝土所占比例计算加权平均单价。

三、混凝土材料单价计算示例

【例5-12】 某岸边开敞式溢洪道工程,设计选用的混凝土强度等级与级配为:C20二级配占6%、C20三级配占69%、C15三级配占25%。C20混凝土用32.5级普通水泥,C15混凝土用32.5级矿渣水泥。外加剂采用木质磺酸钙。已知混凝土各组成材料的预算价格为:32.5级普通水泥350元/t,32.5级矿渣水泥325元/t,木质磺酸钙1.20元/kg,砂石骨料35元/m^3,水0.40元/m^3。试计算溢洪道混凝土工程定额中混凝土材料单价。

解:(1)根据[2007]《河南省水利水电建筑工程预算定额》附录7掺外加剂混凝土材料配合比表,查得上述各种强度等级与级配的混凝土配合比材料预算量。

(2)计算各种强度与级配的混凝土材料单价,并按所占比例加权平均计算其综合单价,见表5-25。

混凝土材料综合单价为:

$135.78 \times 6\% + 122.72 \times 69\% + 107.62 \times 25\% = 119.73$(元/$m^3$)

表 5-25　混凝土材料单价

混凝土强度等级	级配	材料预算量					材料费(元)					混凝土材料单价(元/m^3)
		水泥(kg)	砂(m^3)	卵石(m^3)	外加剂(kg)	水(m^3)	水泥	砂	卵石	外加剂	水	
C20	二	254	0.5	0.82	0.52	0.15	88.9	17.5	28.7	0.62	0.06	135.78
C20	三	212	0.4	0.97	0.43	0.125	74.2	14	33.95	0.52	0.05	122.72
C15	三	181	0.42	0.96	0.37	0.125	58.83	14.7	33.6	0.44	0.05	107.62

四、砂浆材料单价的计算方法

砂浆材料单价的计算方法和混凝土材料单价的计算方法大致相同,应根据工程试验提供的资料确定砂浆的各组成材料及相应的用量,进而计算出砂浆材料单价。若无试验资料,可参照定额附录砂浆材料配合比表中,各组成材料的预算量,进而计算出砂浆材料的单价。

砂浆材料单价计算公式为:

$$\text{砂浆材料单价} = \sum(\text{某材料用量} \times \text{某材料预算价格}) \tag{5-76}$$

复习思考题

1. 某灌溉工程位于十类工资区,无地区津贴,养老保险费率取15%,住房公积金费率取5%。按水利部现行规定分别计算工长、高级工、中级工和初级工的人工预算单价。

2. 某大型水利枢纽工程位于七类工资区,经国家物价部门批准的地区津贴为30元/月,地方政府规定的特殊地区补贴为25元/月,请按现行部颁规定,计算中级工的人工预算单价(假设养老保险费率为18%,住房公积金费率为5%)。

3. 某水利工程混凝土工程所用水泥为袋装强度等级为42.5的普通硅酸盐水泥,系由本省内水泥一厂和水泥二厂供应,请按水利部现行规定计算该种水泥预算价格。已知:火车上交货价均为300元/t,供货比例为一厂:二厂=70:30。厂家至工地水泥罐的运杂费(含上罐费)分别为:一厂100元/t,二厂130元/t。水泥公路运输保险费率3‰。

4. 计算某水电工程大坝用水泥预算价格。水泥由某水泥厂直供,水泥强度等级为42.5,其中袋装水泥占10%,散装水泥占90%,袋装水泥市场价为310元/t,散装水泥市场价为280元/t。运输路线、运输方式和各项费用为:自水泥厂通过公路运往工地仓库,其中袋装水泥运杂费为21.9元/t,散装运杂费为10.6元/t;从仓库到拌和楼由汽车运送,运费为1.5元/t,进罐费为1.3元/t;运输保险费按1%计;采购保管费率按3%计。

5. 某水利枢纽工程位于某省A市,工地距A市73 km,距B市火车站28 km,钢筋由省物资站供应30%,由A市金属材料公司供应70%。两供应点供应的钢筋,低合金20MnSi螺纹钢占60%,普通A3光面钢筋占40%(与设计要求一致),按上述资料计算钢筋的综合预算价格。

6. 某水利工程施工用电,90%由电网供电,10%由自备柴油机发电。已知电网电价为

0.35 元/(kW·h)，电力建设基金 0.04 元/(kW·h)，三峡建设基金 0.007 元/(kW·h)，柴油发电机总容量为 1 000 kW，其中 200 kW 一台，400 kW 两台，并配备三台水泵供给冷却水。以上三种机械台时费分别为 160 元/台时、268 元/台时和 13.2 元/台时。请计算外购电电价、自发电电价和综合电价(高压输电线路损耗率为 6%，变配电设备及配电线路损耗率为 8%，供电设施维修摊销费为 0.03 元/(kW·h)，发电机出力系数取 0.8，厂用电率取 5%)。

7. 某施工单位自备燃煤电厂，已知施工期间需要的发电量及其余资料为：发电量 1.546×10^6 kW·h，厂用电率 8%，燃煤消耗费 605 894 元，水费 11 552 元，材料费 75 904 元，运行、维修、管理人员工资 70 136 元，基本折旧费 30 198 元，大修费 11 936 元，其他费用 11 826 元，试计算基本电价。

8. 某水利工程用强度等级为 42.5 的普通硅酸盐水泥，资料如表 5-26 所示，请计算该种水泥的预算价格。

表 5-26　基本资料

计算依据	甲厂	乙厂
供应比例(%)	35	65
出厂价(元/t)	400	350
厂家至工地距离(km)	80	110
吨公里运价(元)	0.53	0.53
装卸费小计(元/t)	15.0	15.0
材料运输保险费率(%)	0.4	0.4

9. 某工程施工用风由总容量 200 m^3/min 的压缩空气系统供给，共配置固定式空压机 7 台，其中 20 m^3/min 4 台，40 m^3/min 3 台，采用循环水冷却。本工程用风，供风管道较长，损耗率与维修摊销费应取大值。已知 40 m^3/min 与 20 m^3/min 的空压机台时费分别为 150.56 元/台时和 82.81 元/台时，空压机出力系数取 0.8，供风设施维修摊销费取 0.003 元/m^3，供风损耗率取 12%，请计算风价。

10. 某水利工程供风系统有两个，有关施工用风基本资料如表 5-27 所示，请计算该工程施工用风综合价格。

表 5-27　基本资料

指标	系统一	系统二
空压机容量	40 m^3/min 一台	20 m^3/min 三台
供风比例	30%	70%
能量利用系数	0.75	0.80
供风损耗	10%	10%
单位循环冷却水费	0.005 元/m^3	0.005 元/m^3
供风设施摊销费	0.002 元/m^3	0.002 元/m^3
空压机台时费	132 元/台时	73 元/台时

11. 某工程施工生产用水设两个供水系统，均为一级供水。A 系统设 150D30 ×4 水泵 3 台，其中备用 1 台，包括管路损失总扬程 116 m，相应出水流量 150 m^3/(h · 台)；B 系统设 3 台 100D45 ×3 水泵，其中备用 1 台，总扬程 120 m，相应出水量 90 m^3/(h · 台)。两供水系统供水比例为 70∶30。已知水泵台时费分别为 92 元/台时和 72 元/台时。水量损耗率取 10%，维修摊销费取 0.03 元/ m^3，能量利用系数取 0.8，求综合水价。

12. 施工机械台时费由哪几部分费用构成？如何计算施工机械台时费？

13. 已知某水利工程中中级工人工预算单价为 5.60 元/工时，柴油预算价格为 3.61 元/kg。台时费中一类费用不需调整。请按现行台时费定额计算 15 t 自卸汽车的台时费。

14. 砂石料的生产工艺流程一般有哪些？请简述自行采备砂石料单价的计算步骤。

15. 如何计算水利建筑工程定额项目表中的混凝土和砂浆的单价？

16. 某水利枢纽工程，混凝土总量为 120 万 m^3，施工组织设计确定高峰时段混凝土浇筑量为 6 万 m^3/月，砂石加工厂设在料厂附近，与混凝土搅拌楼相距 3 km，其间成品骨料运输采用 2 m^3 挖掘机装 15 t 自卸汽车运输。粗骨料进搅拌楼之前全部进行二次筛分。经过级配平衡计算可知，骨料需用量 254 万 t，其中粗骨料 190 万 t，砂 64 万 t；天然砂砾料开采量为 271.7 万 t，其中砂和小粒径砾石均能满足要求，但粒径 150 ~ 80 mm 的砾石量不足，缺少 20 万 t，可用部分超径石破碎加以利用。筛洗工序中产生的超径石弃料 3.2 万 t，级配弃料 14.5 万 t，需运至指定地点。料场覆盖层清除量 45.5 万 m^3 自然方。已知覆盖层清除单价 5.33 元/m^3，毛料采运综合单价 5.87 元/m^3，筛洗单价 5.22 元/t，超径石破碎单价 5.15 元/t，成品运输单价 7.56 元/m^3，二次筛分单价 2.56 元/t。请计算该工程自采砂石料概算单价。

第六章　建筑与安装工程单价

第一节　工程单价编制

建筑与安装工程单价是指完成单位工程量所消耗的全部费用,包括直接工程费、间接费、企业利润和税金等。它是编制水利水电工程建筑和安装费用的基础。由于编制工程单价工作量大,并且复杂,因此必须高度重视。

完成单位工程构成要素需要的人工、材料及机械使用量通过查定额可以确定,其使用量与各自的基础单价相乘之和构成直接费,再按照有关取费标准计算其他直接费、现场经费、间接费、企业利润和税金等,直接费与各项取费之和即构成工程单价,因此工程单价是由量、价、费三要素组成。

一、编制依据

水利水电建筑工程概算的编制依据包括:

(1)国家及省、自治区、直辖市颁发的有关法令、法规、制度、规程;

(2)《河南省水利水电工程设计概(估)算编制规定》(河南省水利厅豫水建[2006]52号文);

(3)厅颁[2007]《河南省水利水电建筑工程概算定额》、《河南省水利水电建筑工程预算定额》、《河南省水利水电工程施工机械台时费定额》和有关行业主管部门颁发的定额;

(4)水利工程设计工程量计算规则;

(5)已批准的初步设计文件、图纸及施工组织设计;

(6)本工程使用的材料预算价格及电、水、风、砂石料等基础单价;

(7)各种有关合同、协议及资金筹措方案;

(8)其他。

二、建筑工程单价组成及计算

建筑工程包括土方开挖工程、石方开挖工程、土石填筑工程、混凝土工程、模板工程、砂石备料工程、钻孔灌浆及锚固工程、疏浚工程及其他工程等九项内容。

建筑工程单价由直接工程费、间接费、企业利润和税金四部分组成。

(一)直接工程费

直接工程费指建筑工程在施工过程中直接消耗在工程项目上的活劳动和物化劳动。由直接费、其他直接费、现场经费组成。

1. 直接费

直接费包括人工费、材料费、施工机械使用费。

1)人工费

人工费指为完成建筑工程的单位工程量,按现行河南省水利水电建筑工程定额子目所需的全部人工工时数乘以人工预算单价计算出的费用。

人工费 = 定额劳动量(工时) × 人工预算单价(元/工时)　　(6-1)

2)材料费

材料费由主要材料费和其他材料费或零星材料费组成。

主要材料费,指为完成建筑工程的单位工程量,按现行河南省水利水电建筑工程定额子目所需主要材料、构件、半成品及周转使用材料摊销量等的全部耗用量乘以相应材料预算价格计算的材料费。

其他材料费或零星材料费,指为完成建筑工程的单位工程量,按现行河南省水利水电建筑工程定额子目以费率(%)形式表示的其他材料费或零星材料费。如工作面内的脚手架、排架、操作平台等的搭拆摊销费,地下工程的照明费,混凝土工程的养护用水费,石方开挖工程的钻杆、空心钢、冲击器,以及其他一些用量少的零星材料费。

材料费 = ∑(定额主要材料耗用量 × 材料预算价格) + 其他材料费 + 零星材料费　　(6-2)

其他材料费 = 主要材料费之和 × 其他材料费费率　　(6-3)

零星材料费 = (人工费 + 机械费) × 零星材料费费率　　(6-4)

3)施工机械使用费

施工机械使用费由主要施工机械使用费和其他机械使用费组成。

主要施工机械使用费是指为完成建筑工程的单位工程量,按现行河南省水利水电建筑工程概预算定额子目所需主要施工机械的台(组)时数量乘相应台时费计算的施工机械使用费。

其他机械使用费是指为完成建筑工程的单位工程量,按现行河南省水利水电建筑工程定额以费率(%)表示的次要机械和辅助机械的使用费,包括材料、机具的场内运输机械,混凝土浇筑现场运输中的次要机械,疏浚工程中的客轮、油轮等辅助生产船舶等。

机械使用费 = ∑定额主要施工机械使用量(台时) × 施工机械台时费 +
主要机械使用费 × 其他机械费费率(%)　　(6-5)

2. 其他直接费

其他直接费指为完成建筑工程的单位工程量,按现行规定应计入概算单价的冬雨季施工增加费、夜间施工增加费和其他费用。均按建筑工程直接费的百分率计算。

其他直接费 = 直接费 × 其他直接费费率之和　　(6-6)

根据河南省水利厅[2006]《河南省水利水电工程设计概(估)算编制规定》,其他直接费费率标准如下:

(1)冬雨季施工增加费:建筑和安装工程都取直接费的1%。

(2)夜间施工增加费:建筑工程取0.5%,安装工程取0.7%。

照明线路工程费用包括在“临时设施费”中;施工附属企业系统、加工厂、车间的照明,列入相应的产品中,均不包括在本项费用之内。

(3)其他:建筑工程取1.0%,安装工程取1.5%。

3. 现场经费

现场经费指为完成建筑工程的单位工程量,按现行规定应计入工程单价的临时设施费和现场管理费,均按建筑工程直接费的百分率计算。

建筑工程的现场经费 = 直接费 × 现场经费费率之和　　(6-7)

根据工程性质的不同,现场经费标准分为枢纽工程、引水工程及河道工程两部分标准。对于有些施工条件复杂、大型建筑物较多的引水工程可执行枢纽工程的费率标准。根据河南省水利厅现行规定,现场经费费率的取费标准如下。

(1)枢纽工程现场经费费率的标准,见表6-1。

表6-1　枢纽工程现场经费费率

序号	工程类别	计算基础	现场经费费率(%)		
			合计	临时设施费	现场管理费
一	建筑工程				
1	土石方工程	直接费	9	4	5
2	砂石备料工程(自采)	直接费	2	0.5	1.5
3	模板工程	直接费	8	4	4
4	混凝土浇筑工程	直接费	8	4	4
5	钻孔灌浆及锚固工程	直接费	7	3	4
6	其他工程	直接费	7	3	4
二	机电、金属设备安装工程	人工费	45	20	25

工程类别划分为以下几种。

①土石方工程:包括土石方开挖与填筑、砌石、抛石工程等;

②砂石备料工程:包括天然砂砾料和人工砂石料开采加工;

③模板工程:包括现浇各种混凝土时制作及安装的各类模板工程;

④混凝土浇筑工程:包括现浇和预制各种混凝土、钢筋制作安装、伸缩缝、止水、防水层、温控措施等;

⑤钻孔灌浆及锚固工程:包括各种类型的钻孔灌浆、防渗墙及锚杆(索)、喷浆(混凝土)工程等;

⑥其他工程:指除上述工程以外的工程。

(2)引水工程及河道工程现场经费费率标准,见表6-2。

表6-2　引水工程及河道工程现场经费费率

序号	工 程 类 别	计算基础	现场经费费率(%)		
			合计	临时设施费	现场管理费
一	建筑工程				
1	土方工程	直接费	4	2	2
2	石方工程	直接费	6	2	4
3	砂石备料工程(自采)	直接费	2	0.5	1.5
4	模板工程	直接费	6	3	3
5	混凝土浇筑工程	直接费	6	3	3
6	钻孔灌浆及锚固工程	直接费	7	3	4
7	疏浚工程	直接费	5	2	3
8	其他工程	直接费	5	2	3
二	机电、金属设备安装工程	人工费	45	20	25

注:若自采砂石料,则费率标准同枢纽工程。

工程类别划分为以下两种：

①除疏浚工程，其余工程均与枢纽工程相同；

②疏浚工程，指用挖泥船、水力冲挖机组等机械疏浚江河、湖泊的工程。

（二）间接费

间接费指为完成建筑工程的单位工程量，按现行规定需计入概预算单价的项目，施工企业为组织施工生产经营活动所发生的管理费用、为筹集资金而发生的财务费用及其他费用。

$$建筑工程的间接费 = 直接工程费 \times 间接费费率 \tag{6-8}$$

根据工程性质不同，间接费标准分为枢纽工程、引水工程及河道工程两部分标准。对于有些施工条件复杂、大型建筑物较多的引水工程可执行枢纽工程的费率标准。详细情况见表6-3和表6-4。

表6-3　枢纽工程间接费费率

序号	工程类别	计算基础	间接费费率(%)
一	建筑工程		
1	土石方工程	直接工程费	9(8)
2	砂石备料工程(自采)	直接工程费	6
3	模板工程	直接工程费	6
4	混凝土浇筑工程	直接工程费	5
5	钻孔灌浆及锚固工程	直接工程费	7
6	其他工程	直接工程费	7
二	机电、金属设备安装工程	人工费	50

注：1. 工程类别划分同现场经费。

2. 若土石方填筑等工程项目所利用原料为已计取现场经费、间接费、企业利润和税金的砂石料，则其间接费费率选取括号中数值。

表6-4　引水工程及河道工程间接费费率

序号	工程类别	计算基础	间接费费率(%)
一	建筑工程		
1	土方工程	直接工程费	4
2	石方工程	直接工程费	6
3	砂石备料工程(自备)	直接工程费	6
4	模板工程	直接工程费	6
5	混凝土浇筑工程	直接工程费	4
6	钻孔灌浆及锚固工程	直接工程费	7
7	疏浚工程	直接工程费	5
8	其他工程	直接工程费	5
二	机电、金属设备安装工程	人工费	50

注：1. 工程类别划分同现场经费。

2. 若工程自采砂石料，则费率标准同枢纽工程。

（三）企业利润

企业利润指按现行规定需计入建筑工程单价中的利润，均按直接工程费与间接费之和的7%计算。

企业利润 =（直接工程费 + 间接费）× 企业利润率(7%）　　(6-9)

（四）税金

税金指按国家税法规定应计入建筑工程费用中的营业税、城市维护建设税和教育费附加等。

税金 =（直接工程费 + 间接费 + 企业利润）× 税率　　(6-10)

若安装工程中含未计价装置性材料费，则计算税金时应当计入未计价装置性材料费。

税率标准：建设项目在市区的为3.41%；建设项目在县城镇的为3.35%；建设项目在市区或县城镇以外的为3.22%。

三、建筑工程概预算单价编制原则、步骤和方法及计算程序

（一）编制原则

（1）严格执行《河南省水利水电工程设计概（估）算编制规定》（河南省水利厅豫水建[2006]52号文）。

（2）正确选用现行定额：现行使用的定额为河南省水利厅颁[2007]《河南省水利水电建筑工程概算定额》、《河南省水利水电建筑工程预算定额》、《河南省水利水电工程施工机械台时费定额》。

（3）正确套用定额子目：概算编制者必须熟读定额的总说明、章节说明、定额表附注及附录的内容，熟悉各定额子目的适用范围、工作内容及有关定额系数的使用方法，根据合理的施工组织设计确定的施工因素来选用相应的定额子目。

（4）现行河南省水利水电建筑工程定额中没有的工程项目，可编制补充定额；对于非水利水电专业工程，按照专业专用的原则，执行有关专业部颁发的相应定额，如公路工程执行交通部《公路工程设计定额》、铁路工程执行铁道部《铁路工程设计定额》等。但费用标准仍执行水利部现行取费标准，对选定的定额子目内容不得随意更改或删除。

（5）现行河南省水利水电建筑工程概算定额各定额子目中，已按现行施工规范和有关规定，计入了不构成建筑工程单位实体的各种施工操作损耗、允许超挖及超填量、合理的施工附加量及体积变化等所需增加的人工、材料及机械台时消耗量，编制工程概算时，应一律按设计几何轮廓尺寸计算的工程量计算。

（6）使用现行河南省水利水电建筑工程定额水电编制建筑工程单价时，除定额中规定允许调整外，均不得对定额中的人工、材料、施工机械台时数量及施工机械的名称、规格、型号进行调整。

（二）编制步骤

（1）了解工程概况，熟悉设计图纸，收集基础资料，弄清工程地质条件，确定取费标准。

（2）根据工程特征和施工组织设计确定的施工条件、施工方法及采用的机械设备情况，正确选用定额子目。

（3）根据本工程的基础单价和有关费用标准，计算直接工程费、间接费、企业利润和税金，并加以汇总求得建筑工程单价。

(三)计算程序

河南省水利厅现行规定的建筑工程单价计算程序如表 6-5 所示。

表 6-5　建筑工程单价计算程序

序号	项目	计算方法
(一)	直接工程费	(1)+(2)+(3)
(1)	直接费	①+②+③
①	人工费	∑定额劳动量(工时)×人工预算单价(元/工时)
②	材料费	∑定额材料用量×材料预算价格+其他材料费+零星材料费
③	施工机械使用费	∑定额机械使用量(台时)×施工机械台时费(元/台时)
(2)	其他直接费	(1)×其他直接费费率之和
(3)	现场经费	(1)×现场经费费率之和
(二)	间接费	(一)×间接费率
(三)	企业利润	[(一)+(二)]×企业利润率
(四)	税金	[(一)+(二)+(三)]×税率
(五)	建筑工程单价	(一)+(二)+(三)+(四)

(四)编制方法

工程单价的编制一般采用列表法，该表格称为建筑工程单价表，所用表格形式如表 6-6 所示。

表 6-6　建筑工程单价表

定额编号＿＿＿＿＿＿　项目＿＿＿＿＿＿　定额单位：

施工方法：

编号	名称及规格	单位	数量	单价(元)	合计(元)

(1)将定额编号、项目名称、定额单位、施工方法等分别填入表中相应栏内。其中："名称及规格"一栏，应填写详细和具体，如施工机械的型号、混凝土的强度等级和级配等。

(2)将定额中查出的人工、材料、机械台时消耗量填入表 6-6 的"数量"栏中。

(3)将相应的人工预算单价、材料预算价格和机械台时费填入表 6-6 的"单价"栏中。

(4)按"消耗量×单价"得出相应的人工费、材料费和机械使用费，分别填入相应"合计"栏中，相加得出直接费。

(5)根据规定的费率标准，计算其他直接费、现场经费、间接费、企业利润、税金等，汇总后即得出该工程项目的工程单价。

第二节　土方工程单价编制

一、项目划分和定额选用

(一)项目划分

1. 按组成内容分

土方开挖工程由开挖和运输两个主要工序组成。计算土方开挖工程单价时，应计算土方开挖和运输工程综合单价。

2. 按施工方法分

土方开挖工程可分为机械施工和人力施工两种，人力施工效率低而且成本高，只有当工作面狭窄或施工机械进入困难的部位才采用，如小断面沟槽开挖、陡坡上的小型土方开挖等。

3. 按开挖尺寸分

土方开挖工程可分为一般土方开挖、渠道土方开挖、沟槽土方开挖、柱坑土方开挖、平洞土方开挖、斜井土方开挖、竖井土方开挖等。在编制土方开挖工程单价时，应按下述规定来划分项目。

(1)一般土方开挖工程是指一般明挖土方工程和上口宽大于16 m的渠道及上口面积大于80 m^2 的柱坑土方工程。

(2)渠道土方开挖工程是指上口宽不大于16 m的梯形断面、长条形、底边需要修整的渠道土方工程。

(3)沟槽土方开挖工程是指上口宽不大于8 m的矩形断面或边坡陡于1∶0.5的梯形断面，长度大于宽度3倍的长条形，只修底不修边坡的土方工程。如截水墙、齿墙等各类墙基和电缆沟等。

(4)柱坑土方开挖工程是指上口面积不大于80 m^2，长度小于宽度3倍，深度小于上口短边长度或直径，四侧垂直或边坡陡于1∶0.5，不修边坡只修底的坑挖工程，如集水坑工程。

(5)平洞土方开挖工程是指水平夹角不大于6°、断面面积大于2.5 m^2 的洞挖工程。

(6)斜井土方开挖工程是指水平夹角为6°~75°、断面面积大于2.5 m^2 的洞挖工程。

(7)竖井土方开挖工程是指水平夹角75°、断面面积大于2.5 m^2、深度大于上口短边长度或直径的洞挖工程，如抽水井、通风井等。

4. 按土质级别和运距分

不同的土质和运距均应分别列项计算工程单价。

(二)定额选用

(1)了解土类级别的划分：土类的级别是按开挖的难易程度来划分的，除冻土外，现行部颁定额均按土石十六级分类法划分，土类级别共分为Ⅰ~Ⅳ级。

(2)熟悉影响土方工程工效的主要因素：主要影响因素有土的级别、取(运)土的距离、施工方法、施工条件、质量要求。例如，土的级别越高，其密度(t/m^3)越大，开挖的阻力也越大，土方开挖、运输的工效就会降低。再如，水下土方开挖施工、开挖断面小深度大的沟槽及长距离的土方运输等都会降低施工工效，相应地，工程单价就会提高。

(3)正确选用定额子目：因为土方定额大多是按影响工效的参数来划分节和子目的，所以了解工程概况，掌握现场的地质条件和施工条件，根据合理的施工组织设计确定的施工方法及选用的机械设备来确定影响参数，才能正确地选用定额子目，这是编好土方开挖工程单价的关键。

二、使用定额编制土方开挖工程概算单价的注意事项

(1)土方工程定额中使用的计量单位有自然方、松方和实方三种类型。①自然方是指未经扰动的自然状态的土方；②松方是指自然方经人工或机械开挖松动过的土方或备料堆

置土方;③实方是指土方填筑(回填)并经过压实后的符合设计干密度的成品方。

在计算土方开挖、运输工程单价时,计量单位均采用自然方。

(2)在计算砂砾(卵)石开挖和运输工程单价时,应按Ⅳ类土定额进行计算。

(3)当采用推土机或铲运机施工时,推土机的推土距离和铲运机的铲运距离是指取土中心至卸土中心的平均距离;若推土机推松土时,定额中推土机的台时数量应乘以系数0.8。

(4)当采用挖掘机、装载机挖装土料自卸汽车运输的施工方案时,定额中是按挖装自然方拟定的;如挖装松土时,定额中的人工工时及挖装机械的台时数量应乘以系数0.85。

(5)在查机械台时数量定额时,应注意以下两个问题:①凡一种机械名称之后,同时并列几种型号规格的,如压实机械中的羊脚碾、运输定额中的自卸汽车等,表示这种机械只能选用其中一种型号规格的机械定额进行计价。②凡一种机械分几种型号规格与机械名称同时并列的,则表示这些名称相同而规格不同的机械定额都应同时进行计价。

(6)定额中的其他材料费、零星材料费、其他机械费均以费率(%)形式表示,其计量基数如下:①其他材料费以主要材料费之和为计算基数;②零星材料费以人工费、机械费之和为计算基数;③其他机械费以主要机械费之和为计算基数。

(7)当采用挖掘机或装载机挖装土方自卸汽车运输的施工方案时,定额子目是按土类级别和运距来划分的。关于运距计算和定额选用有下列几种情况:

①当运距小于5 km且又是整数运距时,如1 km、2 km、3 km,直接按表中定额子目选用。若遇到1.5 km、3.6 km、4.3 km时,可采用插入法计算其定额值。计算公式如下:

$$A = B + \frac{(C - B) \times (a - b)}{c - b} \tag{6-11}$$

式中:A为所求定额值;B为小于A而接近A的定额值;C为大于A而接近A的定额值;a为A项定额值的运距;b为B项定额值的运距;c为C项定额值的运距。

当运距小于1 km(如0.7 km)时,其定额值计算如下:

$$\text{定额值(运距0.7 km)} = \text{1 km值} - (\text{2 km值} - \text{1 km值}) \times (1 - 0.7) \tag{6-12}$$

②当运距为5~10 km时:

$$\text{定额值} = \text{5 km值} + (\text{运距} - 5) \times \text{增运1 km值} \tag{6-13}$$

③当运距大于10 km时:

$$\text{定额值} = \text{5 km值} + 5 \times \text{增运1 km值} + (\text{运距} - 10) \times \text{增运1 km值} \times 0.75 \tag{6-14}$$

三、土方工程单价

土方工程包括土方挖运、填筑(回填),影响土方工程单价的主要因素有:土的级别、运距、施工方法、施工条件、质量控制等。土方工程定额就是根据上述影响因素划分的,因此根据工程情况正确选用定额是编制好土方工程单价的关键。

(一)土方挖运

土方开挖工程分为沟、渠、柱坑、洞井和一般土方开挖。而弃土一般需要运输,所以需要编制挖运综合单价。如果开挖与装运是连续施工,则可以直接套用定额中的挖运子目来计算挖运综合单价;如果开挖与装运是分开施工,则需要分别套用定额中的开挖和装运子目计算直接费,然后合并计算综合单价。

(二)土方填筑

土方填筑主要包括取土和压实,此外,一般还包括伐树挖根、料场覆盖层清除、土料处理等辅助工序,在编制土方填筑工程单价时,一般不单独编制伐树挖根、料场覆盖层清除、土料处理、土料开挖运输和压实等工序单价,而是编制综合单价。

(1)料场覆盖层清除及伐树挖根:其费用根据相应比例摊入到填筑单价中。

(2)土料处理:当土料含水量不符合设计要求时,需要进行处理(晾晒或洒水等),其费用根据相应比例摊入到填筑单价中。

(3)土料挖运:土料挖运的定额单位是自然方,而土料填筑综合单价的单位是压实成品方,因此采用《河南省水利水电建筑工程预算定额》计算土料挖运工序单价时应当考虑土料的体积变化和施工损耗等影响,即根据定额计算的挖运工序单价应当再乘以成品实方折算系数,折算系数按照下式计算:

$$\text{成品实方折算系数} = (1 + A) \times \frac{\text{设计干重度}}{\text{天然干重度}} \tag{6-15}$$

式中:A 为综合系数,包括开挖、上坝运输、雨后清理、边坡削坡、接缝削坡、施工沉陷、取土坑、试验坑和不可避免的压坏等损耗因素。

综合系数值可根据填筑部位和施工方法按照表 6-7 选取,使用时不得调整。

应注意的是,在《河南省水利水电建筑工程概算定额》中,土料压实定额已经将压实所需土料运输方量(自然方)列出,不需要再进行折算。

表 6-7　综合系数 A 值

填筑方法与部位	预算定额(%)	填筑部位与方法	运输定额(%)
机械填筑混合坝坝体土料	5.86	人工填筑心(斜)墙土料	3.43
机械填筑均质坝坝体土料	4.93	坝体砂砾料、反滤料填筑	2.20
机械填筑心(斜)墙土料	5.70	坝体堆石料填筑	1.4
人工填筑坝体土料	3.43		

(4)压实:土料压实定额按照压实机械类型及压实干重度划分节和子目。

四、土方工程单价编制示例

【例 6-1】 河南省某地区均质土坝工程位于县城以外,其坝基础土方开挖工程采用 3 m^3 挖掘机挖装 15 t 自卸汽车运 2 km 至弃料场弃料,试计算土方开挖运输预算单价。已知基本资料为:①初级工的人工预算单价为 3.04 元/工时,中级工的人工预算单价为 5.62 元/工时;②基础土方为Ⅲ类土;③柴油预算价格为 5.2 元/kg。

解:(1)计算机械台时费。

① 3 m^3 挖掘机台时费:查厅颁[2007]《河南省水利水电工程施工机械台时费定额》编号 1013,一类费用小计 258 元/台时,机上人工 2.7 工时,柴油消耗量 34.6 kg。

$$\text{机械台时费} = 258 + 2.7 \times 5.62 + 34.6 \times 5.2 = 453.09(\text{元/台时})$$

② 88 kW 推土机台时费:查厅颁[2007]《河南省水利水电工程施工机械台时费定额》编号 1044,一类费用小计 56.85 元/台时,机上人工 2.4 工时,柴油消耗量 12.6 kg。

机械台时费 = 56. 85 + 2. 4 × 5. 62 + 12. 6 × 5. 2 = 135. 86(元/台时)

③ 15 t 自卸汽车台时费：查厅颁[2007]《河南省水利水电工程施工机械台时费定额》编号 3017，一类费用小计 72. 54 元/台时，机上人工 1. 3 工时，柴油消耗量 13. 1 kg。

机械台时费 = 72. 54 + 1. 3 × 5. 62 + 13. 1 × 5. 2 = 147. 97(元/台时)

(2)确定取费费率。

由题意得知，该工程地处华东地区县城以外，故其他直接费率取 2. 5%，现场经费率取 9%，间接费率取 9%，企业利润率为 7%，税金率取 3. 22%。

(3)选择定额编号。

根据工程特征和施工组织设计确定的施工条件、施工方法、土类级别及采用的机械设备情况，选用河南省水利厅颁[2007]《河南省水利水电建筑工程预算定额》第 1-33 节，定额编号为 10414。

(4)根据已取定的各项费率，计算出其他直接费、现场经费、间接费、企业利润、税金等，汇总后即得出该工程项目的工程单价。

土方开挖运输单价的计算见表 6-8，计算结果为：13. 95 元/ m^3。

表 6-8　土方开挖运输工程单价表

定额编号：10414　　　　土方开挖运输工程　　　　定额单位：100 m^3(自然方)

施工方法：3 m^3 液压挖掘机挖装 15 t 自卸汽车运 2 km 弃料

序号	名称及规格	单位	数量	单价(元)	合计(元)
一	直接工程费				1 158. 78
(一)	直接费				1 039. 27
1	人工费(初级工)	工时	3. 1	3. 04	9. 42
2	零星材料费	%	4	999. 30	39. 97
3	机械使用费				989. 88
	挖掘机液压 3 m^3	台时	0. 46	453. 09	208. 42
	推土机 88 kW	台时	0. 23	135. 86	31. 25
	自卸汽车 15 t	台时	5. 07	147. 97	750. 21
(二)	其他直接费	%	2. 5	1 039. 27	25. 98
(三)	现场经费	%	9	1 039. 27	93. 53
二	间接费	%	9	1 158. 78	104. 29
三	企业利润	%	7	1 263. 07	88. 41
四	税金	%	3. 22	1 351. 48	43. 52
五	单价合计				1 395. 00

【例 6-2】 河南省某均质土坝填筑设计工程量为 100 万 m^3，施工组织设计为：

(1)土料覆盖层清除(Ⅱ类土)9 万 m^3，采用 59 kW 推土机推运 60 m，清除单价(假定为直接费)为2.6元/m³。

(2)土料开采运输:采用2 m³ 挖掘机挖装土(Ⅲ类土),天然干密度为13.88 kN/m³,12 t自卸汽车运输4 km上坝填筑。

(3)土料压实:采用74 kW推土机推平,8~12 t羊脚碾压实,设计干重度16.67 kN/m³。

人工和施工机械台时费、费率汇总见表6-9,试计算该土坝填筑工程概算单价。

表6-9 人工和施工机械台时费、费率汇总

序号	项目名称及规格	单位	单价(元)	序号	项目名称及规格	单位	单价(元)
1	初级工	工时	3.04	9	蛙夯2.8 kW	台时	13.67
2	挖掘机2 m³	台时	215.00	10	刨毛机	台时	53.83
3	推土机59 kW	台时	59.64	11	其他直接费	%	2.5
4	推土机74 kW	台时	87.96	12	现场经费	%	9
5	推土机113 kW	台时	155.91	13	间接费	%	9
6	自卸汽车12 t	台时	102.53	14	企业利润	%	7
7	羊脚碾8~12 t	台时	2.92	15	税金	%	3.22
8	拖拉机74 kW	台时	62.78				

解:(1)计算覆盖层清除摊销费。

①成品方折算系数为$(100+4.93)\times\dfrac{16.67}{13.88}=1.26$,②该土坝填筑需要开采运输土料(自然方)总量为:100×1.26=126(万m³)

则覆盖层清除摊销单价=覆盖层清除量×清除单价/土料开采总量

=9×2.6/126

=0.19(元/m³)

(2)计算土料开采运输单价。

根据已知条件,查厅颁[2007]《河南省水利水电建筑工程概算定额》10699子目计算,土料开采运输单价为12.04元/m³(直接费),具体计算见表6-10。

(3)计算土料运输单价。

土料运输单价=覆盖层清除摊销单价+土料开采运输单价

=0.19+12.04

=12.23(元/m³)(自然方)

(4)计算土坝填筑概算单价。

根据已知条件,查厅颁[2007]《河南省水利水电建筑工程概算定额》30090子目计算,并将土料运输单价代入计算,土坝填筑工程预算单价为23.35元/m³(实方)。具体计算见表6-11。

由于有坝面施工干扰,则土料开采运输的直接费为:

11.80×1.02=12.04(元/m³)(自然方)

表 6-10　土方开挖运输工程单价表(土料开采运输)

定额编号:10699　　　　土方开挖运输工程　　　　定额单位:100 m^3(自然方)

施工方法:2 m^3 液压挖掘机挖装,12 t 自卸汽车运 4 km 填筑上坝,坝面施工干扰系数 1.02

序号	名称及规格	单位	数量	单价(元)	合计(元)
(一)	直接费				1 180.44
1	人工费				13.68
	初级工	工时	4.5	3.04	13.68
2	材料费				45.40
	零星材料费	%	4	1 135.04	45.40
3	机械使用费				1 121.36
	液压挖掘机 2 m^3	台时	0.67	215.00	144.05
	推土机 59 kW	台时	0.33	59.64	19.68
	自卸汽车 12 t	台时	9.34	102.53	957.63

表 6-11　土坝填筑工程单价表

定额编号:30090　　　　土坝填筑工程　　　　定额单位:100 m^3(实方)

施工方法:74 kW 推土机推平,8 ~ 12 t 羊脚碾压实,设计干重度 16.67 kN/ m^3

序号	名称及规格	单位	数量	单价(元)	合计(元)
一	直接工程费				1 939.93
(一)	直接费				1 828.63
1	人工费				81.47
	初级工	工时	26.80	3.04	81.47
2	材料费				26.10
	零星材料费	%	10	261.04	26.10
3	机械使用费				180.08
	羊脚碾 8 ~ 12 t	台时	1.30	2.92	3.80
	拖拉机 74 kW	台时	1.30	62.78	81.61
	推土机 74 kW	台时	0.55	87.96	48.38
	蛙夯 2.8 kW	台时	1.09	13.67	14.90
	刨毛机	台时	0.55	53.83	29.61
	其他机械费	%	1	177.79	1.78
4	土料运输	m^3	126	12.23	1 540.98
(二)	其他直接费	%	2.5	1 828.63	45.72
(三)	现场经费	%	9	1 828.63	164.58
二	间接费	%	9	1 939.93	174.59
三	企业利润	%	7	2 114.52	148.02
四	税金	%	3.22	2 262.54	72.85
五	合计				2 335.39

第三节　石方工程单价编制

一、项目划分和定额选用

石方工程包括各种类型的石方开挖、运输和岩石支护等项目,项目划分分述如下。

(一)石方开挖项目划分

1. 按施工条件

按施工条件分为明挖石方和暗挖石方两大类。明挖指露天开挖,包括沟、槽、坑、坡面、一般石方开挖和基础石方开挖;暗挖指地下洞挖,包括平洞、斜井、竖井和地下厂房。

2. 按施工方法

按施工方法主要分为风钻钻孔爆破开挖、浅孔钻钻孔爆破开挖、液压钻孔爆破开挖和掘进机开挖等几种。

钻孔爆破方法一般有浅孔爆破法、深孔爆破法、洞室爆破法和控制爆破法(定向、光面、预裂、静态爆破等)。掘进机是一种新型的开挖专用设备,掘进机开挖是对岩石进行纯机械的切割或挤压破碎,并使掘进与出渣、支护等作业能平行连续地进行,施工安全,工效较高。但掘进机一次性投入大,费用高。

3. 按开挖形状及对开挖面的要求

按开挖形状及对开挖面的要求主要分为一般石方开挖、一般坡面石方开挖、沟槽石方开挖、地面沟槽石方开挖、坑挖石方开挖、基础石方开挖、平洞石方开挖、斜井石方开挖、竖井石方开挖等。在编制石方开挖工程单价时,应按《河南省水利水电建筑工程概算定额》石方开挖工程的章说明来具体划分,介绍如下:

(1)一般石方开挖是指一般明挖石方和底宽超过 7 m 的沟槽石方,上口面积大于 160 m^2 的坑挖石方,以及倾角不大于 20°并垂直于设计开挖面的平均厚度大于 5 m 的坡面石方等开挖工程。

(2)一般坡面石方开挖是指倾角大于 20°、垂直于设计开挖面的平均厚度不大于 5 m 的石方开挖工程。

(3)沟槽石方开挖是指底宽不大于 7 m,两侧垂直或有边坡的长条形石方开挖工程,如渠道、排水沟、地槽、截水槽等。

(4)坡面沟槽石方开挖是指槽底轴线与水平夹角大于 20°的沟槽石方开挖工程。

(5)坑挖石方是指上口面积不大于 160 m^2,深度小于或等于上口短边长度(或直径)的石方开挖工程,如柱基础、混凝土基坑、集水坑等。

(6)基础石方开挖指不同开挖深度的基础石方开挖工程。如混凝土坝、水闸、厂房、溢洪道、消力池等不同开挖深度的基础石方开挖工程。

(7)平洞石方开挖是指水平夹角不大于 6°的洞挖工程。

(8)斜井石方开挖是指水平夹角为 45° ~ 75°的井挖工程。水平夹角 6° ~ 45°的斜井,按斜井石方开挖定额乘以系数 0.9 计算。

(9)竖井石方开挖是指水平夹角大于 75°,上口面积大于 5 m^2,深度大于上口短边长度(或直径)的洞挖工程,如调压井、闸门井等。

(10)地下厂房石方开挖是指地下厂房或窑洞式厂房的开挖工程。

(二)石方运输、岩石支护项目划分

1. 按施工方法分

1)人力运输

即人工装双胶轮车、轻轨斗车运输等,适用于工作面狭小、运距短、施工强度低的工程或工程部位。

2)机械运输

即挖掘机(或装载机)配自卸汽车运输,它的适应性较大,故一般工程都可采用;电瓶机车可用于洞井出渣,内燃机车适于较长距离的运输。

2. 按作业环境分

洞内运输与洞外运输。在各节运输定额中,一般都有露天、洞内两部分内容。

3. 岩石支护按施工方法分

主要有锚杆支护、喷混凝土支护、喷混凝土与锚杆或钢筋网联合支护等。适用于各种跨度的洞室和高边坡保护,既可作临时支撑,又可作永久支护。使用锚杆支护定额要注意锚定方法(机械、药卷、砂浆)、作业条件(洞内、露天)、锚杆的长度和直径、岩石级别等影响因素。

(三)定额选用

1. 了解岩石级别的分类

岩石级别的分类是按其成分和性质划分的,现行部颁定额是按土石十六级分类法划分的,其中Ⅴ至ⅩⅥ级为岩石。

2. 熟悉影响石方开挖工效的因素

石方开挖的工序由钻孔、装药、爆破、翻渣、清理等组成。影响开挖工效的主要因素有:

(1)岩石级别。因为岩石级别越高,其强度越高,钻孔的阻力越大,钻孔工效越低,同时对爆破的抵抗力也越大,所需炸药也越多。所以,岩石级别是影响开挖工效的主要因素之一。

(2)石方开挖的施工方法。石方开挖所采用的钻孔设备、爆破的方法、炸药的种类、开挖的部位不同,都会对石方开挖的工效产生影响。

(3)石方开挖的形状及设计对开挖面的要求。根据工程设计的要求,石方开挖往往需开挖成一定的形状(如沟、槽、坑、洞、井等),其爆破系数(每平方米工作面上的炮孔数)较没有形状要求的一般石方开挖要大得多,爆破系数越大,爆破效率越低,耗用爆破器材(炸药、雷管、导线)也越多。为了防止不必要的超挖、欠挖,工程设计对开挖面有基本要求(如爆破对建基面的损伤限制、对开挖面平整度的要求等)时,需对钻孔、爆破、清理等工序在施工方法和工艺上采取措施。例如,为了限制爆破对建基面的损伤,往往在建基面以上设置一定厚度的保护层(保护层厚度一般以 1.5 m 计),保护层开挖大多采用浅孔小炮,爆破系数很高,爆破效率很低,有的甚至不允许放炮,采用人工开挖。再如,有的为了满足开挖面平整度的要求,须在开挖面进行专门的预裂爆破。综上所述,设计对开挖形状及开挖面的要求,也是影响开挖工效的主要因素。

3. 正确选用定额子目

因为石方开挖定额大多是按开挖形状及部位来分节的,各节再按岩石级别来划分定额子目,所以在编制石方工程单价时,应根据施工组织设计确定的施工方法、运输线路、建筑物施工部位的岩石级别及设计开挖断面的要求等来正确选用定额子目。

二、使用现行定额编制石方开挖工程单价的注意事项

(1)在编制石方开挖及运输工程单价时,均以自然方为计量单位。

(2)石方开挖《河南省水利水电建筑工程概算定额》中,均包括了允许的超挖量和合理的施工附加量所增加的人工、材料及机械台时消耗量,使用本定额时,不得在工程量计算中另计超挖量和施工附加量。《河南省水利水电建筑工程预算定额》中,未计入允许的超挖量和施工附加量所消耗的人工、材料和机械的数量及费用,在编制石方开挖预算单价时,必须把允许的超挖量及合理的施工附加量,按照占设计工程量的比例计算摊销率,然后将超挖量和施工附加量所需的费用乘以各自的摊销率后计入石方开挖单价。

(3)各节石方开挖定额,均已按各部位的不同要求,根据规范规定,分别考虑了保护层开挖等措施。如预裂爆破、光面爆破等,编制概算单价时一律不做调整。

(4)石方开挖定额中炸药的代表型号规格,应根据不同施工条件和开挖部位按下述品种、规格选取:①一般石方开挖按2[#]岩石铵梯炸药选取;②露天石方开挖(基础、坡面、沟槽、坑)按2[#]岩石铵梯炸药和4[#]抗水岩石铵梯炸药各半选取;③洞挖石方(平洞、斜井、竖井、地下厂房等)按4[#]抗水岩石铵梯炸药选取。

(5)洞井石方开挖定额中的通风机台时量按一个工作面长度400 m拟定。如工作面长度超过400 m,应按表6-12中的值采用内插法调整通风机台时定额量。

表6-12 通风机台时调整系数

工作面长(m)	400	500	600	700	800	900	1 000	1 100	1 200
系数	1.00	1.20	1.33	1.43	1.50	1.67	1.80	1.91	2.00
工作面长(m)	1 300	1 400	1 500	1 600	1 700	1 800	1 900	2 000	
系数	2.15	2.29	2.40	2.50	2.65	2.78	2.90	3.00	

(6)石方运输单价与开挖综合单价关系。石方开挖综合单价包含石渣运输费的开挖单价;在概算定额中,石方运输费用不单独表示,而是在开挖费用中体现。因此,在石方开挖各节定额子目中均列有"石渣运输"项目,该项目的数量,已经包括完成定额单位所需增加的超挖量和施工附加量,在编制概算单价时,将石方运输直接费代入开挖定额中,便可以计算石方开挖综合单价。在预算定额中,石方开挖定额中没有列出石渣运输量,应当分别计算开挖与出渣单价,并且考虑允许的超挖量及合理的施工附加量的费用分摊,再合并计算开挖综合预算单价。

(7)石方运输分露天运输和洞内运输,露天与洞内的区分是由挖掘机与装载机装车地点确定的;洞内运距按照工作面长度的一半计算,当一个工程有几个弃渣场时,应当按照弃渣量的比例加权平均计算运距。

在计算石方运输单价时,各节运输定额,一般都有露天、洞内两部分内容。若洞内和洞外为非连续运输(如洞内为斗车,洞外为自卸汽车)时,应分别套用,即洞外运输部分套用"露天"定额的"基本运距"及"增运"子目;洞内运输部分套用"洞内"定额的"基本运距"及"增运"子目;若洞内和洞外为连续运输时,洞内运输部分,套用"洞内"定额基本运距(装运

卸)及“增运”子目,洞外运输部分,只套用“露天”定额的“增运”子目(仅有运输工序)。

(8)在查石方开挖定额中的材料消耗量时,应注意下列两个问题:①凡一种材料名称之后同时并列几种不同型号、规格的(如石方开挖工程定额导线中的火线和电线),表示这种材料只能选用其中一种型号规格的定额进行计价;②凡一种材料分几种型号规格与材料名称同时并列的,如石方开挖工程定额中同时并列的导火线和导电线,则表示这些名称相同而型号规格不同的材料都应同时计价。

三、石方开挖工程单价编制示例

【例 6-3】 河南省某水利枢纽工程位于县城外,其基础岩石级别为XI级,基础石方开挖采用风钻钻孔爆破、火花爆破,开挖深度为 2.25 m,石渣运输采用 3 m^3 装载机装 15 t 自卸汽车运 2 km 弃渣,试计算石方开挖运输综合单价。已知基本资料如表 6-13 所示。

表 6-13 人工、材料、施工机械台时费、费率汇总

序号	项目名称及规格	单位	单价(元)	序号	项目名称及规格	单位	单价(元)
1	初级工	工时	3.04	9	导火线	m	0.5
2	中级工	工时	5.62	10	火雷管	个	1.2
3	工长	工时	7.10	11	炸药综合价	kg	4.7
4	装载机 3 m^3	台时	215.00	12	其他直接费	%	2.5
5	推土机 103 kW	台时	134.52	13	现场经费	%	9
6	手风钻 74 kW	台时	27.35	14	间接费	%	9
7	自卸汽车 15 t	台时	104.81	15	企业利润	%	7
8	合金钻头	个	65	16	税金	%	3.22

解:(1)根据工程特征和施工组织设计确定的施工条件、施工方法、岩石级别及采用的机械设备情况,石方开挖定额选用厅颁[2007]《河南省水利水电建筑工程预算定额》中的 20004 子目,石渣运输定额选用 20550 子目。

(2)计算石渣运输单价(只计算直接费)。把已知的人工预算单价、机械台时费和定额子目 20004 的数值填入表 6-14 中相应各栏进行计算,注意零星材料费的计算基础为人工费与机械使用费之和,计算过程详见表 6-14,石渣运输单价计算结果为 12.53 元/m^3。

表 6-14 石渣运输单价表

定额编号:20004　　　　石渣运输工程　　　　定额单位:100 m^3(自然方)

施工方法:3 m^3 装载机装 15 t 自卸汽车运 2 km 弃料

序号	名称及规格	单位	数量	单价(元)	合计(元)
(一)	直接费				1 253.47
1	人工费				22.50
	初级工	工时	7.4	3.04	22.50
2	材料费				24.58
	零星材料费	%	2	1 228.89	24.58
3	机械使用费				1 206.39
	装载机 3 m^3	台时	1.40	215.00	301.00
	推土机 103 kW	台时	0.70	134.52	94.16
	自卸汽车 15 t	台时	7.74	104.81	811.23

(3)计算石方开挖运输综合单价。将已知的各项基础单价、取定的费率及定额子目20550中的各项数值填入表6-15中,其中石渣运输单价为表6-14中的计算结果;注意:其他材料费的计算基础为主要材料费之和,其他机械费的计算基础为主要机械费之和;计算过程详见表6-15,石方开挖运输综合单价的结果为34.72元/m^3。

表6-15　石方开挖运输综合单价表

定额编号:20131　　石方开挖运输工程　　定额单位:100 m^3(自然方)

施工方法:岩石级别为Ⅺ级,采用手风钻钻孔爆破

序号	名称及规格	单位	数量	单价(元)	合计(元)
一	直接工程费				2 884.46
(一)	直接费				2 586.96
1	人工费				422.65
	工长	工时	2.3	7.10	16.33
	中级工	工时	26.7	5.62	150.05
	初级工	工时	84.3	3.04	256.27
2	材料费				519.3
	合金钻头	个	2.48	65	161.20
	炸药	kg	39.56	4.70	185.9
	火雷管	个	36.32	1.20	43.58
	导火线	m	97.96	0.50	48.98
	其他材料费	%	18	442.46	79.64
3	机械使用费				392.01
	风钻(手持式)	台时	13.03	27.35	356.37
	其他机械费	%	10	356.37	35.64
4	石渣运输	m^3	100	12.53	1 253.00
(二)	其他直接费	%	2.5	2 586.96	64.67
(三)	现场经费	%	9	2 586.96	232.83
二	间接费	%	9	2 884.46	259.6
三	企业利润	%	7	3 144.06	220.08
四	税金	%	3.22	3 364.14	108.33
五	合计				3 472.46

【例 6-4】 河南省某水利枢纽工程位于县城外，有一条引水隧洞总长 1 700 m，开挖直径 6.18 m，允许平均超挖 10 cm，回车洞与避车洞(洞径及施工方法与主洞相同)等施工附加量占设计开挖量的 3%，同时设置一条支洞长 100 m，岩石级别均为Ⅹ级。

(1)隧洞开挖工作面布置如图 6-1 所示。

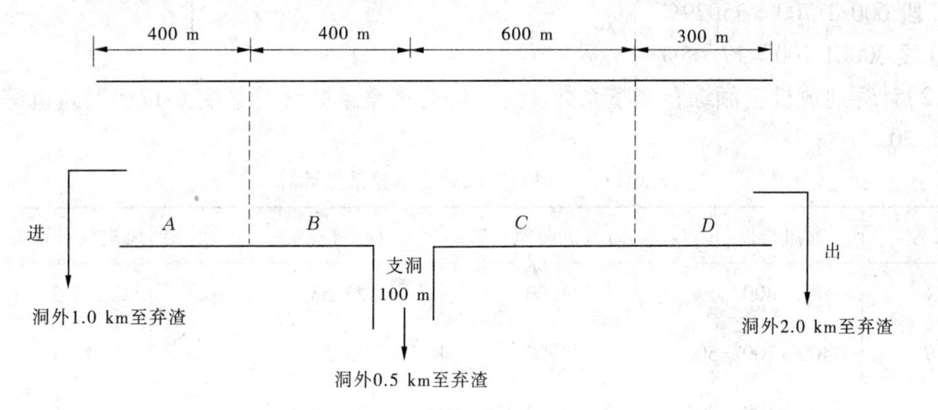

图 6-1 隧洞开挖工作面布置

(2)施工方法。

用三臂液压凿岩台车钻孔，1 m^3 挖掘机装 8 t 自卸汽车运输出渣。

(3)已知条件如表 6-16 所示。

表 6-16 人工、材料、施工机械台时费、费率汇总

序号	项目名称及规格	单位	单价(元)	序号	项目名称及规格	单位	单价(元)
1	初级工	工时	3.04	11	钻头 ϕ102	个	330
2	中级工	工时	5.62	12	钻杆	m	65
3	工长	工时	7.10	13	导爆管	m	0.35
4	三臂液压凿岩台车	台时	432.04	14	毫秒雷管	个	2.2
5	平台车	台时	145.37	15	炸药	kg	4.7
6	轴流通风机 37 kW	台时	37.17	16	其他直接费	%	2.5
7	挖掘机 1 m^3	台时	158.90	17	现场经费	%	9
8	推土机 88 kW	台时	138.38	18	间接费	%	9
9	自卸汽车 8 t	台时	98.53	19	企业利润	%	7
10	钻头 ϕ45	个	230	20	税金	%	3.22

(4)试计算下列问题：①通风机定额调整系数；②洞内综合运距；③引水隧洞洞挖概算工程量，其阶段系数为 1.03；④主洞洞挖标底单价。

解：1. 计算通风机定额调整系数

(1)计算各工作面承担主洞工程的权重。

设进口控制段400 m为A段，支洞控制段400 m为B段，支洞控制段600 m为C段，出口控制段300 m为D段，则各段所占主洞工程权重为：

A段 400/1 700 = 23.53%

B段 400/1 700 = 23.53%

C段 600/1 700 = 35.29%

D段 300/1 700 = 17.65%

(2)计算通风机定额综合调整系数。定额综合调整系数计算见表6-17。通风机综合系数为1.20。

表6-17　通风机定额综合调整系数计算

编号	通风长度(m)	通风机调整系数	权重(%)	通风机权重系数
A	400	1.00	23.53	0.235 3
B	400 + 100 = 500	1.20	23.53	0.282 4
C	600 + 100 = 700	1.43	35.29	0.502 6
D	300	1.00	17.65	0.176 5
通风机综合调整系数			100	1.20

2. 计算洞内综合运距

洞内综合运距计算见表6-18。

表6-18　洞内运输距离计算

编号	权重(%)	洞内运渣长度(m)	洞内综合运距(m)
A	23.53	200/2 = 100	23.53
B	23.53	100 + 400/2 = 300	70.59
C	35.29	100 + 600/2 = 400	141.16
D	17.65	300/2 = 150	26.48
合计	100.00		261.76

洞内综合运渣距离为261.76 m。

3. 计算引水隧洞洞挖概算工程量

$$6.18 \times 6.18/4 \times 3.141\ 6 \times 1\ 700 \times 1.03 = 52\ 523.54(m^3)$$

4. 主洞洞挖标底单价

(1)计算开挖断面面积：

$$6.18 \times 6.18 \times 3.141\ 6/4 = 30(m^2)$$

(2)计算主洞洞挖标底单价。

根据现行水利水电合同《技术条款》规定：施工图纸中标明的设计开挖线是支付工程款的依据，超出设计开挖线以外的超挖及其在超挖空间内回填混凝土或者其他回填物所发生的费用，均应当包括在“工程量清单”该项目的单价中，发包人不再另行支付。

①计算洞外综合运距：

$$1\,000 \times 23.53\% + 500 \times 23.53\% + 500 \times 35.29\% + 2\,000 \times 17.65\% = 882.4\ (m)$$

②选择开挖定额子目 20233，计算石方开挖工程单价，具体计算见表 6-19。

表 6-19　平洞石方开挖工程单价表

定额编号：20233　　　引水平洞石方开挖工程　　　定额单位：100 m^3（自然方）

施工方法：岩石级别为Ⅹ级，开挖断面 30 m^2，采用三臂液压凿岩台车开挖

序号	名称及规格	单位	数量	单价（元）	合计（元）
一	直接工程费				5 068.04
（一）	直接费				4 545.33
1	人工费				1 078.37
	工长	工时	8.00	7.10	56.80
	中级工	工时	89.6	5.62	503.55
	初级工	工时	170.4	3.04	518.02
2	材料费				1 667.96
	钻头 ϕ45	个	0.56	230	128.80
	钻头 ϕ102	个	0.01	330	3.30
	钻杆	m	0.81	65	52.65
	导爆管	m	725.38	0.35	253.88
	毫秒雷管	个	108.04	2.2	237.69
	炸药	kg	140.01	4.7	658.05
	其他材料费	%	25	1 334.37	333.59
3	机械使用费				1 799.00
	三臂液压凿岩台车	台时	1.81	432.04	781.99
	平台车	台时	1.22	145.37	177.35
	轴流通风机（调）37 kW	台时	21.18	37.17	787.26
	其他机械费	%	3	1 746.60	52.40
（二）	其他直接费	%	2.5	4 545.33	113.63
（三）	现场经费	%	9	4 545.33	409.08
二	间接费	%	9	5 068.04	456.12
三	企业利润	%	7	5 524.16	386.69
四	税金	%	3.22	5 910.85	190.33
五	合计				6 101.18

③选用洞内运输定额子目 20479 和洞外增运定额子目 20478，计算石方运输工程单价，具体计算见表 6-20。

表 6-20　平洞石方运输工程单价表

定额编号:20479 + 20478　　　　引水平洞开挖出渣工程　　　　定额单位:100 m^3(自然方)

施工方法:1 m^3 挖掘机挖装 8 t 自卸汽车洞内运 261.76 m(按 500 m)计算,洞外增运 882 m(取 1 km)计算

序号	名称及规格	单位	数量	单价(元)	合计(元)
一	直接工程费				2 428.17
(一)	直接费				2 177.73
1	人工费				68.40
	初级工	工时	22.5	3.04	68.40
2	材料费				42.70
	零星材料费	%	2	2 135.03	42.70
3	机械使用费				2 066.63
	挖掘机 1 m^3	台时	3.39	158.90	538.67
	推土机 88 kW	台时	1.70	138.38	235.25
	自卸汽车 8 t	台时	10.92 + 2.20	98.53	1 292.71
(二)	其他直接费	%	2.5	2 177.73	54.44
(三)	现场经费	%	9	2 177.73	196.00
二	间接费	%	9	2 428.17	218.54
三	企业利润	%	7	2 646.71	185.27
四	税金	%	3.22	2 831.98	91.19
五	合计				2 923.17

④选用平洞超挖石方定额子目 20434，计算平洞超挖石方工程单价，具体计算见表 6-21。

从题意可知，设计工程量为：

$$3.141\ 6 \times 3.09 \times 3.09 \times 1\ 700 = 50\ 993\ (m^3)$$

允许超挖量为：

$$3.141\ 6 \times (3.19 \times 3.19 - 3.09 \times 3.09) \times 1\ 700 = 3\ 353.97 (m^3)$$

施工附加量占设计开挖量的3%。

则标底单价为:

$$[50\,993\times(61.01+29.23)\times(1+3\%)+3\,353.97\times(6.45+29.23)]/50\,993$$
$$=[4\,739\,656.6+119\,669.65]/50\,993$$
$$=95.30(元/m^3)$$

表6-21 平洞超挖石方工程单价表

定额编号:20434　　引水平洞超挖石方工程　　定额单位:100 m^3(自然方)

施工方法:超挖部分翻渣清面,修整断面

序号	名称及规格	单位	数量	单价(元)	合计(元)
一	直接工程费				535.58
(一)	直接费				480.34
1	人工费				480.34
	工长	工时	2.90	7.10	20.59
	中级工	工时	13.00	5.62	73.06
	初级工	工时	127.20	3.04	386.69
(二)	其他直接费	%	2.5	480.34	12.01
(三)	现场经费	%	9	480.34	43.23
二	间接费	%	9	535.58	48.20
三	企业利润	%	7	583.78	40.86
四	税金	%	3.22	624.64	20.11
五	合计				644.71

第四节　堆砌石工程单价编制

一、项目划分与定额选用

土石填筑工程主要包括坝体堆石、砌石、抛石及垫层等工程项目。其中砌石工程又分为干砌石、浆砌石、铺筑砂垫层等,因其能就地取材、施工技术简单、造价低,故在我国水利工程中应用较普遍。在编制工程单价时,要依据施工方法、材料种类及工程类别选用相应的定额子目。在项目划分上要注意区分工程部位的含义和主要材料规格与标准。

(一)区分工程部位的含义

(1)护坡是指坡面与水平面夹角(α)在10°~30°范围内,砌体平均厚度0.5 m以内(含勒脚),主要起保护作用的砌体。

(2)护底是指护砌面与水平面夹角在10°以下,包括齿墙和围坎。

(3)挡土墙是指坡面与水平面夹角(α)在30°～90°范围内,承受侧压力,主要起挡土作用的砌体。

(4)墩墙是指砌体一般与地面垂直,能承受水平荷载和垂直荷载的砌体,包括闸墩和桥墩。

(二)定额中主要材料规格与标准

(1)卵石指最小粒径在20 cm以上的河滩卵石,呈不规则圆形。卵石较坚硬,强度高,常用其砌筑护坡或墩墙。

(2)碎石指经破碎、加工分级后,粒径大于5 mm的石块。

(3)块石指厚度大于20 cm,长、宽各为厚度的2～3倍,上下两面平行且大致平整,无尖角、薄边的石块。

(4)片石指厚度大于15 cm,长、宽各为厚度的3倍以上,无一定规则形状的石块。

(5)毛条石指一般长度大于60 cm的长条形四棱方正的石料。

(6)料石指毛条石经过修边打荒加工,外露面方正,各相邻面正交,表面凹凸不超过10 mm的石料。

(7)砂砾料指天然砂卵(砾)石混合料。

(8)堆石料指山场岩石经爆破后,无一定规格、无一定大小的任意石料。

(9)反滤料、过渡料指土石坝或一般堆砌石工程的防渗体与坝壳(土料、砂砾料或堆石料)之间的过渡区石料,由粒径、级配均有一定要求的砂、砾石(碎石)等组成。

(10)水泥砂浆是水泥、砂和水按一定的比例拌和而成的,它强度高,防水性能好,多用于重要建筑物及建筑物的水下部位。水泥砂浆的强度等级以试件28 d抗压强度作为标准。

(11)混合砂浆是在水泥砂浆中掺入一定数量的石灰膏、黏土混合而成的,它适用于强度要求不高的小型工程或次要建筑物的水上部位。

(12)细骨料混凝土是用水泥、砂、水和40 mm以下的骨料按规定级配配合而成,可节约水泥,提高砌体强度。

二、使用现行定额编制堆砌石工程单价注意事项

(1)注意定额中的计量单位。①材料:砂、碎石、堆石料为堆方,块石、卵石为码方,条石、料石为清料方。块石的实方指堆石坝坝体方,块石松方就是块石的堆方,在一般土石方工程换算时可参考表6-22。②工程单价:抛石护底护岸工程为抛投方,铺筑砂石垫层、干砌石、浆砌石为砌体方,土石坝物料压实为实方。

表6-22 土石方松实系数换算

项目	自然方	松方	实方	码方
土方	1	1.33	0.85	
石方	1	1.53	1.31	
砂方	1	1.07	0.94	
混合料	1	1.19	0.88	
块石	1	1.75	1.43	1.67

(2)自料场至施工现场堆放点的运输费用应包括在石料单价内。施工现场堆放点至工

作面的场内运输已包括在砌石工程定额内。编制砌石工程概算单价时,不得重复计算石料运输费。

(3)编制堆砌石工程概算单价时,应考虑在开挖石渣中检集块(片)石的可能性,以节省开采费用,其利用数量应根据开挖石渣的多少和岩石质量情况合理确定。

(4)浆砌石定额中已计入了一般要求的勾缝,如设计有防渗要求的开槽勾缝,应增加相应的人工费和材料费。

(5)料石砌筑定额包括了砌体外露面的一般修凿,如设计要求做装饰性修凿,应另行增加修凿所需的人工费。

(6)土石坝物料压实定额是按自料场直接运输上坝与自成品供料场运输上坝两种情况编制的,且已包括了压实过程中的所有损耗量及坝面施工干扰,使用时应根据施工组织设计方案采用相应的定额子目;如不是土石堤、坝的一般土料、砂石料压实,其人工、机械定额应乘以0.8的系数。

三、堆砌石工程单价编制中工序单价的计算

土石填筑工程单价包括堆石单价、砌石单价及土方填筑单价,分别叙述如下。

(一)堆石单价

堆石单价包括备料单价、压实单价和综合单价。

1.备料单价

堆石坝的石料备料单价计算同一般块石开采一样,包括覆盖层清理、石料钻孔爆破和工作面废渣处理。覆盖层的清理费用,以占堆石料的百分率摊入计算。石料钻孔爆破施工工艺同石方工程。堆石坝分区填筑对石料有级配要求,主、次堆石区石料最大粒(块)径可达1.0 m及以上,而垫层料、过渡层料仅为0.08 m、0.3 m左右,虽在爆破设计中尽可能一次获得级配良好的堆石料,但不少石料还须分级处理(如轧制加工等)。故各区料所耗工料相差很多,而一般石方开挖定额很难体现这一因素,单价编制时要注意这一问题。

石料运输,根据不同的施工方法,套用相应的定额计算。现行概算定额的综合定额,其堆石料运输所需的人工、机械等数量,已经计入压实工序的相应项目中,不在备料单价中体现。爆破、运输采用石方工程开挖定额时,须加计损耗和进行定额单位换算。石方开挖单位为自然方,石方填筑单位为坝体压实方。

2.压实单价

压实单价包括平整、洒水、压实等费用。压实定额中均包括了体积换算、施工损耗等因素,注意“零星材料费”的计算基数不含堆石料的运输费用。考虑到各区堆石料粒(块)径大小、层厚尺寸、碾压遍数的不同,压实单价应按过渡料、堆石料等分别编制。

3.综合单价

综合单价计算有以下两种形式。

1)综合定额法

采用现行概算定额编制堆石单价时,一般应按综合定额计算。可将备料单价作为堆石料(包括反滤料、过渡料)材料预算价格,计入填筑单价即可。

2)综合单价法

当采用其他定额或施工方法与现行概算综合定额不同时,须套用相应的单项定额,分别

计算各工序单价，再进行单价综合计算。如预算定额中堆石坝物料压实在砌石工程定额中没有将物料压实所需的填筑料量及其运输方量列出，根据压实定额编制后仅仅是压实工序的单价，编制堆石坝填筑综合预算单价时，还应考虑填筑料的单价和填筑料运输的单价，即：

$$\text{堆石坝填筑预算单价} = (\text{填筑料预算单价} + \text{填筑料运输预算单价}) \times (1 + A) \times K_v + \text{填筑料压实预算单价}$$

式中 A——综合系数，具体数值见《河南省水利水电建筑工程预算定额》表1-2；

K_v——体积换算系数，根据填筑料来源按表6-22折算。

(二)砌石单价

砌石单价包括备料单价和砌筑单价，其中砌筑单价包括干砌石单价和浆砌石单价两种。

1.计算备料单价

备料单价作为砌筑工程定额中的一项材料单价，计算时应根据施工组织设计确定的施工方法，套用砂石备料工程定额相应开采、运输定额子目计算（仅计算定额直接费，这样可直接代入砌筑单价计算表，避免重复计算其他直接费、现场经费、间接费、企业利润和税金）。如为外购块石、条石或料石时，按材料预算价格计算。

2.计算砌筑单价

砌筑单价应根据不同的施工项目、施工部位、施工方法及所用材料套用相应定额进行计算。如为浆砌石，则需先计算胶结材料的半成品价格。砌筑定额中的石料数量均已考虑了施工操作损耗和体积变化因素，其材料价格采用备料价格；一般砂、碎石（砾石）、块石、料石等预算价格应控制在60元/m³左右，超过部分计取税金后列入相应部分之后，构成三级项目。

四、堆砌石工程单价编制示例

【例6-5】 河南省某水闸工程位于淮河上，其护底工程采用M7.5浆砌块石施工，所有砂石材料均需外购，其外购单价为：砂40元/m³，块石55元/m³，试计算该水闸M7.5浆砌块石护底工程预算单价。已知基本资料如下：

(1)M7.5水泥砂浆每立方米配合比：32.5级普通硅酸盐水泥261.00 kg，砂1.11 m³，施工用水0.157 m³。

(2)材料价格：32.5级普通硅酸盐水泥330元/t，施工用水0.80元/m³，电价0.75元/(kW·h)。

(3)人工预算单价：工长5.18元/工时，中级工4.15元/工时，初级工2.22元/工时。

(4)机械台时费：0.4 m³砂浆搅拌机19.89元/台时，胶轮车0.9元/台时。

解：(1)确定取费费率。由题意得知，水闸的工程性质属于引水工程及河道工程，故其他直接费费率取2.5%，现场经费费率取6%，间接费费率取6%，企业利润率取7%，税金率取3.22%。

(2)计算砂浆材料单价。根据所采用砂浆材料的配合比计算如下：

$$\text{砂浆单价} = 261.00 \times 0.33 + 1.11 \times 40 + 0.157 \times 0.80 = 130.66(\text{元}/\text{m}^3)$$

(3)选用定额编号。选用河南省水利厅颁发[2007]《河南省水利水电建筑工程预算定额》30024子目。

(4)计算浆砌石工程单价。将已知的各项基础单价、取定的费率及定额子目30024中的各项数值填入表6-23中并计算，则浆砌块石护底的工程单价为166.60元/m³。

表 6-23　浆砌块石护底工程单价表

定额编号:30024　　　　浆砌块石护底工程　　　　定额单位:100 m³(砌体方)

施工方法:选石、修石、冲洗、拌制砂浆、砌筑、勾缝

序号	名称及规格	单位	数量	单价(元)	合计(元)
一	直接工程费				14 230.68
(一)	直接费				13 115.83
1	人工费				2 241.66
	工长	工时	14.9	5.18	77.18
	中级工	工时	284.1	4.15	1 179.02
	初级工	工时	443.9	2.22	985.46
2	材料费				10 605.06
	块石	m³	108	55	5 940
	砂浆	m³	35.3	130.66	4 612.3
	其他材料费	%	0.5	10 552.3	52.76
3	机械使用费				269.11
	砂浆拌和机 0.4 m³	台时	6.35	19.89	126.30
	胶轮车	台时	158.68	0.9	142.81
(二)	其他直接费	%	2.5	13 115.83	327.90
(三)	现场经费	%	6	13 115.83	786.95
二	间接费	%	6	14 230.68	853.84
三	企业利润	%	7	15 084.52	1 055.92
四	税金	%	3.22	16 140.44	519.72
五	合计				16 660.16

【例 6-6】　河南省某枢纽工程位于黄河上,堆石坝填筑材料采用厂房基坑及引水隧洞开挖的石渣,试根据下列条件计算堆石坝填筑预算工程单价。

(1)堆石料运输:自石渣堆场用 2 m³ 液压挖掘机挖装(露天),12 t 自卸汽车运输 2 km 上坝卸料。

(2)堆石料压实:88 kW 推土机推平,13 ~ 14 t 振动碾压实。

(3)人工、材料、施工机械台时费及费率如表 6-24 所示。

解:因为石渣开挖费已经计入厂房及引水洞工程中,因此不需要再计算堆石料开采费用。

表 6-24　人工、材料、施工机械台时费、费率汇总

序号	项目名称及规格	单位	单价(元)	序号	项目名称及规格	单位	单价(元)
1	初级工	工时	3.04	8	蛙式打夯机 2.8 kW	台时	15.36
2	挖掘机 2 m^3	台时	204.5	9	其他直接费	%	2.5
3	推土机 88 kW	台时	103.15	10	现场经费	%	9
4	自卸汽车 12 t	台时	102.57	11	间接费	%	9
5	振动碾 13~14 t	台时	54.23	12	企业利润	%	7
6	拖拉机 74 kW	台时	69.54	13	税金	%	3.22
7	推土机 74 kW	台时	95.13				

(1)堆石料运输单价计算。

根据施工方法查河南省水利厅[2007]《河南省水利水电建筑工程预算定额》20486 子目计算,具体计算过程见表 6-25,得出堆石料运输单价(直接费)为 16.89 元/m^3。

表 6-25　堆石料运输工程单价表

定额编号:20486　　堆石料运输工程　　定额单位:100 m^3(自然方)

施工方法:2 m^3 液压挖掘机挖装(露天),12 t 自卸汽车运输 2 km 上坝卸料

序号	名称及规格	单位	数量	单价(元)	合计(元)
一	直接工程费				1 573.47
(一)	直接费				1 411.18
1	人工费				30.10
	初级工	工时	9.9	3.04	30.10
2	材料费				27.67
	零星材料费	%	2	1 383.50	27.67
3	机械使用费				1 353.40
	挖掘机 2 m^3	台时	1.49	204.5	304.71
	推土机 88 kW	台时	0.75	103.15	77.36
	自卸汽车 12 t	台时	9.47	102.57	971.34
(二)	其他直接费	%	2.5	1 411.18	35.28
(三)	现场经费	%	9	1 411.18	127.01
二	间接费	%	9	1 573.47	141.61
三	企业利润	%	7	1 517.07	120.05
四	税金	%	3.22	1 637.12	52.72
五	合计				1 689.84

(2)计算堆石料压实工程单价。

$$每立方米实方需要堆方 = (1+A)\times K_v$$
$$= (1+1.4\%)\times 1.19$$
$$= 1.21(m^3)$$

根据施工方法查河南省水利厅[2007]《河南省水利水电建筑工程预算定额》30093子目计算,见表6-26,得出堆石料压实工程单价为2.19元/m^3。

表6-26　堆石料压实工程单价表

定额编号:30093　　　堆石料压实工程　　　定额单位:100 m^3(实方)

施工方法:2 m^3 液压挖掘机挖装,12 t自卸汽车运输2 km上坝卸料,推土机推平,振动碾压实

序号	名称及规格	单位	数量	单价(元)	合计(元)
一	直接工程费				181.88
(一)	直接费				163.12
1	人工费				54.72
	初级工	工时	18.00	3.04	54.72
2	材料费				14.83
	零星材料费	%	10	148.29	14.83
3	机械使用费				93.57
	振动碾13~14 t	台时	0.24	54.23	13.02
	拖拉机74 kW	台时	0.24	69.54	16.69
	推土机74 kW	台时	0.50	95.13	47.57
	蛙式打夯机2.8 kW	台时	1.00	15.36	15.36
	其他机械费	%	1.00	92.64	0.93
(二)	其他直接费	%	2.5	163.12	4.08
(三)	现场经费	%	9	163.12	14.68
二	间接费	%	9	181.88	16.37
三	企业利润	%	7	198.25	13.88
四	税金	%	3.22	212.13	6.83
五	合计				218.96

(3)堆石坝填筑综合预算单价 = 16.89×1.21+2.19 = 22.63(元/m^3)。

第五节　混凝土工程单价编制

混凝土在水利水电工程中应用十分广泛,其费用在工程总投资中常常占有很大的比例。混凝土工程包括各种现浇混凝土、预制混凝土以及碾压混凝土和沥青混凝土等,除此之外,还有钢筋制作安装、锚筋、喷锚支护、伸缩缝、止水、防水层及温度控制等项目。

一、项目划分与定额选用

(一)项目划分

混凝土工程按施工工艺可分为现浇混凝土和预制混凝土两大类。现浇混凝土又可分为

常态混凝土、碾压混凝土和沥青混凝土。混凝土具有强度高、抗渗性、耐久性好等优点，在水利工程建设中应用十分广泛。如常态混凝土适用于坝、闸涵、船闸、水电站厂房、隧洞衬砌等工程；沥青混凝土适用于堆石坝、砂壳坝的心墙、斜墙及均质坝的上游防渗工程等。

（二）定额选用

应根据设计提供的资料，确定建筑物的施工部位，选定正确的施工方法及运输方案，确定混凝土的强度等级和级配，并根据施工组织设计确定的拌和系统的布置形式等来选用相应的定额。

二、使用现行定额编制混凝土工程单价注意事项

（一）注意定额的计量单位

（1）混凝土工程定额单位除注明外，均按照建筑物或构筑物的成品实体方计。混凝土浇筑定额子目中的"混凝土"、"混凝土运输"、"混凝土拌制"量，除包括混凝土实体方外，还包括冲毛、凿毛、干缩、运输损耗和接缝砂浆等的消耗量在内。《河南省水利水电建筑工程概算定额》还包括超填量和施工附加量。

（2）止水、沥青砂柱止水、混凝土管安装计量单位为"延长米"；钢筋制作与安装的计量单位为"t"；防水层、伸缩缝、沥青混凝土涂层、斜墙碎石垫层涂层计量单位为"m^2"。

（二）熟悉混凝土定额的主要工作内容

（1）常态混凝土浇筑主要工作包括基础面清理、施工缝处理、铺水泥砂浆、平仓浇筑、振捣、养护、工作面运输及辅助工作。混凝土浇筑定额中包括浇筑和工作面运输所需全部人工、材料和机械的数量及费用，但是混凝土拌制及浇筑定额中不包括骨料预冷、加冰、通水等温控所需人工、材料、机械的数量和费用。地下工程混凝土浇筑施工照明用电已计入浇筑定额的其他材料费中。

（2）预制混凝土主要工作包括预制场冲洗、清理、配料、拌制、浇筑、振捣、养护，模板制作、安装、拆除、修整，现场冲洗、拌浆、吊装、砌筑、勾缝，以及预制场和安装现场场内运输及辅助工作。混凝土构件预制及安装定额包括预制及安装过程中所需人工、材料、机械的数量和费用。若预制混凝土构件单位重量超过定额中起重机械的起重量时，可用相应起重量的机械替换，但是"台时量"不变。预制混凝土定额中的模板材料为单位混凝土成品方的摊销量，已考虑了周转。

（3）沥青混凝土浇筑包括配料、混凝土加温、铺筑、养护，模板的制作、安装、拆除、修整及场内运输和辅助工作。

（4）碾压混凝土浇筑包括冲毛、冲洗、清仓、铺水泥砂浆、混凝土配料、拌制、运输、平仓、碾压、切缝、养护、工作面运输及辅助工作等。

（5）混凝土拌制定额是按常态混凝土拟定的。混凝土拌制包括配料、加水、加外加剂，搅拌、出料、清洗及辅助工作。

（6）混凝土运输包括装料、运输、卸料、空回、冲洗、清理及辅助工作。现浇混凝土运输是指混凝土自搅拌楼或搅拌机出料口至浇筑现场工作面的全部水平和垂直运输；预制混凝土构件运输指预制场到安装现场之间的运输。预制混凝土构件在预制场和安装现场内的运输已包括在预制及安装定额内。

（7）钢筋制作与安装定额中，钢筋定额消耗量已包括钢筋制作与安装过程中的加工损

耗、搭接损耗及施工架立筋附加量。

（三）关于“埋石混凝土”问题

采用埋石混凝土时，因埋石需要增加的人工工时（初级工）数量见表5-23。

（四）关于“模板”问题

在混凝土工程定额中，常态混凝土和碾压混凝土定额中不包含模板制作与安装，模板的费用应按模板工程定额另行计算；预制混凝土及沥青混凝土定额中已包括了模板的相关费用，计算时不得再算模板费用。

（五）注意“节”定额表下面的“注”

在使用有些定额子目时，应根据“注”的要求来调整人工、机械的定额消耗量。

三、混凝土工程单价编制中工序单价的计算

混凝土工程单价主要包括：现浇混凝土单价、预制混凝土单价、钢筋制作安装单价和止水单价等，对于大型混凝土工程还要计算混凝土温控措施费。

（一）现浇混凝土单价编制

1. 混凝土材料单价

混凝土材料单价指按级配计算的砂、石、水泥、水、掺和料及外加剂等每立方米混凝土的材料费用的价格。不包括拌制、运输、浇筑等工序的人工、材料和机械费用，也不包含除搅拌损耗外的施工操作损耗及超填量等。

混凝土材料单价在混凝土工程单价中占有较大比重，编制概（预）算单价时，应按本工程的混凝土级配试验资料计算。如无试验资料，可参照定额附录7混凝土配合比表计算混凝土材料单价。计算混凝土材料单价时，需注意下列问题：

（1）现行河南省水利水电建筑工程概（预）算定额附录7列出了不同强度等级混凝土、砂浆配合比及材料预算用量。表中混凝土骨料是按卵石、粗砂列入的，如改用碎石或中、细砂，需按表5-22系数进行换算。

（2）现行河南省水利水电建筑工程概（预）算定额附录7中列出的各强度等级混凝土配合比（碾压混凝土除外）是按28 d龄期用标准试验方法测得的具有95%保证率的抗压强度值确定的，当设计龄期超过28 d时，则应将设计龄期的强度等级乘以换算系数，折算为28 d龄期的强度等级，才可使用定额附录7中混凝土配合比表中的材料用量。换算系数如表5-18所示。

当换算后的结果介于定额附录7混凝土配合比表中两种强度等级之间时，应取高一级混凝土强度等级。如某大坝混凝土采用180 d龄期设计强度等级为C20，则换算为28 d龄期时其强度等级为：C20 × 0.71 ≈ C14，其结果介于C10与C15之间，此时，换算为28 d龄期时其混凝土强度等级取C15。即应按定额附录7中强度等级C15混凝土配合比表的材料预算量计算混凝土材料单价。

（3）当工程采用水泥的强度等级与附录7配合比表中不同时，应对配合比表的水泥用量进行调整，换算系数如表5-24所示。

（4）在混凝土组成材料中，若外购骨料的预算价格超过限价60元/m^3时，应计算出两个混凝土材料单价，一个用实际材料的预算价格计算，一个用60元/m^3价格计算（用此价格计算出的混凝土材料单价进入混凝土工程单价），两个混凝土材料单价的价差应计算税金后

列入混凝土工程单价第四项税金之后。

2. 混凝土拌制单价

混凝土的拌制包括配料、运输、搅拌、出料等工序。在进行混凝土拌制单价计算时，应根据所采用的拌制机械来选用现行《河南省水利水电建筑工程概(预)算定额》第4章中的相应子目，进行工程单价计算。一般情况下，混凝土拌制单价作为混凝土浇筑定额中的一项内容即构成混凝土浇筑单价中的定额直接费，为避免重复计算其他直接费、现场经费、间接费、企业利润和税金，混凝土拌制单价只计算定额直接费。混凝土搅拌系统布置视工程规模大小、工期长短、混凝土数量多少以及地形条件、施工技术要求和设备拥有情况来具体拟定。在使用定额时，要注意以下两点：

(1)混凝土拌制定额按拌制常态混凝土拟定，若拌制加冰、加掺和料等其他混凝土，则应按表6-27所规定的系数对混凝土拌制定额进行调整。

表6-27　混凝土拌制定额调整系数

拌和楼规格	混凝土级别			
	常态混凝土	加冰混凝土	加掺和料混凝土	碾压混凝土
1×2.0 m^3 强制式	1.00	1.20	1.00	1.00
2×2.5 m^3 强制式	1.00	1.17	1.00	1.00
2×1.0 m^3 自落式	1.00	1.00	1.10	1.30
2×1.5 m^3 自落式	1.00	1.00	1.10	1.30
3×1.5 m^3 自落式	1.00	1.00	1.10	1.30
2×3.0 m^3 自落式	1.00	1.00	1.10	1.30
4×3.0 m^3 自落式	1.00	1.00	1.10	1.30

(2)各节用搅拌楼拌制现浇混凝土定额子目中，以组时表示的“骨料系统”和“水泥系统”是指骨料、水泥进入搅拌楼之前与搅拌楼相衔接而必须配备的有关机械设备，包括自搅拌楼骨料仓下廊道内接料斗开始的胶带输送机及其供料设备；自水泥罐开始的水泥提升机械或空气输送设备、胶带运输机、吸尘设备，以及袋装水泥的拆包机械等。其组时费用根据施工组织设计选定的施工工艺和设备配备数量自行计算。

3. 混凝土运输单价

混凝土运输是指混凝土自搅拌机(楼)出料口至浇筑现场工作面的运输，是混凝土工程施工的一个重要环节，包括水平运输和垂直运输两部分。水利工程多采用数种运输设备相互配合的运输方案，不同的施工阶段、不同的浇筑部位，可能采用不同的运输方式。但使用现行概(预)算定额时须注意，各节现浇混凝土定额中“混凝土运输”作为浇筑定额的一项内容，它的数量已包括完成每一定额单位有效实体所需增加的超填量和施工附加量等。编制概(预)算单价时，一般应根据施工组织设计选定的运输方式来选用运输定额子目，为避免重复计算其他直接费、现场经费、间接费、企业利润和税金，混凝土运输单价只计算定额直接费，并以该运输单价乘以混凝土浇筑定额中所列的“混凝土运输”数量构成混凝土浇筑单价的直接费用项目。

4. 混凝土浇筑单价

混凝土浇筑的主要子工序包括基础面清理、施工缝处理、入仓、平仓、振捣、养护、凿毛等。影响浇筑工序的主要因素有仓面面积、施工条件等。仓面面积大,便于发挥人工及机械效率,工效高。施工条件对混凝土浇筑工序的影响很大,计算混凝土浇筑单价时,需注意以下几点:

(1)现行混凝土浇筑定额中包括浇筑和工作面运输(不含浇筑现场垂直运输)所需全部人工、材料和机械的数量和费用。

(2)混凝土浇筑仓面清洗用水,地下工程混凝土浇筑施工照明用电,已分别计入浇筑定额的用水量及其他材料费中。

(3)平洞、竖井、地下厂房、渠道等混凝土衬砌定额中所列示的开挖断面和衬砌厚度按设计尺寸选取。定额与设计厚度不符,可用插入法计算。

(4)混凝土材料定额中的"混凝土",是指完成单位产品所需的混凝土成品量,其中包括干缩、运输、浇筑和超填等损耗量在内。

(二)掺粉煤灰混凝土材料单价

《河南省水利水电建筑工程概算定额》和《河南省水利水电建筑工程预算定额》附录中掺粉煤灰混凝土配合比的材料用量是按照超量取代法(又称超量系数法)确定的,即按照与基准混凝土(纯混凝土)同稠度、同强度的原则,用超量取代法对基准混凝土中的材料量进行调整(调整系数称做粉煤灰超量系数)。计算步骤如下。

1. 掺粉煤灰混凝土的水泥用量

$$C = C_0(1 - f) \quad (6\text{-}16)$$

式中:C 为掺粉煤灰混凝土水泥的用量,kg; C_0 为与掺粉煤灰混凝土等强度、同稠度的纯混凝土水泥用量,kg; f 为水泥取代百分率,其值为水泥节约量(纯混凝土水泥与掺粉煤灰混凝土水泥用量之差)与纯混凝土水泥用量之比乘以100%,可参考表6-28选取。

表6-28 水泥取代百分率参考表

混凝土强度等级	普通硅酸盐水泥	矿渣硅酸盐水泥
≤C15	15%~25%	10%~20%
C20	10%~15%	10%
C25~C30	15%~20%	10%~15%

注:32.5级水泥及以下取下限,42.5级水泥及以上取上限。C20及以上混凝土宜采用Ⅰ、Ⅱ级粉煤灰,C15及以下素混凝土可以采用Ⅲ级粉煤灰。

2. 确定粉煤灰的掺量

$$F = K(C_0 - C) \quad (6\text{-}17)$$

式中:F 为粉煤灰掺量,kg;K 为粉煤灰取代(超量)系数,为粉煤灰的掺量与取代水泥量(即水泥节约量)的比值,可以按照表6-29取值。

表6-29 粉煤灰取代(超量)系数

粉煤灰级别	Ⅰ级	Ⅱ级	Ⅲ级
超量系数	1.0~1.4	1.2~1.7	1.5~2.0

3. 砂、石用量

掺粉煤灰混凝土灰重(即水泥及粉煤灰总重)较纯混凝土的灰重多,增加的灰重可以按照下式计算。

$$\Delta C = C + F - C_0 \qquad (6\text{-}18)$$

式中:ΔC 为增加的灰重,kg。

按照与纯混凝土密度相等的原则,掺粉煤灰混凝土砂、石总重量应相应减少 ΔC,按含砂率相等的原则,则掺粉煤灰混凝土砂、石的重量可以分别按照下式计算。

$$S = S_0 - \Delta C S_0/(S_0 + G_0) \qquad (6\text{-}19)$$

$$G = G_0 - \Delta C G_0/(S_0 + G_0) \qquad (6\text{-}20)$$

式中:S 为掺粉煤灰混凝土的砂重,kg;S_0 为纯混凝土砂重,kg;G 为掺粉煤灰混凝土石重,kg;G_0 为纯混凝土石重,kg。

4. 用水量

掺粉煤灰混凝土用水量 W 等于纯混凝土用水量 W_0。

5. 外加剂用量

外加剂用量 Y 可按照掺粉煤灰混凝土水泥用量的 0.2% ~0.3% 计算,概(预)算定额按 0.2% 计取。

【例 6-7】 某 C20 三级配掺粉煤灰混凝土,$W/C = 0.6$,水泥强度等级为 C42.5(R),水泥取代百分率为 15%,粉煤灰取代系数为 1.30,求该混凝土的配合比材料用量。

解:(1)计算掺粉煤灰混凝土水泥用量。

查预算定额附录 7,C20 三级配纯混凝土配合比材料预算用量为:C42.5(R)水泥 $C_0 = 218$ kg,粗砂 $S_0 = 618$ kg,卵石 $G_0 = 1\,627$ kg,水 $W_0 = 0.125$ m^3。则:

$$C = 218 \times (1 - 15\%) = 185\ (\text{kg})$$

(2)计算粉煤灰掺量。

$$F = 1.3 \times (218 - 185) = 43(\text{kg})$$

(3)计算砂、石用量。

$$\Delta C = 185 + 43 - 218 = 10(\text{kg})$$

$$S = 618 - 10 \times 618/(618 + 1\,627) = 615\ (\text{kg})(\text{折合 } 0.42\ \text{m}^3)$$

$$G = 1\,627 - 10 \times 1\,627/(618 + 1\,627) = 1\,620(\text{kg})(\text{折合 } 0.95\ \text{m}^3)$$

(4)计算用水量。

$$W = W_0 = 0.125\ \text{m}^3$$

(5)计算外加剂用量。

$$Y = 185 \times 0.2\% = 0.37(\text{kg})$$

(三)预制混凝土单价

预制混凝土单价一般包括混凝土拌和、运输、预制、预制构件运输及安装等工序单价。现行概算定额中混凝土预制及安装定额包括混凝土拌和及预制场内混凝土运输工序,场外混凝土运输、预制构件运输需根据所采用的运输机械选用相应的定额,另计运输单价。

混凝土预制构件运输包括装车、运输、卸车,应按施工组织设计确定的运输方式、装卸和运输机械、运输距离选择定额。

混凝土预制构件安装与构件重量、设计要求安装有关的准确度以及构件是否分段等有关。当混凝土构件单位重量超过定额中起重机械起重量时，可用相应起重机械替换，但台时量不变。

(四)混凝土温控措施费用的计算

在水利工程中，为防止拦河大坝等大体积混凝土由于温度应力而产生裂缝和坝体接缝灌浆后接缝再度拉裂，根据现行设计规程和混凝土坝设计及施工规范的要求，对混凝土坝等大体积混凝土工程的施工，都必须进行混凝土温控设计，提出温控标准和降温防裂措施。温控措施很多，至于采用哪种温控措施，应根据不同地区的气温条件、不同坝体结构的温控要求、不同工程的特定施工条件及建筑材料的要求等综合因素，分别采用风或水预冷骨料，采用水化热较低的水泥，减少水泥用量，加冰或冷水拌制混凝土，对坝体混凝土进行一、二期通水冷却及表面保护等措施。

1. 温控措施费用的计算原则和标准

大体积混凝土温控措施的费用，应根据坝址夏季月平均气温、设计要求温控标准、混凝土冷却降温后的降温幅度和混凝土的浇筑温度参照表6-30进行计算。

表6-30 混凝土温控措施费用计算标准参考

夏季月平均气温(℃)	降温幅度(℃)	温控措施	占混凝土总量比例(%)
20以下		个别高温时段，加冰或加冷水拌制混凝土	20
20以下	5	加冰、加冷水拌制混凝土 坝体一、二期通水冷却及混凝土表面保护	35 100
20~25	5~10	风或水预冷大骨料 加冰、加冷水拌制混凝土 坝体一、二期通水冷却及混凝土表面保护	25~35 40~45 100
20~25	10以上	风预冷大、中骨料 加冰、加冷水拌制混凝土 坝体一、二期通水冷却及混凝土表面保护	35~40 45~55 100
25以上	10~15	风预冷大、中、小骨料 加冰、加冷水拌制混凝土 坝体一、二期通水冷却及混凝土表面保护	35~45 55~60 100
25以上	15以上	风和水预冷大、中、小骨料 加冰、加冷水拌制混凝土 坝体一、二期通水冷却及混凝土表面保护	50 60 100

注：降温幅度指夏季月平均气温与混凝土出机口温度之差。

2. 基本参数的选择和确定

(1)工程所在地区的多年月平均气温、水温、寒潮降温幅度和次数等气象数据。

(2)设计要求的混凝土出机口温度、浇筑温度和坝体的容许温差。

(3)拌制每立方米混凝土所需加冰或加水的数量、时间及相应措施的混凝土数量。

(4)混凝土骨料预冷的方式，平均预冷每立方米混凝土骨料所需消耗冷风、冷水的数量，预冷时间与温度，每立方米混凝土需预冷骨料的数量及需进行骨料预冷的混凝土数量。

(5)坝体的设计稳定温度，接缝灌浆的时间，坝体混凝土一、二期通低温水的时间、流量、冷水温度及通水区域。

(6)各制冷或冷冻系统的工艺流程，配置设备的名称、规格、型号、数量和制冷剂消耗指标等。

(7)混凝土表面保护方式，保护材料的品种、规格及每立方米混凝土的保护材料数量。

3. 混凝土温控措施费用计算步骤

(1)根据夏季月平均气温、水温计算混凝土用砂、石骨料的自然温度和常温混凝土出机口温度。如常温混凝土出机口温度能满足设计要求，则不需采用特殊降温措施（计算方法见《河南省水利水电建筑工程概算定额》附录10表10-1）。

(2)根据温控设计确定的混凝土出机口温度，确定应预冷材料（石子、砂、水等）的冷却温度，并据此验算混凝土出机口温度能否满足设计要求。每立方米混凝土加片冰数量一般为40～60 kg，加冷水量＝配合比用水量－加片冰数量－骨料含水量，机械热可用插值法计算。

(3)计算风冷骨料、冷水、片冰、坝体通水等温控措施的分项单价，然后计算出每立方米混凝土温控综合直接费。

(4)计算其他直接费、间接费、企业利润及税金，然后计算每立方米混凝土温控综合单价。

(5)根据需温控混凝土占混凝土总量的比例，计算每立方米混凝土温控加权平均单价。

（五）钢筋制作安装单价编制

钢筋是水利工程的主要建筑材料，常用钢筋多为直径6～40 mm。建筑物或构筑物所用钢筋的安装方法有散装法和整装法两种。散装法是将加工成型的散钢筋运到工地，再逐根绑扎或焊接；整装法是在钢筋加工厂内制作好钢筋骨架，再运至工地安装就位。水利工程因结构复杂，断面庞大，多采用散装法。

在进行钢筋制作安装单价计算时，现行概（预）算定额中不分工程部位和钢筋规格型号，把“钢筋制作与安装”定额综合成一节，计量单位为t；其钢筋定额消耗量已包括切断及焊接损耗、截余短头废料损耗，以及搭接帮条等附加量。该节概算定额适用于水工建筑物各部位的现浇及预制混凝土。

四、混凝土工程单价编制示例

【例6-8】 河南省某水利枢纽中的泄洪闸混凝土浇筑工程，其底板采用现浇钢筋混凝土底板，底板厚度为1.0 m，混凝土强度等级为C25，二级配；施工方法采用0.8 m^3 搅拌机拌制混凝土，1 t机动翻斗车装混凝土运100 m至仓面进行浇筑，试计算闸底板现浇混凝土的预算工程单价。

已知基本资料如表6-31所示。

解：(1)计算混凝土材料单价。

查河南省水利厅[2007]《河南省水利水电建筑工程预算定额》附录7，可知C25混凝土、42.5级普通硅酸盐水泥二级配混凝土材料配合比（1 m^3）：42.5级普通硅酸盐水泥289 kg，粗砂733 kg（0.49 m^3），卵石1 382 kg（0.81 m^3），水0.15 m^3。实际采用的是碎石和粗砂，应按表5-22系数进行换算。

表 6-31　人工、材料、施工机械台时费、费率汇总表

序号	项目名称及规格	单位	单价(元)	序号	项目名称及规格	单位	单价(元)
1	初级工	工时	3.04	11	0.8 m^3 搅拌机	台时	31.24
2	中级工	工时	5.62	12	胶轮车	台时	0.9
3	高级工	工时	6.61	13	机动翻斗车 1 t	台时	18.53
4	工长	工时	7.10	14	插入式振动器 1.1 kW	台时	2.56
5	普通水泥 42.5	t	330	15	风水枪	台时	39.82
6	粗砂	m^3	45	16	其他直接费	%	2.5
7	碎石	m^3	55	17	现场经费	%	8
8	水	m^3	0.8	18	间接费	%	5
9	电	kW·h	0.7	19	企业利润	%	7
10	柴油	kg	5.5	20	税金	%	3.22

换算后的混凝土配合比单价为：

$0.289 \times 330 \times 1.10 + 0.49 \times 45 \times 1.10 + 0.81 \times 55 \times 1.06 + 0.15 \times 0.80 \times 1.10 = 176.53$(元/$m^3$)

(2)计算混凝土拌制单价(只计算定额直接费)。

选用河南省水利厅[2007]《河南省水利水电建筑工程预算定额》40228 子目，计算过程见表 6-32，混凝土拌制单价为 12.48 元/m^3。

表 6-32　混凝土拌制工程单价表

定额编号:40228　　　　混凝土拌制工程　　　　定额单位:100 m^3

施工方法:0.8 m^3 搅拌机拌制混凝土

序号	名称及规格	单位	数量	单价(元)	合计(元)
(一)	直接费				1 247.99
1	人工费				878.91
	中级工	工时	91.1	5.62	511.98
	初级工	工时	120.7	3.04	366.93
2	材料费				24.47
	零星材料费	%	2	1 223.52	24.47
3	机械使用费				344.61
	搅拌机(0.8 m^3)	台时	8.64	31.24	269.91
	胶轮车 1 t	台时	83	0.9	74.7
	合计				1 247.99

(3)计算混凝土运输单价(只计算定额直接费)。

选用河南省水利厅[2007]《河南省水利水电建筑工程预算定额》40252 子目,计算过程见表 6-33,混凝土运输单价为 6.87 元/m^3。

表 6-33　混凝土运输工程单价表

定额编号:40252　　混凝土运输　　定额单位:100 m^3

施工方法:1 t 机动翻斗车运混凝土 100 m

序号	名称及规格	单位	数量	单价(元)	合计(元)
(一)	直接费				687.32
1	人工费				296.03
	初级工	工时	29.9	3.04	90.90
	中级工	工时	36.5	5.62	205.13
2	材料费				32.73
	零星材料费	%	5	654.59	32.73
3	机械使用费				358.56
	机动翻斗车 1 t	台时	19.35	18.53	358.56
	合计				687.32

(4)计算混凝土浇筑单价。

选用河南省水利厅[2007]《河南省水利水电建筑工程预算定额》40059 子目,计算过程见表 6-34,混凝土浇筑工程单价为 301.20 元/m^3。

表 6-34　底板混凝土浇筑工程单价表

定额编号:40059　　底板混凝土浇筑工程　　定额单位:100 m^3

施工方法:1 t 机动翻斗车装混凝土运 100 m 至仓面,1.1 kW 插入式振动器振捣

序号	名称及规格	单位	数量	单价(元)	合计(元)
一	直接工程费				25 973.54
(一)	直接费				23 505.46
1	人工费				2 438.71
	工长	工时	15.6	7.10	110.76
	高级工	工时	20.9	6.61	138.15
	中级工	工时	276.7	5.62	1 555.05
	初级工	工时	208.8	3.04	634.75
2	材料费				18 369.98
	混凝土	m^3	103	176.53	18 182.59
	水	m^3	120	0.8	96.00
	其他材料费	%	0.5	18 278.59	91.39

续表 6-34

序号	名称及规格	单位	数量	单价(元)	合计(元)
3	机械使用费				703.72
	振动器 1.1 kW	台时	40.05	2.56	102.53
	风水枪	台时	14.92	38.92	580.69
	其他机械费	%	3	683.22	20.50
4	混凝土拌制	m^3	103	12.48	1 285.44
5	混凝土运输	m^3	103	6.87	707.61
(二)	其他直接费	%	2.5	23 505.46	587.64
(三)	现场经费	%	8	23 505.46	1 880.44
二	间接费	%	5	25 973.54	1 298.68
三	企业利润	%	7	27 272.22	1 909.06
四	税金	%	3.22	29 181.28	939.64
五	合计				30 120.92

【例 6-9】 在例 6-8 的水闸工程中，闸底板和闸墩采用的钢筋型号有Φ20 的 A3，Φ25 的变形钢筋，试计算该水闸的钢筋制作与安装工程单价。已知基本资料如下：

(1)所取费率及人工预算单价同例 6-8。

(2)材料预算价格：钢筋3 400 元/t，铁丝 5.8 元/kg，电焊条 4.5 元/kg，水 0.5 元/m^3，电 0.6 元/(kW·h)，汽油 4.8 元/kg，施工用风 0.15 元/m^3。

(3)施工机械台时费：钢筋调直机(14 kW)14.08 元/台时，风沙枪 33.09 元/台时，钢筋切断机(20 kW)18.52 元/台时，钢筋弯曲机(ϕ6 ~ ϕ40)10.85 元/台时，电焊机(25 kVA) 9.42 元/台时，电弧对焊机(150 型)103.24 元/台时，载重汽车(5 t)58.22 元/台时，塔式起重机(10 t)93.83 元/台时。

解：因现行定额中不分工程部位和钢筋规格型号，把“钢筋制作与安装”定额综合成一节，故选用河南省水利厅[2007]《河南省水利水电建筑工程预算定额》40444 子目。钢筋制作与安装工程单价计算过程见表 6-35，钢筋制作与安装工程单价为 5 592.64 元/t。

表 6-35　钢筋制作与安装工程单价表

定额编号:40444　　钢筋制作与安装工程　　定额单位:1 t

工作内容:回直、除锈、切断、弯制、焊接、绑扎及加工场至施工场地运输

序号	名称及规格	单位	数量	单价(元)	合计(元)
一	直接工程费				4 822.58
(一)	直接费				4 364.32
1	人工费				552.46
	工长	工时	10.6	7.10	75.26
	高级工	工时	28.8	6.61	190.37
	中级工	工时	36.0	5.62	202.32
	初级工	工时	27.8	3.04	84.51
2	材料费				3 558.93
	钢筋	t	1.02	3 400.00	3 468.00
	铁丝	kg	4	5.80	23.20
	电焊条	kg	7.22	4.50	32.49
	其他材料费	%	1	3 523.69	35.24
3	机械使用费				252.93
	钢筋调直机 14 kW	台时	0.60	14.08	8.45
	风沙枪	台时	1.50	33.09	49.64
	钢筋切断机　20 kW	台时	0.40	18.52	7.41
	钢筋弯曲机　$\phi6\sim\phi40$	台时	1.05	10.85	11.39
	电焊机　25 kVA	台时	10.00	9.42	94.20
	电弧对焊机　150 型	台时	0.40	103.24	41.30
	载重汽车　5 t	台时	0.45	58.22	26.20
	塔式起重机　10 t	台时	0.10	93.83	9.38
	其他机械费	%	2	247.97	4.96
(二)	其他直接费	%	2.5	4 364.32	109.11
(三)	现场经费	%	8	4 364.32	349.15
二	间接费	%	5	4 822.58	241.13
三	企业利润	%	7	5 063.71	354.46
四	税金	%	3.22	5 418.17	174.47
五	合计				5 592.64

第六节 模板工程单价编制

模板工程是混凝土施工中的重要工序,它不仅影响混凝土工程外观质量,制约混凝土工程的施工进度,而且对混凝土工程造价影响也很大;模板工程定额适用于各种水工建筑物的现浇混凝土。模板工程包括模板制作、运输、安装及拆除。

一、项目划分与定额选用

为适应水利工程建设管理的需要,现行概(预)算定额将模板制作、安装定额单独计列,从而简化了混凝土定额子目,细化了混凝土工程费用的构成,也使模板与混凝土定额的组合更灵活、适应性更强。模板工程是指混凝土浇筑工程中使用的平面模板、曲面模板、异形模板、滑动模板等的制作、安装及拆除等。

(一)模板的分类

(1)按形式分,模板可分为平面模板、曲面模板、异形模板(如渐变段、厂房蜗壳及尾水管等)、针梁模板、滑模、钢模台车。

(2)按材质分,模板可分为木模板、钢模板、预制混凝土模板。木模板的周转次数少、成本高、易于加工,大多用于异形模板;钢模板的周转次数多,成本低,广泛用于水利工程建设中。

(3)按安装性质分,模板可分为固定模板和移动模板。固定模板每使用一次,就拆除一次。移动模板与支撑结构构成整体,使用后整体移动,如隧洞中常用的钢模台车或针梁模板。使用移动模板能大大缩短模板安拆的时间和人工、机械费用,也提高了模板的周转次数,故广泛应用于较长的隧洞中。对于边浇筑边移动的模板称滑动模板(简称滑模),采用滑模浇筑具有进度快、浇筑质量高、整体性好等优点,故广泛应用于大坝及溢洪道的溢流面、闸(桥)墩、竖井、闸门井等部位。

(4)按使用性质分:模板可分为通用模板和专用模板。通用模板制作成标准形状,经组合安装至浇筑仓面,是水利工程建设中最常用的一种模板。专用模板按需要制成后,不再改变形状,如上述钢模台车、滑模。专用模板成本较高,可使用次数多,所以广泛应用于工厂化生产的混凝土预制厂。

(二)定额的选用

模板的主要作用就是支撑流态混凝土的重量和侧压力,使之按设计要求的形状凝固成型。混凝土浇筑立模的工作量很大,其费用和耗用的人工较多,故模板作业对混凝土质量、进度、造价影响较大。选用定额时应根据工程部位、模板的类型、施工方法等因素,综合考虑选用现行概算定额第五章中相应的定额子目。

二、使用现行定额的注意事项

(1)模板单价包括模板及其支撑结构的制作、安装、拆除、场内运输及修理等全部工序的人工、材料和机械费用。

(2)模板制作与安装拆除定额的计量单位均为立模面面积,即以混凝土与模板的接触面积计算。立模面面积的计量,一般按满足混凝土结构物体形及施工分缝要求所需的立模面面积计算。当缺乏实测资料时,也可以参考《河南省水利水电建筑工程概算定额》和《河南省水利水电建筑工程预算定额》附录“水利工程混凝土建筑物立模面系数参考表”,根据混凝土结构部位的工程量计算立模面面积。

(3)模板材料均按预算消耗量计算,包括了制作、安装、拆除、维修的损耗和消耗,并考虑了周转和回收。

(4)模板定额中的材料,除模板本身外,还包括支撑模板的立柱、围囹、桁(排)架及铁件等。对于悬空建筑物(如渡槽槽身)的模板,计算到支撑模板结构的承重梁为止。承重梁以下的支撑结构应包括在“其他施工临时工程”中。

(5)在隧洞衬砌钢模台车、针梁模板台车、竖井衬砌的滑模台车及混凝土面板滑模台车中,所用到的行走机构、构架、模板及支撑型钢,电动机、卷扬机、千斤顶等动力设备,均作为整体设备以工作台时计入定额。但定额中未包括轨道及埋件,只有溢流面滑模定额中含轨道及支撑轨道的埋件、支架等材料。

(6)大体积混凝土(如坝、船闸等)中的廊道模板,均采用一次性预制混凝土板(浇筑后作为建筑物结构的一部分)。混凝土模板预制及安装,可参考混凝土预制及安装定额编制其单价。

(7)概算定额中列有模板制作定额,并在“模板安装拆除”定额子目中嵌套模板制作数量100 m^2,这样便于计算模板综合工程单价。而预算定额中将模板制作和安装拆除定额分别计列,使用预算定额时将模板制作及安装拆除工程单价算出后再相加,即为模板综合单价。

(8)使用定额计算模板综合单价时,模板制作单价有两种计算方法:①若施工企业自制模板,按模板制作定额计算出直接费(不计入其他直接费、现场经费、间接费、企业利润和税金),作为模板的预算价格代入安装拆除定额,统一计算模板综合单价。②若外购模板,安装拆除定额中的模板预算价格应为模板使用一次的摊销价格,其计算公式为:

$$外购模板预算价格(1-残值率)\div 周转次数\times 综合系数 \tag{6-21}$$

式中,残值率为10%,周转次数为50次,综合系数为1.15(含露明系数及维修损耗系数)。

(9)概算定额中凡嵌套有“模板100 m^2”的子目,计算“其他材料费”时,计算基数不包括模板本身的价值。

三、模板工程单价编制示例

【6-10】 河南省某水利枢纽工程中的水闸工程,其闸墩施工采用标准钢模板立模,试计算模板工程制作与安装、拆除综合预算单价。已知基本资料如表6-36所示。

解:(1)计算模板制作单价。

因模板制作是模板安装工程材料定额的一项内容,为避免重复计算,故模板制作单价只计算定额直接费。选用河南省水利厅[2007]《河南省水利水电建筑工程预算定额》50003子目,计算过程见表6-37,模板制作单价(直接费)为9.05元/m^2。

(2)计算闸墩钢模板制作、安装综合单价。

选用河南省水利厅[2007]《河南省水利水电建筑工程预算定额》50004子目,计算过程详见表6-38。注意:在计算其他材料费时,其计算基数不包括模板本身的价值。计算结果为44.29元/m^3。

表 6-36　人工、材料、施工机械台时费、费率汇总

序号	项目名称及规格	单位	单价(元)	序号	项目名称及规格	单位	单价(元)
1	初级工	工时	3.04	11	钢筋切断机 20 kW	台时	18.52
2	中级工	工时	5.62	12	载重汽车 5 t	台时	58.22
3	高级工	工时	6.61	13	电焊机 25 kVA	台时	9.42
4	工长	工时	7.10	14	汽车起重机 5 t	台时	63.63
5	铁件	kg	6.5	15	其他直接费	%	2.5
6	组合钢模板	kg	6.5	16	现场经费	%	8
7	型钢	kg	3.6	17	间接费	%	6
8	卡扣件	kg	4.5	18	企业利润	%	7
9	电焊条	kg	7.0	19	税金	%	3.22
10	预制混凝土柱	m^3	350.0				

表 6-37　闸墩钢模板制作工程单价表

定额编号:50003　　闸墩钢模板制作工程　　定额单位:100 m^2

施工方法:铁件制作、模板运输

序号	名称及规格	单位	数量	单价(元)	合计(元)
(一)	直接费				904.78
1	人工费				59.57
	工长	工时	1.1	7.10	7.81
	高级工	工时	3.7	6.61	24.46
	中级工	工时	4.1	5.62	23.04
	初级工	工时	1.4	3.04	4.26
2	材料费				815.12
	组合钢模板	kg	79.57	6.5	517.21
	型钢	kg	42.97	3.60	154.69
	卡扣件	kg	25.33	4.50	113.99
	铁件	kg	1.50	6.50	9.75
	电焊条	kg	0.50	7.00	3.50
	其他材料费	%	2	799.05	15.98
3	机械使用费				30.09
	钢筋切断机　20 kW	台时	0.06	18.52	1.11
	载重汽车　5 t	台时	0.36	58.22	20.96
	电焊机　25 kVA	台时	0.70	9.42	6.59
	其他机械费	%	5	28.66	1.43

表 6-38 模板安装、拆除工程单价表

定额编号:50004　　模板安装、拆除工程　　定额单位:100 m^2

工作内容:模板安装、拆除、除灰、刷脱模剂、维修、倒仓

序号	名称及规格	单位	数量	单价(元)	合计(元)
一	直接工程费				3 782.87
(一)	直接费				3 423.41
1	人工费				991.78
	工长	工时	14.20	7.10	100.82
	高级工	工时	48.00	6.61	317.28
	中级工	工时	81.20	5.62	456.34
	初级工	工时	38.60	3.04	117.34
2	材料费				1 843.94
	模板	m^2	100	9.05	905
	预埋铁件	kg	121.68	6.50	790.92
	预制混凝土柱	m^3	0.28	350.00	98.00
	电焊条	kg	1.98	7.00	13.86
	其他材料费	%	2	1 807.78	36.16
3	机械使用费				587.69
	汽车起重机　5 t	台时	8.50	63.63	540.86
	电焊机　25 kVA	台时	2.00	9.42	18.84
	其他机械费	%	5	559.70	27.99
(二)	其他直接费	%	2.5	3 423.41	85.59
(三)	现场经费	%	8	3 423.41	273.87
二	间接费	%	6	3 782.87	226.97
三	企业利润	%	7	4 009.94	280.70
四	税金	%	3.22	4 290.64	138.16
五	合计				4 428.70

第七节　钻孔灌浆及锚固工程单价编制

钻孔灌浆及锚固工程包括各种钻孔灌浆、混凝土防渗墙、灌注桩、减压井、各种喷锚支护形式、预应力锚索等。

一、钻孔灌浆工程项目划分与定额选用

钻孔灌浆工程指水工建筑物为提高地基承载能力、改善和加强其抗渗性能及整体性所采取的处理措施。包括帷幕灌浆、固结灌浆、回填(接触)灌浆、防渗墙、减压井等工程。其中,灌浆就是利用灌浆机施加一定的压力,将浆液通过预先设置的钻孔或灌浆管,灌入岩石、土或建筑物中,使其胶结成坚固、密实而不透水的整体。灌浆是水利工程基础处理中最常用的有效手段,下面重点介绍。

(一)灌浆的分类

1. 按灌浆材料分

按灌浆材料分,主要有水泥灌浆、水泥黏土灌浆、黏土灌浆、沥青灌浆和化学灌浆等。

2. 按灌浆作用分

按灌浆的作用划分,主要有以下几种。

1)帷幕灌浆

帷幕灌浆是指为在坝基形成一道阻水帷幕以防止坝基及绕坝渗漏,降低坝底扬压力而进行的深孔灌浆。

2)固结灌浆

固结灌浆是指为提高地基整体性、均匀性和承载能力而进行的灌浆。

3)接触灌浆

接触灌浆是指为加强坝体混凝土和基岩接触面的结合能力,使其有效传递应力,提高坝体的抗滑稳定性而进行的灌浆。接触灌浆多在坝体下部混凝土固化收缩基本稳定后进行。

4)接缝灌浆

大体积混凝土由于施工需要而形成了许多施工缝,为了恢复建筑物的整体性,利用预埋的灌浆系统,对这些缝进行的灌浆。

5)回填灌浆

回填灌浆是指为使隧道顶拱岩面与衬砌的混凝土面,或压力钢管与底部混凝土接触面结合密实而进行的灌浆。

(二)岩基灌浆施工工艺流程

灌浆工艺流程一般为:施工准备→钻孔→冲洗→表面处理→压水试验→灌浆→封孔→质量检查。

1. 施工准备

施工准备包括场地清理、劳动组合、材料准备、孔位放样、电风水布置、机具设备就位、检查等。

2. 钻孔

采用手风钻、回转式钻机和冲击钻等钻孔机械进行。

3. 冲洗

用水将残存在孔内的岩粉和铁砂末冲出孔外,并将裂隙中的充填物冲洗干净,以保证灌浆效果。

4. 表面处理

为防止有压情况下浆液沿裂隙冒出地面而采取的塞缝、浇盖面混凝土等措施。

5. 压水试验

压水试验的目的是确定地层的渗透特性，为岩基处理设计和施工提供依据。压水试验是在一定压力下将水压入孔壁四周缝隙，根据压入流量和压力，计算出代表岩层渗透特性的技术参数。规范规定，渗透特性用透水率表示，单位为吕容(Lu)，定义为：压水压力为1 MPa时，每米试段长度每分钟注入水量1 L时，称为1 Lu。

6. 灌浆

按照灌浆时浆液灌注和流动的特点，可分为纯压式和循环式两种灌浆方式。

纯压式灌浆：单纯地把浆液沿灌浆管路压入钻孔，再扩张到岩层裂隙中。适用于裂隙较大、吸浆量多和孔深不超过15 m的岩层。这种方式设备简单，操作方便，当吃浆量逐渐变小时，浆液流动慢，易沉淀，影响灌浆效果。

循环式灌浆：浆液通过进浆管进入钻孔后，一部分被压入裂隙，另一部分由回浆管返回拌浆筒。这样可使浆液始终保持流动状态，防止水泥沉淀，保证了浆液的稳定和均匀，提高灌浆效果。

按照灌浆顺序，灌浆方法有一次灌浆法和分段灌浆法。

一次灌浆法：将孔一次钻到设计深度，再沿全孔一次灌浆。该法施工简便，多用于孔深10 m内、基岩较完整、透水性不大的地层。

分段灌浆法分为自上而下分段灌浆法、自下而上分段灌浆法及综合灌浆法。

(1)自上而下分段灌浆法：自上而下钻一段(一般不超过5 m)后，冲洗、压水试验、灌浆。待上一段浆液凝结后，再进行下一段钻灌工作。如此钻、灌交替，直至设计深度。此法灌浆压力较大，质量好，但钻、灌工序交叉，工效低。多用于岩层破碎、竖向节理裂隙发育的地层。

(2)自下而上分段灌浆法：一次将孔钻到设计深度，然后自下而上利用灌浆塞逐段灌浆。这种方法钻灌连续，速度较快，但不能采用较高压力，质量不易保证。一般适用于岩层较完整坚固的地层。

(3)综合灌浆法：通常接近地表的岩层较破碎，越往下则越完整，上部采用自上而下分段，下部采用自下而上分段，使之既能保证质量，又可加快速度。

7. 封孔

人工或机械(灌浆及送浆)用砂浆封填孔口。

8. 质量检查

质量检查的方法较多，最常用的是打检查孔检查，取岩心、做压水试验检查透水率是否符合设计和规范要求。检查孔的数量，一般帷幕灌浆为灌浆孔的10%，固结灌浆为5%。

(三)影响灌浆施工工效的主要因素

(1)岩石(地层)级别。岩石(地层)级别是钻孔工序的主要影响因素。岩石级别越高，对钻进的阻力越大，钻进工效越低，钻具消耗越多。

(2)岩石(地层)的透水性。透水性是灌浆工序的主要影响因素。透水性强(透水率高)的地层可灌性好，吃浆量大，单位灌浆长度的耗浆量大；反之，灌注每吨浆液干料所需的人工、机械台时用量就少。

(3)施工方法。一次灌浆法和自下而上分段灌浆法的钻孔和灌浆两大工序互不干扰，工效高。自上而下分段灌浆法钻孔与灌浆相互交替，干扰大，工效低。

(4)施工条件。露天作业,机械的效率能正常发挥。隧洞(或廊道)内作业影响机械效率的正常发挥,尤其是对较小的隧洞(或廊道),限制了钻杆的长度,增加了接换钻杆次数,降低了工效。

(四)定额选用

在计算钻孔灌浆工程单价时,应根据设计确定的孔深、灌浆压力等参数以及岩石的级别、透水率等,按施工组织设计确定的钻机、灌浆方式、施工条件来选择概(预)算定额相应的定额子目,这是正确计算钻孔灌浆工程单价的关键。

二、混凝土防渗墙

混凝土防渗墙是建筑在冲积层上的挡水建筑物,一般来讲,设置混凝土防渗墙是一种有效的防渗处理措施。防渗墙分为造孔定额和混凝土浇筑定额两部分内容。造孔按照地层划分子目,混凝土浇筑按照墙厚(或浇筑量)划分子目。

(一)造孔

防渗墙的成墙方式大多采用槽孔法。造孔采用冲击钻机、反循环钻、液压开槽机等机械进行。一般用冲击钻较多,其施工程序包括造孔前的准备、泥浆制备、造孔、终孔验收、清孔换浆等。

(二)浇筑混凝土

防渗墙采用导管法浇筑水下混凝土。其施工工艺分为浇筑前的准备、配料拌和、浇筑混凝土、质量验收。由于防渗墙混凝土不经振捣,因而混凝土应具有良好的和易性。要求入孔时坍落度为 18 ~ 22 cm,扩散度 34 ~ 38 cm,最大骨料粒径不大于 4 cm。

混凝土浇筑工程量中未包括施工附加量及超填量,计算施工附加量时应当考虑接头和墙顶增加量,计算超填量时应当考虑扩孔的增加量。具体计算可以参考混凝土防渗墙浇筑定额下面的"注"。

三、锚固工程分类及定额选用

(一)锚固工程分类

锚固可分为锚桩、锚洞、喷锚护坡与预应力锚固四大类。其适用范围见表 6-39。

(二)施工特点

预应力锚固是在外荷载作用前,针对建筑物可能滑移拉裂的破坏方向,预先施加主动压力。这种人为的预压应力能提高建筑物的滑动和防裂能力。预应力锚固由锚头、锚束、锚根等三部分组成。

预应力锚束按材料分为钢丝、钢绞线与优质钢筋三类。钢丝的强度最高,宜于密集排列,多用于大吨位锚束,适用于混凝土锚头、镦头及组合锚;钢绞线的价格较高,锚具也较贵,适用中小型锚束,与锚塞锚环型锚具配套使用,对锚束、锚固较方便;优质钢筋适用于预应力锚杆及短的锚束,热轧钢筋只用做砂浆锚杆及受力钢筋。

钻孔设备应根据地质条件、钻孔深度、钻孔方向和孔径大小选择钻机。工程中一般用:风钻、SGZ - 1(Ⅲ)、YQ - 100、XJ - 100 - 1 及东风 - 300 专用锚杆钻机、履带钻、地质钻机等。

表 6-39　锚固分类及适用范围

类型	结构形式	适用范围
锚桩	钢筋混凝土桩:人工挖孔桩、大口径钻孔桩 钢桩:型钢桩、钢棒桩	适用于浅层具有明显滑面的地基加固
喷锚支护	锚杆加喷射混凝土 锚杆挂网加喷混凝土	适用于高边坡加固,隧洞入口边坡支护
预应力锚固	混凝土柱状锚头	适用于大吨位预应力锚固
	镦头锚锚头	适用于大、中、小吨位预应力锚固
	爆炸压接螺杆锚头	适用于中、小吨位预应力锚固
	锚塞锚环钢锚头	适用于小吨位预应力锚固
	组合型钢锚头	适用于大、中、小吨位预应力锚固

(三)施工工艺

(1)一般锚杆的施工工艺为:钻孔→锚杆制作→安装→水泥浆封孔(或药卷产生化学反应封孔)、锚定。锚杆长度超过 10 m 的长锚杆,应配锚杆钻机或地质钻机。

(2)预应力锚杆施工程序:造孔、锚束编制→运输吊装→放锚束、锚头锚固→超张拉、安装、补偿→采用水泥浆封孔、灌浆防护。

(3)喷锚支护的一般工艺:凿毛→配料→上料、拌和→挂网、喷锚→喷混凝土→处理回弹料、养护。

(四)定额选用

(1)在现行概(预)算定额中,锚杆分地面锚杆和地下锚杆,钻孔设备分为风钻钻孔、履带钻孔、锚杆钻机钻孔、地质钻机钻孔、锚杆台车钻孔、凿岩台车钻孔。按注浆材料又分为砂浆和药卷。锚杆以根为单位,按锚杆长度和钢筋直径分项,按不同的岩石级别划分子目。

套用定额时应注意的问题:加强长砂浆锚杆 4 ×Φ28 锚筋拟订的,如设计采用锚筋根数、直径不同,应按设计调整锚筋用量。定额中的锚筋材料预算价按钢筋价格计算,锚筋的制作已含在定额中。

(2)预应力锚束分为岩体和混凝土,按作用分为无黏结型和黏结型。以束为单位,按施加预应力的等级分类,按锚束长度分项。

(3)喷射分为地面喷射和地下喷射,按材料分为喷浆和喷射混凝土,喷浆以喷射面积为单位,有钢筋和无钢筋喷射工艺不同,喷射厚度不同时定额的消耗量不同。喷射混凝土分为地面护坡、平洞支护、斜井支护,以喷射混凝土的体积为单位,按厚度不同划分子项。喷浆(混凝土)定额的计量以喷后的设计有效面积(体积)计算,定额中已包括了回弹及施工损耗量。

(4)锚筋桩可参考相应的锚杆定额,定额中的锚杆附件包括垫板、三角铁和螺帽等。锚杆(索)定额中的锚杆(索)长度是指嵌入岩石的设计有效长度,不包括锚头外露部分,按规定应留的外露部分及加工过程中的消耗,均已计入定额。

四、桩基工程

桩基工程包括振冲桩和灌注桩等。使用定额时应当注意:

(1)振冲桩是按照地层不同划分子目,以桩深(m)为计量单位。

(2)灌注桩预算定额一般按照钻孔和灌注划分。钻孔按照地层划分子目,以桩长(m)计量。灌注混凝土以钻孔方式划分子目,以灌注量(m^3)计量。概算定额以桩径大小、地层情况划分子目,综合了钻孔和浇筑混凝土整个施工过程。

五、使用现行定额编制基础处理工程单价应注意的问题

(1)灌浆工程定额中的水泥用量是指概(预)算基本量,如有实际资料,可按实际消耗量调整。

(2)灌浆工程定额中的灌浆压力划分标准为:高压为大于 3 MPa,中压为 1.5 ~3 MPa,低压为小于 1.5 MPa。

(3)灌浆工程定额中的水泥强度等级的选择应符合设计要求,设计未明确的可按以下标准选择:回填灌浆 32.5,帷幕与固结灌浆 32.5,接缝灌浆 42.5,劈裂灌浆 32.5,高喷灌浆 32.5。

(4)工程的项目设置、工程量数量及其单位均必须与定额的设置、规定相一致。如不一致,应进行科学的换算。

①钻孔与灌浆。

帷幕灌浆:现行概(预)算定额分造孔及帷幕灌浆两部分,造孔和灌浆均以单位延长米(m)计。帷幕灌浆概算定额包括制浆、灌浆、封孔、孔位转移、检查孔钻孔、压水试验等内容。预算定额则需另计检查孔压水试验,检查孔压水试验按试段计。

固结灌浆:现行概(预)算定额分造孔及固结灌浆两部分,造孔和灌浆均以单位延长米(m)计。固结灌浆定额包括已计入灌浆前的压水试验和灌浆后的补浆及封孔灌浆等工作。预算定额灌浆后的压水试验要另外计算。

劈裂灌浆:劈裂灌浆多用于土坝(堤)除险加固坝体的防渗处理。概算定额分钻机钻土坝(堤)灌浆孔和土坝(堤)劈裂灌浆,均以单位延长米(m)计。劈裂灌浆定额已包括检查孔、制浆、灌浆、劈裂观测、冒浆处理、记录、复灌、封孔、孔位转移、质量检查。定额是按单位孔深干料灌入量不同而分类的。

回填灌浆:现行概(预)算定额分隧洞回填灌浆和钢管道回填灌浆。隧洞回填灌浆适用于混凝土衬砌段。隧洞回填灌浆定额的工作内容包括预埋管路、简易平台搭拆、风钻通孔、制浆、灌浆、封孔、检查孔钻孔、压浆试验等。定额是以设计回填面积为计量单位的,按开挖面积分子目。

坝体接缝灌浆:现行概(预)算定额分预埋铁管法和塑料拔管法,定额适用于混凝土坝体,按接触面积(m^2)计算。

②混凝土防渗墙。一般都将造孔和浇筑分列,概(预)算定额均以阻水面积(100 m^2)为单位,按墙厚分列子目;而预算定额造孔用折算进尺(100 折算米)为单位,防渗墙混凝土用 100 m^3 为单位,所以一定要按科学的换算方式进行换算。

(5)关于岩土的平均级别和平均透水率。岩土的级别和透水率分别为钻孔和灌浆两大

工序的主要参数，正确确定这两个参数对钻孔灌浆单价有重要的意义。由于水工建筑物的地基绝大多数不是单一的地层，通常多达十几层或几十层。各层的岩土级别、透水率各不相同，为了简化计算，几乎所有的工程都采用一个平均的岩石级别和平均的透水率来计算钻孔灌浆单价。在计算这两个重要参数的平均值时，一定要注意计算的范围要和设计确定的钻孔灌浆范围完全一致，也就是说，不要简单地把水文地质剖面图中的数值拿来平均，要注意把上部开挖范围内的透水性强的风化层和下部不在设计灌浆范围的相对不透水地层都剔开。

(6)钻机钻灌浆孔、坝基岩石帷幕灌浆、压水试验等时，应注意下列事项：①当终孔孔径大于91 mm或孔深大于70 m时，钻机应改用300型钻机。②在廊道或隧洞内施工时，其人工、机械定额应乘以表6-40中的系数。

表6-40　人工、机械定额调整系数

廊道或隧洞高度(m)	0～2.0	2.0～3.5	3.5～5.0	5.0
系数	1.19	1.10	1.07	1.05

(7)当采用地质钻机钻灌不同角度的灌浆孔或观察孔、试验孔时，其人工、机械、合金片、钻头和岩心管定额应乘以表6-41中的系数。

表6-41　人工、机械及材料定额调整系数

钻机与水平面夹角	0～60°	60°～75°	75°～85°	85°～90°
系数	1.19	1.05	1.02	1.00

(8)压水试验适用范围：现行概算定额中，压水试验已包含在灌浆定额中。预算定额中的压水试验适用于灌浆后的压水试验。灌浆前的压水试验和灌浆后的补灌及封孔灌浆已计入定额。压水试验一个压力点法适用于固结灌浆，三压力五阶段法适用于帷幕灌浆，压浆试验适用于回填灌浆。

六、钻孔灌浆工程单价编制示例

【例6-11】　河南省某水库工程位于县城镇以外，坝基注水试验透水率为10～20 Lu，设计采用坝基双排帷幕灌浆进行基础防渗。帷幕灌浆钻孔总进尺为1 600 m，坝基为Ⅷ级岩石层，灌浆总量为1 300 m，钻孔平均深度18 m，帷幕灌浆采用自上而下的灌浆方法完成，试计算坝基岩石帷幕灌浆工程预算单价及灌浆工程预算投资。基本资料见表6-42。

解：(1)计算钻帷幕灌浆孔工程单价。

根据采用的施工方法和岩石级别为Ⅷ级，选用河南省水利厅[2007]《河南省水利水电建筑工程预算定额》70007子目，计算过程见表6-43，钻岩石帷幕灌浆孔工程单价为88.27元/m。

(2)计算帷幕灌浆工程单价。

根据本工程灌浆岩层的吸水率10～20 Lu，选用河南省水利厅[2007]《河南省水利水电建筑工程预算定额》70021子目，计算过程见表6-44，帷幕灌浆工程单价为222.31元/m。

表 6-42　人工、材料、施工机械台时费、费率汇总

序号	项目名称	单位	预算价格(元)	序号	项目名称	单位	预算价格(元)
1	初级工	工时	3.04	14	铁砂钻头	个	70.00
2	中级工	工时	5.62	15	钻杆接头	个	16.00
3	高级工	工时	6.61	16	地质钻机 150 型	台时	26.50
4	工长	工时	7.10	17	地质钻机	台时	32.50
5	合金钻头	个	45.00	18	灌浆泵中压泥浆	台时	23.50
6	合金片	kg	200.00	19	胶轮车	台时	0.90
7	岩心管	m	80.00	20	泥浆搅拌机	台时	18.80
8	钻杆	m	45.00	21	灰浆搅拌机	台时	7.80
9	水泥	t	320.00	22	其他直接费	%	2.5
10	水	m^3	0.8	23	现场经费	%	7
11	黏土	t	18.00	24	间接费	%	7
12	砂	m^3	26.00	25	企业利润	%	7
13	铁砂	kg	3.00	26	税金	%	3.22

表 6-43　钻岩石层帷幕灌浆孔工程单价表

定额编号:70007　　钻岩石层帷幕灌浆孔工程　　定额单位:100 m

施工方法:地质钻机(150 型)钻单排帷幕灌浆孔,Ⅷ级岩石,露天作业,采用自上而下施工

序号	名称及规格	单位	数量	单价(元)	合计(元)
一	直接工程费				7 469.61
(一)	直接费				6 821.56
1	人工费				1 805.91
	工长	工时	21 ×0.94	7.10	140.06
	高级工	工时	43 ×0.94	6.61	267.18
	中级工	工时	149 ×0.94	5.62	787.14
	初级工	工时	214 ×0.94	3.04	611.53
2	材料费				1 824.68
	合金钻头	个	8.9	45.00	400.5
	合金片	kg	0.6	200.00	120
	岩心管	m	3.6	80.00	288
	钻杆	m	3.3	45.00	148.5
	钻杆接头	个	3.5	16.00	56
	水	m^3	700	0.8	560
	其他材料费	%	16	1 573	251.68

续表 6-43

序号	名称及规格	单位	数量	单价(元)	合计(元)
3	机械使用费				3 190.97
	地质钻机 150 型	台时	122.0 × 0.94	26.50	3 039.02
	其他机械费	%	5	3 039.02	151.95
(二)	其他直接费	%	2.5	6 821.56	170.54
(三)	现场经费	%	7	6 821.56	477.51
二	间接费	%	7	7 469.61	522.87
三	企业利润	%	7	7 992.48	559.47
四	税金	%	3.22	8 551.95	275.37
五	合计				8 827.32

表 6-44　基础帷幕灌浆工程单价表

定额编号:70021　　基础帷幕灌浆工程　　定额单位:100 m

工作内容:冲洗、制浆、灌浆、封孔、孔位转移以及检查孔的压水试验、灌浆

序号	名称及规格	单位	数量	单价(元)	合计(元)
一	直接工程费				18 811.65
(一)	直接费				17 179.59
1	人工费				5 642.12
	工长	工时	68 × 0.97	7.10	468.32
	高级工	工时	108 × 0.97	6.61	692.46
	中级工	工时	405 × 0.97	5.62	2 207.82
	初级工	工时	771 × 0.97	3.04	2 273.52
2	材料费				3 267.42
	水泥	t	10.0 × 0.75	320	2 400
	水	m^3	640 × 0.96	0.8	491.52
	其他材料费	%	13	2 891.52	375.90
3	机械使用费				8 269.95
	灌浆泵　中压泥浆	台时	245.9 × 0.97	23.5	5 605.29
	灰浆搅拌机	台时	245.9	7.8	1 918.02
	地质钻机　150 型	台时	12	26.5	318
	胶轮车	台时	51.6 × 0.75	0.90	34.83
	其他机械费	%	5	7 876.14	393.81

续表 6-44

序号	名称及规格	单位	数量	单价(元)	合计(元)
(二)	其他直接费	%	2.5	17 179.59	429.49
(三)	现场经费	%	7	17 179.59	1 202.57
二	间接费	%	7	18 811.65	1 316.82
三	企业利润	%	7	20 128.47	1 408.99
四	税金	%	3.22	21 537.46	693.51
五	合计				22 230.97

(3)计算坝基岩石帷幕灌浆工程预算投资为:

88.27×1 600+222.31×1 300=430 235(元)

第八节　疏浚工程和其他工程单价编制

一、疏浚工程项目划分和定额选用

(一)概述

疏浚工程由挖泥船、水力冲刷机开挖及疏浚江河、湖泊等工程组成,它包括疏浚工程和吹填工程。疏浚工程主要用于河湖整治,内河航道疏浚,出海口门疏浚,湖、渠道、海边的开挖与清淤工程,以挖泥船应用最广。挖泥船按工作机构原理和输送方式的不同划分为机械式、水力式和气动式三大类,常用的机械式挖泥船有链斗式、抓斗式、铲斗式;水力式挖泥船有绞吸式、斗轮式、耙吸式、射流式及冲吸式等,以绞吸式运用最广。吹填施工的工艺流程是采用机械挖土,以压力管道输送泥浆至作业面,完成作业面上土颗粒沉积淤填。江河疏浚开挖经常与吹填工程相结合,这样可充分利用江河疏浚开挖的弃土对堤身两侧的池塘洼地做充填,进行堤基加固;吹填法施工不受雨天和黑夜的影响,能连续作业,施工效率高。在土质符合要求的情况下,也可用以堵口或筑新堤。

(二)定额使用注意事项

(1)定额计量单位:现行概算定额除注明外,均按水下自然方计算。疏浚或吹填工程量应按设计要求计算,吹填工程陆上方应折算为水下自然方。在开挖过程中的超挖、回淤等因素均包括在定额内。在河道疏浚遇到障碍物清除时,应按实际作单独列项。

(2)熟悉土、砂分类:绞吸式、链斗式、抓斗式、铲斗式挖泥船、吹泥船开挖水下方的泥土及粉细砂分为Ⅰ～Ⅶ类,中、粗砂各分为松散、中密、紧密三类。详见现行《河南省水利水电建筑工程概算定额》附录4土、砂分级表。水力冲挖机组的土类划分为Ⅰ～Ⅳ类,详见现行《河南省水利水电建筑工程概算定额》附录4中的水力冲挖机组土类划分表。

(3)绞吸式挖泥船、链斗式挖泥船及吹泥船均按名义生产率划分船型,抓斗式挖泥船按斗容划分船型。

(4)定额中的人工是指从事辅助工作的用工,如对排泥管线的巡视、检修、维护等。不包括绞吸式挖泥船及吹泥船岸管的安装、拆移及各排泥场(区)的围堰填筑和维护用工。

(5)绞吸式挖泥船的排泥管线长度是指自挖泥(砂)区中心至排泥(砂)区中心,浮筒管、潜管、岸管各管线长度之和。如所需排泥管线长度介于两定额子目之间时,应按插入法计算。

(6)在选用定额时,首先要认真阅读定额中该章说明及各节"注"中的系数及要求,再根据采用的施工方法、名义生产率(或斗容)、土(砂)级别正确选用定额子目。

二、其他工程项目划分和定额选用

(一)概述

其他工程项目主要包括围堰、公路、铁道等临时工程,以及塑料薄膜、土工布、土工膜、复合柔毡铺设、人工铺草皮等。

近年来,土工合成材料在水利工程中的反滤、排水和防渗中得到了广泛应用,土工复合材料是由两种或两种以上土工合成制品经复合或组合而成的材料。如土工膜与土工织物经加热滚压而成为各种复合土工膜。

1. 利用土工合成材料建造反滤层和排水体

在水利工程中可采用的部位有:土石坝斜墙及心墙上、下游侧的过渡层,坝体内竖式排水体,堤坝下游排水体,堤坝坡过滤层,铺盖下排水、排气层,岸墙、岸墩后排水体,水闸底板分缝和出流处保护体,排水管、减压井、农用井外包体等。作为反滤材料的土工织物应满足保土性、透水性和防堵性要求。

土工织物反滤层和排水体施工工序为:平整碾压场地、织物备料、铺设、回填和表面防护。平整碾压场地应清除地面一切可能损伤土工织物的带尖棱硬物,填平坑洼,平整土面或修好坡面。

2. 利用土工合成材料进行防渗

用于防渗的土工合成材料主要有土工膜及复合土工膜。用于土石堤、坝防渗的土工膜厚度不应小于0.5 mm,对于重要工程应适当加厚。防渗土工膜应在上面设防护层、上垫层,在其下面设下垫层。

在水利水电工程中,可考虑采用土工膜防渗的部位有:堤、坝心墙或斜墙,堤、坝水平铺盖,堤、坝地基垂直防渗墙,土坝加高,堆石坝、面板坝、砌石坝、碾压混凝土坝的上游面防渗,渠道及水库防渗衬砌,水工隧洞防渗等。

土工膜防渗施工的基本工序为:准备工作、铺设、拼接、质量检验和回填。土工膜在库底、池底铺设时,应借助拖拉机或人工进行滚放;在坡面上铺设时,应将卷材装在卷扬机上,自坡顶徐徐展放至坡底;坡顶、坡底处应埋入固定沟。

(二)使用定额注意事项

(1)塑料薄膜、土工膜、复合柔毡、土工布等定额仅指这些防渗(反滤)材料本身的铺设,不包括上面的保护层和下面的垫层砌筑。其定额计量单位是指设计有效防渗面积。

(2)临时工程定额中的材料数量均为备料量,未考虑周转回收。周转及回收量可按该临时工程使用时间参照表6-45所列材料使用寿命及残值进行计算。

表 6-45　临时工程材料使用寿命及残值

材料名称	使用寿命	残值(%)
钢板桩	6 年	5
钢轨	12 年	10
钢丝绳(吊桥用)	10 年	5
钢管(风水管道用)	8 年	10
钢管(脚手架用)	10 年	10
阀门	10 年	5
卡扣件(脚手架用)	50 次	10
导线	10 年	10

三、疏浚工程和其他工程单价编制示例

【例 6-12】　河南省某河道清淤疏浚工程位于县城镇以外,设计清淤工程量为 48 万 m^3,工况级别为Ⅱ级,采用绞吸式挖泥船进行施工,挖泥船的名义生产率为 200 m^3/h,河底土质为Ⅲ类可塑壤土,排高 8 m,挖深为 8 m,自挖泥区中心至排泥区中心平均距离为 1 200 m。每清淤 8 万 m^3 安拆一次排泥管($\phi 400 \times 6\ 000$),排泥管安拆运距为 50 m。试计算该河道疏浚工程预算单价和清淤工程投资。已知基本资料如表 6-46 所示。

表 6-46　人工、材料、施工机械台时费、费率汇总

序号	项目名称	单位	预算价格(元)	序号	项目名称	单位	预算价格(元)
1	初级工	工时	2.22	7	其他直接费	%	2.5
2	中级工	工时	4.15	8	现场经费	%	5
3	挖泥船　200 m^3/h	艘时	887.52	9	间接费	%	5
4	拖轮　76 kW	艘时	245.37	10	企业利润	%	7
5	锚艇　88 kW	艘时	154.63	11	税金	%	3.22
6	机艇　88 kW	艘时	154.63				

解:(1)计算疏浚工程预算单价。

①选择定额编号:根据工程性质、挖泥船的名义生产率(200 m^3/h)、土质类别及排泥管线长度,选用河南省水利厅[2007]《河南省水利水电建筑工程预算定额》80043 子目,计算过程见表 6-47,疏浚工程预算单价为 12.78 元/m^3(水下自然方)。

表 6-47　疏浚工程单价表

定额编号:80043　　　　疏浚工程　　　　定额单位:10 000 m^3(水下自然方)

工作内容:固定船位,挖、排泥(砂),移浮筒管,配套船舶定位、行驶及其他辅助工作

序号	名称及规格	单位	数量	单价(元)	合计(元)
一	直接工程费				110 167.28
(一)	直接费				102 481.18
1	人工费				493.80
	中级工	工时	28.7×2.09×1.10	4.15	273.823
	初级工	工时	43.1×2.09×1.10	2.22	219.978
2	机械使用费				101 987.38
	挖泥船　200 m^3/h	艘时	40.77×2.09×1.10	887.52	83 187.456
	拖轮　176 kW	艘时	10.19×2.09×1.10	245.37	5 748.237
	锚艇　88 kW	艘时	12.23×2.09×1.10	154.63	4 347.695
	机艇　88 kW	艘时	13.45×2.09×1.10	154.63	4 781.403
	其他机械费	%	4	89 149.81	3 922.589
(二)	其他直接费	%	2.5	102 481.18	2 562.03
(三)	现场经费	%	5	102 481.18	5 124.06
二	间接费	%	5	110 167.28	5 508.36
三	企业利润	%	7	115 675.63	8 097.298
四	税金	%	3.22	123 772.93	3 985.49
五	合计				127 758.42

②确定调整系数:工况级别为Ⅱ级,工况系数为 1.10,定额需要扩大 1.10 倍。

排高 8 m,比定额增加 2 m,定额需调整 1.015×1.015=1.03

挖深 8 m,比定额增加 2 m,定额需调整 1.03×1.03=1.06

则定额调整系数为:(1.03+1.06)×1.10=2.09×1.10=2.30

(2)计算清淤工程投资。

①计算排泥管安装拆除单价。根据排泥管尺寸,选用河南省水利厅[2007]《河南省水利水电建筑工程预算定额》80467 子目,计算单价为 7.56 元/m。

②计算挖泥船开工展布单价。选用河南省水利厅[2007]《河南省水利水电建筑工程预算定额》80689 子目,计算单价为37 645 元/次。

③计算挖泥船收工集合单价。选用河南省水利厅[2007]《河南省水利水电建筑工程预算定额》80690 子目,计算单价为20 173 元/次。

④根据已知条件设计的清淤量为 48 万 m^3,每清淤 8 万 m^3 安拆一次排泥管,则安装次数为:48/8=6(次)。

清淤工程投资=48×12.78+6×1 200×7.56/10 000+3.76+2.02=624.66(万元)

【例6-13】 河南省某均质土坝工程位于县城镇以外,其下游坝坡采用草皮护坡(满铺),试计算草皮护坡铺设工程预算单价。已知基本资料如表6-48所示。

表6-48 人工、材料、费率汇总

序号	项目名称	单位	预算价格(元)	序号	项目名称	单位	预算价格(元)
1	初级工	工时	3.04	6	现场经费	%	7
2	工长	工时	7.10	7	间接费	%	7
3	草皮	m^2	3.50	8	企业利润	%	7
4	水	m^3	0.8	9	税金	%	3.22
5	其他直接费	%	2.5				

解:根据已知条件选用河南省水利厅[2007]《河南省水利水电建筑工程预算定额》90239子目,计算过程见表6-49,草皮护坡铺设工程预算单价为7.39元/m^2。

表6-49 草皮护坡铺设(满铺)工程单价表

定额编号:90239　　草皮护坡铺设工程　　定额单位:100 m^2

工作内容:清理边坡、100 m内搬运草皮、铺设草皮、拍实、钉橛、浇水、清理

序号	名称及规格	单位	数量	单价(元)	合计(元)
一	直接工程费				625.37
(一)	直接费				571.11
1	人工费				165.18
	工长	工时	1	7.1	7.1
	初级工	工时	52.0	3.04	158.08
2	材料费				405.93
	草皮	m^2	110.00	3.50	385
	水	m^3	2.00	0.8	1.6
	其他材料费	%	5	386.6	19.33
(二)	其他直接费	%	2.5	571.11	14.28
(三)	现场经费	%	7	571.11	39.98
二	间接费	%	7	625.37	43.78
三	企业利润	%	7	669.15	46.84
四	税金	%	3.22	715.99	23.05
五	合计				739.04

复习思考题

1. 某干堤加固整治工程位于华东地区，土堤填筑设计工程量 17 万 m^3，施工组织设计为：土料场覆盖层清除（Ⅱ类土）2 万 m^3，用 88 kW 推土机推运 30 m，清除单价直接费为 2.50 元/m^3，土料开采用 2 m^3 挖掘机装Ⅲ类土，12 t 自卸汽车运 6 km 上堤进行土料填筑，土料压实用 74 kW 推土机推平，8～12 t 羊脚碾压实，设计干重度 1.7 kN/m^3，试计算该工程土堤填筑综合概算单价。已知基本资料如下：

（1）人工预算单价：初级工 3.04 元/工时。

（2）机械台时费：2 m^3 液压挖掘机 215.00 元/台时；59 kW、74 kW、132 kW 推土机台时费分别为 59.64 元/台时、87.96 元/台时、155.91 元/台时；12 t 自卸汽车 102.53 元/台时；8～12 t羊脚碾 2.92 元/台时，74 kW 拖拉机 62.78 元/台时，2.8 kW 蛙夯机 13.67 元/台时，刨毛机 53.83 元/台时。

2. 某枢纽工程位于华东地区，其一般石方开挖工程采用风钻钻孔爆破施工，1 m^3 液压挖掘机装 8 t 自卸汽车运 2.5 km 弃渣，岩石级别为Ⅺ级，试计算石方开挖运输综合单价。基本资料如下：

（1）人工预算单价：工长 7.11 元/工时，中级工 5.62 元/工时，初级工 3.04 元/工时。

（2）材料预算价格：合金钻头 55 元/个，炸药 5.0 元/kg，电雷管 1.2 元/个，导电线 0.6 元/m，柴油 4.80 元/kg，电 0.60 元/(kW·h)。

（3）机械台时费：查河南省[2007]《河南省水利水电工程施工机械台时费定额》自行计算。

3. 某水闸工程位于华东地区，其挡土墙采用 M10 浆砌块石施工，M10 砂浆的配合比为：32.5(R)水泥 305 kg，砂 1.10 m^3，水 0.183 m^3，所有砂石料均需外购。试计算浆砌石工程单价。已知基本资料如下：

（1）人工预算单价为：工长 4.91 元/工时，中级工 3.87 元/工时，初级工 2.11 元/工时。

（2）材料预算价格：32.5(R)普通水泥 300 元/t，块石 75 元/m^3，砂 45 元/m^3，施工用水 0.5 元/m^3。

（3）机械台时费：砂浆搅拌机(0.4 m^3)19.89 元/台时，胶轮车 0.90 元/台时。

4. 某水电站位于华北地区，其地下厂房混凝土衬砌厚度为 1.0 m，厂房宽度为 22 m，采用 32.5(R)普通水泥，水灰比为 0.44 的 C25 二级配泵用掺外加剂混凝土，用 2×1.5 m^3 混凝土搅拌楼拌制，10 t 自卸汽车露天运 500 m，洞内运 1 000 m，转 30 m^3/h 混凝土泵入仓浇筑。试计算该混凝土浇筑综合工程单价。已知基本资料如下：

（1）人工预算单价：工长 7.11 元/工时，高级工 6.61 元/工时，中级工 5.62 元/工时，初级工 3.04 元/工时。

（2）材料预算价格：32.5(R)普通水泥 300 元/t，碎石 45 元/m^3，粗砂 35 元/m^3，外加剂 40 元/kg，水 0.5 元/m^3。

（3）机械台时费：30 m^3/h 混凝土泵 91.70 元/台时，1.1 kW 振动棒 2.02 元/台时，风水枪 20.94 元/台时，10 t 自卸汽车 88.5 元/台时，2×1.5 m^3 搅拌楼 215.91 元/台时，骨料系统 97.9 元/组时，水泥系统 144.4 元/组时。

5. 某引水工程位于华东地区县城以下，其排架单根立柱横断面为 0.2 m^2，采用 C25 混凝土浇筑，试计算该排架混凝土浇筑单价。已知基础资料如下：

(1)人工预算单价为：工长 4.91 元/工时，高级工 4.56 元/工时，中级工 3.87 元/工时，初级工 2.11 元/工时。

(2)材料预算单价：C25 混凝土材料单价为 215 元/m^3。

(3)机械台时费：振动器(1.1 kW)2.14 元/台时，风水枪 22.96 元/台时。

(4)混凝土的拌制单价：16.78 元/m^3，混凝土的运输单价：3.79 元/m^3。(注：混凝土的拌制和运输单价已计取过其他直接费、现场经费、间接费、利润和税金，不再计取)。

(5)所用定额如表 6-50 所示。

表 6-50　拱、排架

适用范围：渡槽、桥梁　　　　(单位：100 m^3)

项目	单位	拱		排架		
		肋　拱	板　拱	单根立柱横断面面积		
				0.2	0.3	0.4
工长	工时	26.9	19.4	25.8	22.6	20.2
高级工	工时	80.6	58.2	77.5	67.9	60.7
中级工	工时	510.7	368.8	491.1	430.2	384.5
初级工	工时	277.7	200.6	267.1	234.0	209.1
合计	工时	895.9	647.0	861.5	754.7	674.5
混凝土	m^3	103	103	105	105	105
水	m^3	122	122	187	167	127
其他材料费	%	3	3	3	3	3
振动器 1.1 kW	台时	46.2	46.2	47.12	47.12	38.13
风水枪	台时	2.10	2.10	2.14	2.14	2.14
其他机械费	%	20	20	20	20	20
混凝土的拌制	m^3	103	103	105	105	105
混凝土的运输	m^3	103	103	105	105	105
编　　号		40078	40079	40080	40081	40082

6. 某枢纽工程位于华东地区，其混凝土墙采用平面木模板立模，试计算模板制作与安装综合工程单价。已知基本资料如下：

(1)人工预算单价：工长 7.11 元/工时，高级工 6.61 元/工时，中级工 5.62 元/工时，初级工 3.04 元/工时。

(2) 材料预算价格：锯材 2 000.00 元/m^3，铁件 6.50 元/kg，预制混凝土柱 320.00 元/m^3，电焊条 7.00 元/kg，汽油 4.80 元/kg，电 0.60 元/(kW·h)。

(3)机械台时费：查河南省[2007]《河南省水利水电工程施工机械台时费定额》自行计算。

7. 某挡水建筑物位于华东地区，其基础为土质地基，土质级别为Ⅲ级，基础防渗采用混凝土防渗墙，混凝土防渗墙设计厚度为 30 cm，孔深 13.5 m。采用液压开槽机开槽。试计算混凝土防渗墙浇筑综合单价。已知基本资料如下：

(1) 人工预算单价：工长 7.11 元/工时，高级工 6.61 元/工时，中级工 5.62 元/工时，初级工 3.04 元/工时。

(2) 材料预算价格：枕木 2 150.00 元/m^3，钢材 6.50 元/kg，碱粉 4.50 元/kg，黏土 8.00 元/t，胶管 3.50 元/m，水 0.50 元/m^3，水下混凝土 280.00 元/m^3，钢导管 7.00 元/kg，橡皮板 2.80 元/kg，锯材 1 600 元/m^3，汽油 4.80 元/kg，电 0.60 元/(kW·h)。

(3) 机械台时费：查河南省[2007]《河南省水利水电工程施工机械台时费定额》自行计算。

8. 某河道位于华东地区，其堤基加固采用吹填加固的施工方法，吹泥船型号为 80 m^3/h，排泥管线长度为 350.0 m，河底土质为Ⅲ类可塑壤土，试计算其吹填工程单价。已知基本资料如下：

(1) 人工预算单价：中级工 3.87 元/工时，初级工 2.11 元/工时。

(2) 材料预算价格：柴油 4.50 元/kg。

(3) 机械台时费：查[2007]《河南省水利水电工程施工机械台时费定额》自行计算。

第七章　分部工程概算编制

第一节　建筑工程概算编制

一、建筑工程投资计算方法

水利水电建设项目概算中的第一部分建筑工程和第四部分临时工程中均有建筑工程。根据我国现行的概算制度规定，计算工程投资的方法有：工程量乘单价法、工程量乘指标法、公式法、百分率法。

（一）工程量乘单价法

工程单价是指完成三级项目（如土方开挖、混凝土浇筑、钢筋、帷幕灌浆等）单位工程量所需直接工程费、间接费、企业利润、税金的价值。直接费中的人工、材料、机械费金额，需逐项按定额规定的数量分别乘以相应的预算价格求得。工程单价用单价表的格式计算。

$$\text{某三级项目的投资} = \text{工程量} \times \text{工程单价} \tag{7-1}$$

（二）工程量乘指标法

指标是指完成某单位项目（一般为二级项目，如 1 km 公路、1 m^2 房屋等）所需的直接工程费、间接费、企业利润、税金的价值。指标一般不需逐项计算人工、材料、机械费金额，而是参照有关资料分析后确定。

例如：某工程的对外公路为四级公路，全长 5 km，修建工程费每公里的投资为 10 万元，则该公路的投资为：

$$10 \text{ 万元/km} \times 5 \text{ km} = 50(\text{万元})$$

（三）公式法、百分率法

概算第四部分第四项“办公生活及文化福利建筑”应按规定的公式计算其投资。

概算第四部分第六项“其他大型临时工程”应采用以第一部分至第四部分建安工作量（不包括其他大型临时工程）为基数，乘以规定的百分率的方法计算其金额。

上述四种方法的使用原则是：主体工程及临时工程中的导流工程应采用工程量乘以单价计算，以保证概算的精确度；次要项目可用工程量乘以指标计算；属于包干使用的项目可以用公式法或百分率法计算。

二、建筑工程概算编制

建筑工程概算包括枢纽工程和引水工程及河道工程两部分，构成水利工程基本建设工程项目划分的第一部分（即建筑工程），是工程总投资的主要组成部分。工程竣工之后构成水利水电工程管理单位的固定资产。编制建筑工程概算前，首先应按《工程项目划分》对工程项目进行划分，按主体建筑工程、交通工程、房屋建筑工程、供电线路工程、其他建筑工程分别采用不同的方法进行编制。

(一)主体建筑工程概算的编制

1. 主体建筑工程概算

主体建筑工程概算采用工程量乘单价法计算,即采用工程量乘以工程单价进行编制。

主体建筑工程量应根据水利部《水利水电工程设计工程量计算规定》再按照《工程项目划分》(SL328—2005)计算,对工程项目进行划分时,应划分至三级项目,有些项目在编制工程概、预算时可根据需要再划分为第四级甚至第五级项目,直至与概(预)算定额子目一致。

对于单个建筑物工程,项目划分中的二级项目可视为一级项目计列。具体工程项目划分可根据工程的具体特点,参照《河南省水利水电工程设计概(估)算编制规定》中规定的项目划分内容做必要的增删调整,并应与相应概算定额子目的要求一致,力求简单明了,符合实际。

当设计对混凝土温控有要求时,应根据温控措施设计,计算温控措施费用;也可以经过分析确定指标后,按建筑物混凝土方量进行计算。

2. 主体建筑工程概算表格的填写与计算

建筑工程概算表格采用《河南省水利水电工程设计概(估)算编制规定》中的格式,如表7-1所示。

表 7-1　建筑工程概算表

序号	工程或费用名称	单位	数量	单价(元)	合计(元)
1	2	3	4	5	6
一	第一部分:建筑工程				√
1	拦河混凝土坝工程				√
(1)	土方开挖	m^3	√	√	√
(2)	砂砾石开挖	m^3	√	√	√
(3)	左坝头石方开挖	m^3	√	√	√
(4)	基础石方开挖	m^3	√	√	√
(5)	灌浆隧洞石方开挖	m^3	√	√	√
(6)	混凝土	m^3	√	√	√
(7)	帷幕灌浆	m	√	√	√
(8)	固结灌浆	m	√	√	√
(9)	接触灌浆	m^2	√	√	√
(10)	钢筋	t	√	√	√
(11)	温控措施	m^3 混凝土	√	√	√
(12)	内外部观测工程	项	√	√	√
(13)	…				
	…				
四	发电厂房工程				
1	地面厂房工程				
(1)	…	√	√	√	√

概算表 7-1 中第 2 栏“工程或费用名称”，在填写时要按照工程项目划分至三级或四级项目，甚至五级，以能说清楚为止；既要防止遗漏了工程项目，又要防止同一工程量在不同项目中重复计算投资。“数量”栏中填写根据工程量计算规则计算出的工程量；“单价”栏中填入对应项目的概算单价。计算时首先从最末一级即五级或四级项目开始，采用工程量乘单价的办法计算合计投资，“合计”以元为单位，然后向上逐级合并汇总，即得主体建筑工程概算投资。

3. 细部结构工程

细部结构工程概算采用指标法的形式计算。在项目划分中，它与上述主体工程项目中的三级项目并列构成主体建筑工程概算项目内容（三级项目）。

1）细部结构工程项目包括的主要内容

细部结构工程项目主要包括：止水、伸缩缝、接缝灌浆、灌浆管、冷却水管、灌浆及排水廊道模板、排水管、排水沟、排水井、减压井、渗水处理、通气管、消防、栏杆、坝顶、路面、照明、爬梯、建筑装修及其他细部结构等。

2）综合指标的采用

在初步设计阶段，由于设计深度所限，不可能对上述繁多的细部结构项目提出具体的工程数量，在编制概算时，大多按建筑物本体的工程量乘综合指标来计算。细部结构指标参考表 7-2 使用；在施工图设计阶段，则应根据设计图纸分别计算所有细部结构工程量及工程单价，注意不要漏算。

表 7-2　水工建筑工程细部结构指标表

<table>
<tr><td>项目名称</td><td colspan="2">混凝土重力坝、重力拱坝、宽缝重力坝、支墩坝</td><td>混凝土双曲拱坝</td><td>土坝、堆石坝</td><td>水闸</td><td>冲砂闸、泄洪闸</td></tr>
<tr><td>单位</td><td colspan="2">元/m³（坝体方）</td><td>元/m³（坝体方）</td><td>元/m³（坝体方）</td><td>元/m³（混凝土）</td><td>元/m³（混凝土）</td></tr>
<tr><td>综合指标</td><td colspan="2">11.9</td><td>12.6</td><td>0.84</td><td>35</td><td>30.8</td></tr>
<tr><td>项目名称</td><td colspan="2">进水口、进水塔</td><td>溢洪道</td><td>隧洞</td><td>竖井、调压井</td><td>高压管道</td></tr>
<tr><td>单位</td><td colspan="2">元/m³（混凝土）</td><td>元/m³（混凝土）</td><td>元/m³（混凝土）</td><td>元/m³（混凝土）</td><td>元/m³（混凝土）</td></tr>
<tr><td>综合指标</td><td colspan="2">14</td><td>13.3</td><td>11.2</td><td>14</td><td>3.0</td></tr>
<tr><td>项目名称</td><td>地面厂房</td><td>地下厂房</td><td>地面升压变电站</td><td>地下升压变电站</td><td>船闸</td><td>明渠（衬砌）</td></tr>
<tr><td>单位</td><td>元/m³（混凝土）</td><td>元/m³（混凝土）</td><td>元/m³（混凝土）</td><td>元/m³（混凝土）</td><td>元/m³（混凝土）</td><td>元/m³（混凝土）</td></tr>
<tr><td>综合指标</td><td>27.3</td><td>42</td><td>24.5</td><td>15.4</td><td>21.7</td><td>6.2</td></tr>
</table>

3）细部结构工程项目概算的编制

其按照单个建筑物的本体工程量乘以综合指标来计算。其本体工程量对坝体工程而言指坝体方量，对水闸、溢洪道、进水塔、隧洞厂房、变电站、船闸等工程指混凝土的总方量。

(二)交通工程

交通工程是指水利水电工程的永久对外公路、铁路、桥梁、码头等工程,其主要工程投资应按设计提供的工程量乘以相应单价计算,也可根据工程所在地区造价指标或有关实际资料,采用扩大单位指标计算。

(三)房屋建筑工程

(1)水利工程的永久房屋建筑面积,用于生产和管理的部分,由设计单位按有关规定,结合工程规模确定;用于生活文化福利建筑工程的部分,按主体建筑工程投资的1%计算。

(2)室外工程投资,一般按房屋建筑工程投资的12%计算。

(四)供电线路工程

根据设计的电压等级、线路架设长度及所需配备的变配电设施要求,采用工程所在地区的造价指标或有关实际资料计算。

(五)其他建筑工程

(1)内外部观测工程概算。

内外部观测工程指埋设在建筑物内部及固定于建筑物表面的观测设备仪器及其安装等,主要包括变形观测、渗流观测、渗压观测等。内外部观测设备及安装按建筑工程属性处理,列入相应的建筑工程项目内。

内外部观测工程投资应按设计资料计算,如无设计资料时,可根据坝型或其他工程型式,按照主体建筑工程投资的百分率来计算。费率标准见表7-3。

表7-3 其他建筑工程概算取费标准

工程分类	当地材料坝	混凝土坝	引水式电站(引水建筑物)	堤防工程
费率(%)	1.0	1.2	1.2	0.2

(2)厂坝区动力线路、照明线路、通信线路工程。

厂坝区动力线路工程指从发电厂至各生产用电点的架空动力线路,电厂至各用电点的动力电缆应列入第二部分机电设备安装工程的电缆安装项内。厂坝区照明线路及设施工程指厂坝区照明线路及其设施(户外变电站的照明也包括在本项内),不包括应分别列入拦河坝、溢洪道、引水系统、船闸等水工建筑物其他工程项目内的照明设施。通信线路工程包括对内、对外的架空线路和户外通信电缆工程(户内通信电缆包括在第二部分通信设备安装工程内)及枢纽至本电站(或水库)所属的水文站、气象站的专用通信线路工程等。

动力线路、照明线路、通信线路等工程投资应按设计工程量乘以单价(施工图预算)或采用扩大单位指标(设计概算)进行编制。

(3)其余各项按设计要求分析计算。

第二节 设备及安装工程概算

设备及安装工程的投资,在水利水电工程的总投资中占有相当大的比重。例如,设备及安装工程投资占总投资的比例葛洲坝工程为20%,刘家峡工程为24%。认真编制好设备及安装工程概算是一项十分重要的工作。

一、项目划分与概算表格

设备安装工程包括机电设备及安装工程和金属结构设备及安装工程，分别构成工程总概算的第二部分和第三部分。

机电设备及安装工程指构成枢纽工程和引水工程及河道工程的全部机电设备及安装工程。对于枢纽工程，本部分由发电设备及安装工程、升压变电设备及安装工程和公用设备及安装工程三个一级项目组成；对于引水工程及河道工程，本部分由泵站设备及安装工程、小水电站设备及安装工程、供变电工程和公用设备及安装工程四个一级项目组成（详见附录所列项目划分）。

金属结构设备及安装工程指构成枢纽工程和引水工程及河道工程的全部金属结构设备及安装工程。一级项目应按第一部分建筑工程相应的一级项目分项；二级项目一般包括闸门设备及安装、启闭设备及安装、拦污设备及安装，以及引水工程的钢管制作及安装和航运工程的升船机设备及安装（详见附录所列项目划分）。

设备安装工程投资由设备费与安装费构成。编制设备及安装工程概算时，应根据设计图纸和设备清单，按《项目划分》规定，在设备安装工程概算表中，逐级详细列出一至三级项目，其格式如表7-4所示。设备数量与单位的填写与设备和安装工程单价相一致。

表7-4　设备及安装工程概算表

编号	名称及规格	单位	数量	单价（元）		合计（元）	
				设备费	安装费	设备费	安装费

二、设备费

（一）设备与工器具和装置性材料的划分

设备与工器具主要按单项价值划分。凡单项价值500元或500元以上者作为设备，否则作为工器具。

设备与装置性材料的划分原则是：

（1）制造厂成套供货范围的部件、备品备件、设备体腔内定量填物（如透平油、变压器油、六氟化硫气等）均作为设备，其价值进入设备费。

透平油的作用是散热、润滑、传递受力，主要用在水轮机、发电机的油槽内，调速器及油压装置内，进水阀本体的操作机构内、油压装置内。

变压器油的作用是散热、绝缘和灭电弧。主要使用在变压器、所有的油浸变压器、油浸电抗器、所有带油的互感器、油断路器、消弧线卷、大型试验变压器内。其油款在设备出厂价内。

（2）不论是成套供货，还是现场加工或零星购置的贮气罐、阀门、盘用仪表、机组本体上的梯子、平台和栏杆等均作为设备，不能因供货来源不同而改变设备性质。

（3）如管道和阀门构成设备本体部件时，应作为设备，否则应作为材料。

（4）随设备供应的保护罩、网门等已计入相应设备出厂价格内时，应作为设备，否则应作为材料。

(5)电缆和管道的支吊架、母线、金属、金具、滑触线及架、屏盘的基础型钢、钢轨、石棉板、穿墙隔板、绝缘子、一般用保护网、罩、门、梯子、栏杆和蓄电池架等,均作为材料。

(6)设备喷锌费用应列入设备费。

(二)设备费计算

设备费按设计选用设备的数量和价格进行编制。设备费包括设备原价、运杂费、运输保险费和采购及保管费。

1.设备原价

(1)国产设备,以出厂价为原价,非定型和非标准产品(如闸门、拦污栅、压力钢管等)采用与厂家签订的合同价或询价。

(2)进口设备,以到岸价和进口征收的税金、手续费、商检费及港口费等各项费用之和为原价。到岸价采用与厂家签订的合同价或询价计算,税金和手续费等按规定计算。

(3)大型机组拆卸分装运至工地后的拼装费用,应包括在设备原价内。

(4)可行性研究和初步设计阶段,非定型和非标准产品,一般不可能与厂家签订价格合同,设计单位可按向厂家索取的报价资料和当年的价格水平,经认真分析论证后,确定设备价格。

2.运杂费

运杂费是指设备由厂家运至工地安装现场所发生的一切运杂费用。主要包括运输费、调车费、装卸费、包装绑扎费、大型变压器充氮费以及其他可能发生的杂费。设备运杂费分主要设备运杂费和其他设备运杂费,均按占设备原价的百分率计算,即:

$$运杂费 = 设备原价 \times 运杂费率 \tag{7-2}$$

1)主要设备运杂费率

设备由铁路直达或铁路、公路联运时,分别按里程求得费率后叠加计算;如果设备由公路直达,应按公路里程计算费率后,再加公路直达基本费率。

主要设备运杂费率标准见表7-5。

表7-5 主要设备运杂费率

(%)

设备分类		铁路		公路		公路直达基本费率
		基本运距 1 000 km	每增运 500 km	基本运距 50 km	每增运 10 km	
水轮发电机组		2.21	0.40	1.06	0.10	1.01
主阀、桥机		2.99	0.70	0.85	0.18	1.33
主变压器容量	≥120 000 kVA	3.50	0.56	2.80	0.25	1.20
	<120 000 kVA	2.97	0.56	0.92	0.10	1.20

2)其他设备运杂费率

工程地点距铁路线近者费率取小值,远者费率取大值。新疆、西藏两自治区的费率在表7-6中未包括,可视具体情况另行确定。

表 7-6 其他设备运杂费率

类别	适用地区	费率(%)
Ⅰ	北京、天津、上海、江苏、浙江、江西、安徽、湖北、湖南、河南、广东、山西、山东、河北、陕西、辽宁、吉林、黑龙江等省、直辖市	4~6
Ⅱ	甘肃、云南、贵州、广西、四川、重庆、福建、海南、宁夏、内蒙古、青海等省、自治区、直辖市	6~8

以上运杂费适用于国产设备运杂费,在编制概(预)算时,可根据设备来源地、运输方式、运输距离等逐项进行分析计算。

3)进口设备国内段运杂费率

国产设备运杂费率乘以相应国产设备原价占进口设备原价的比例系数,即为进口设备国内段运杂费率。

3. 运输保险费

运输保险费是指设备在运输过程中的保险费用。国产设备的运输保险费可按工程所在省、自治区、直辖市的规定计算。进口设备的运输保险费按有关规定计算,一般可取0.1%~0.4%。运输保险费用下式计算:

$$运输保险费 = 设备原价 \times 运输保险费率 \tag{7-3}$$

4. 采购及保管费

采购及保管费是指建设单位和施工企业在负责设备的采购、保管过程中发生的各项费用。主要包括:

(1)采购保管部门工作人员的基本工资、辅助工资、工资附加费、劳动保护费、教育经费、办公费、差旅交通费、工具用具使用费等。

(2)仓库、转运站等设施的运行费、维修费,固定资产折旧费,技术安全措施费和设备的检验、试验费等。

采购及保管费按下式计算:

$$采购及保管费 = (设备原价 + 运杂费) \times 采购及保管费率 \tag{7-4}$$

按现行规定,采购及保管费率取0.7%。

所以,设备费计算公式为:

$$设备费 = 设备原价 + 运杂费 + 运输保险费 + 采购及保管费 \tag{7-5}$$

5. 运杂综合费率

在编制设备安装工程概预算时,一般将设备运杂费、运输保险费和采购及保管费合并,统称为设备运杂综合费,按设备原价乘以运杂综合费率计算。其中:

$$运杂综合费率 = 运杂费率 + (1 + 运杂费率) \times 采购及保管费率 + 运输保险费率 \tag{7-6}$$

$$设备费 = 设备原价 \times (1 + K) \tag{7-7}$$

6. 交通工具购置费

工程竣工后,为保证建设项目初期生产管理单位正常运行必须配备生产、生活、消防车辆和船只。

交通工具购置费按现行《河南省水利水电工程设计概(估)算编制规定》中所列设备数

量和国产设备出厂价格加车船附加费、运杂费计算。

【例 7-1】 河南省某水力工程中采用的国产水轮机原价为310 000元/台，经火车运输2 000 km、公路运输 70 km 到达安装现场，运输保险费率为 0.5%，求每台水轮机的设备费。

解：设备原价 = 310 000 元

运杂费 = 310 000 × (2.21 + 0.40 × 2 + 1.06 + 0.10 × 2)%

= 310 000 × 4.27% = 13 237（元）

运输保险费 = 310 000 × 0.5% = 1 550（元）

采购及保管费 = (310 000 + 13 237) × 0.7% = 2 263（元）

设备费 = 310 000 + 13 237 + 1 550 + 2 263 = 327 050（元）

【例 7-2】 河南省某工程从国外进口主机设备一套，经过海运抵达上海以后再转运到工地，已知：

(1)汇率比　1 美元 = 7.0 元人民币

(2)设备到岸价　900 万美元/套

(3)设备重量　净重 1 245 t/套，毛重系数 1.05

(4)银行手续费　0.5%

(5)外贸手续费　1.5%

(6)进口关税　10%

(7)增值税　17%

(8)商检费　0.24%

(9)港口费　150 元/t

(10)运杂费　同类型国产设备由上海港运到工地的运杂费率为 6%

(11)同类型国产设备运价　3.0 万元/t

(12)运输保险费率　0.4%

(13)采购及保管费率　0.7%

根据以上条件计算该进口设备费。

解：(1)设备原价。

设备到岸价　900 × 7.0 = 6 300.00（万元）

银行手续费　6 300.00 × 0.5% = 31.50（万元）

外贸手续费　6 300.00 × 1.5% = 94.50（万元）

进口关税　6 300.00 × 10% = 630.00（万元）

增值税　(6 300.00 + 630.00) × 17% = 1 178.1（万元）

商检费　6 300.00 × 0.24% = 15.12（万元）

港口费　1 245 × 1.05 × 150/10 000 = 19.61（万元）

设备原价 = 6 300.00 + 31.50 + 94.50 + 630.00 + 1 178.1 + 15.12 + 19.61

= 8 268.83（万元）

(2)国内段运杂综合费。

国产设备运杂综合费率 = 6% + (1 + 6%) × 0.7% + 0.4% = 7.14%

进口设备国内段运杂综合费率 = 7.14% × (3 × 1 245)/8 268.83 = 3.23%

则该套进口主机设备费 = 8 268.83 × (1 + 3.23%) = 8 535.91（万元）

三、安装工程费

(一)设备安装工程定额简介

1. 定额形式

现行部颁[2002]《水利水电设备安装工程概算定额》和《河南省水利水电设备安装工程概(预)算补充定额》包括水轮机安装、水轮发电机安装、大型水泵安装、进水阀安装、水力机械辅助设备安装、电气设备安装、变电站设备安装、通信设备安装、起重设备安装、闸门安装、压力钢管制作及安装,共计11章及附录,共55节、659个子目。定额是采用实物量定额和以设备原价为计算基础的安装费率定额两种表现形式,其中以实物量定额为主。

2. 安装费内容的组成

定额中所列安装费包括设备安装费和构成工程实体的装置性材料的安装费,由人工费、材料费和机械使用费及装置性材料费组成。不包括其他直接费、现场经费、间接费、企业利润和税金,编制概算时应另行计算列入。

(二)安装工程概算单价计算方法

1. 以实物量形式表现的定额

以实物量形式表现的定额,其安装工程单价的计算方法及程序见表7-7。

表7-7　实物量形式安装工程单价的计算方法及程序

序号	费用名称	计算方法
一	直接工程费	(一)+(二)+(三)
(一)	直接费	1+2+3
1	人工费	Σ定额劳动量(工时)×人工预算单价(元/工时)
2	材料费	Σ定额材料用量×材料预算价格
3	机械使用费	Σ定额机械使用量(台时)×定额台时费(元/台时)
(二)	其他直接费	(一)×其他直接费费率(%)
(三)	现场经费	人工费×现场经费费率(%)
二	间接费	人工费×间接费费率(%)
三	企业利润	(一+二)×企业利润率(%)
四	未计价装置性材料费	Σ未计价装置性材料用量×材料预算单价
五	税金	(一+二+三+四)×税率(%)
六	安装工程单价合计	一+二+三+四+五

2. 以安装费率形成表现的定额

以安装费率形成表现的定额,其安装工程单价计算方法及程序见表7-8。

表 7-8　安装费率表示的安装工程单价计算方法及程序

序号	费用名称	计算方法
一	直接工程费	(一)+(二)+(三)
(一)	直接费	1+2+3+4
1	人工费	定额材料费率(%)×人工费调整系数×设备原价
2	材料费	定额材料费率(%)×设备原价
3	机械使用费	定额机械使用费率(%)×设备原价
4	装置性材料费	定额装置性材料费率(%)×设备原价
(二)	其他直接费	(一)×其他直接费费率(%)
(三)	现场经费	人工费×现场经费费率(%)
二	间接费	人工费×间接费费率(%)
三	企业利润	(一+二)×企业利润率(%)
四	税金	(一+二+三)×税率(%)
五	安装工程单价合计	一+二+三+四

注:1. 按现行规定,利用以安装费率形式给出的概算定额编制安装工程概算时,除人工费率外,其他费率均不做调整,人工费率调整系数等于工程所在地区安装人工工时预算单价除以定额主管部门编制定额当年发布的北京地区安装人工工时预算单价。

2. 进口设备安装费率应按现行概算定额的费率予以调整,计算公式为:进口设备安装费率=同类型国产设备安装费率×国产设备原价/进口设备原价。

3. 安装工程单价计算

安装工程单价采用表 7-9 格式计算。

表 7-9　安装工程单价表

定额编号:　　　　　　　　　　　项目:　　　　　　　　　　　定额单位:

型号规格:

编号	名称	单位	数量	单价(元)	合计(元)

(三)装置性材料的确定

装置性材料是个专用名称,它本身属于材料,但又是被安装的对象,安装后构成工程的实体。

装置性材料可分为主要装置性材料和次要装置性材料。凡是在概算定额各项目中作为主要安装对象的材料,即为主要装置性材料,如轨道、管路、电缆、母线、一次拉线、接地装置、保护网、滑触线等。其余的即为次要装置性材料,如轨道的垫板、螺栓电缆支架、母线之金具等。

主要装置性材料在概算定额中,一般作未计价材料,须按设计提供的规格、数量和工地材料预算计算其费用(另加定额规定的损耗率),如果没有足够的设计资料,可参考概算定额附录 2-11 确定主要装置性材料耗用量(已包括损耗在内);次要装置性材料因品种多,规模小且价值也较低,已计入概算定额中,在编制概算时,不必另计。

(四)安装工程单价计算示例

【例 7-3】 试计算河南省某引水河道工程钢筋混凝土闸门(每扇自重 10 t)安装工程单价。已知基本资料见表 7-10。

表 7-10 人工、材料、机械台时费、费率汇总

序号	项目名称	单位	预算价格(元)	序号	项目名称	单位	预算价格(元)
1	初级工	工时	2. 22	8	电焊机 25 kVA	台时	13. 04
2	中级工	工时	4. 15	9	其他直接费	%	3. 2
3	钢板	kg	6. 50	10	现场经费	%	45
4	氧气	m^3	2	11	间接费	%	50
5	乙炔气	m^3	1. 0	12	企业利润	%	7
6	电焊条	kg	7. 2	13	税金	%	3. 22
7	桅杆起重机 10 t	台时	58. 71				

解:根据已知条件选用河南省水利厅[2007]《河南省水利水电设备安装工程概(预)算补充定额》10002 子目,计算过程见表 7-11,钢筋混凝土闸门(每扇自重 10 t)安装工程单价为7 181. 94 元/扇。

表 7-11 钢筋混凝土闸门(10 t)安装工程单价表

定额编号:10002　　钢筋混凝土闸门安装工程　　定额单位:t

型号规格:钢筋混凝土闸门(10 t)安装

编号	名称	单位	数量	单价(元)	合价(元)
一	直接工程费				555. 49
(一)	直接费				455. 61
1	人工费				189. 55
	中级工	工时	43	4. 15	178. 45
	初级工	工时	5	2. 22	11. 1
2	材料费				53. 74
	钢板	kg	5	6. 5	32. 5
	氧气	m^3	1	2	2
	电焊条	kg	2	7. 20	14. 4
	乙炔气	m^3	0. 4	1. 0	0. 4
	其他材料费	%	9	49. 3	4. 44

续表 7-11

编号	名称	单位	数量	单价(元)	合价(元)
3	机械费				212.32
	桅杆起重机　10 t	台时	3	58.71	176.13
	电焊机　25 kVA	台时	2	13.04	26.08
	其他机械费	%	5	202.21	10.11
(二)	其他直接费	%	3.20	455.61	14.58
(三)	现场经费	%	45	189.55	85.30
二	间接费	%	50	189.55	94.78
三	企业利润	%	7	650.27	45.52
四	税金	%	3.22	695.79	22.4
合计	安装工程单价				718.19

【例 7-4】　编制某水电站桥式起重机安装费概算单价。已知:桥式起重机自重 200 t,主钩起吊力 270 t,另有平衡梁自重 30 t;轨道长 155 m(15.5×双 10 m),型号 QU120,滑触线长 155 m(15.5×三相 10 m),无辅助母线。其他直接费率 3.2%,现场经费为人工费的 45%,间接费为人工费的 50%,企业利润率为 7%,税金率为 3.22%,基础单价见计算表。

解:(1)定额子目的选择。

由于《河南省水利水电设备安装工程概(预)算补充定额》只是对全国部颁定额的补充,所以查 2002 年部颁《水利水电设备安装工程概算定额》,桥式起重机、轨道和滑触线分列不同子目,在计算安装费单价时应分别计算。其中桥式起重机按主钩起重能力选用定额子目,但是按章节说明,设备起吊使用平衡梁时,按桥式起重机主钩起重能力加平衡梁重量之和(计 300t)选用定额子目,平衡梁不另计安装费。所以,桥式起重机安装定额选用编号 09012 子目,轨道选用 09095 子目,滑触线选用 09099 子目。

(2)确定未计价装置性材料用量。

根据定额说明及附录,QU120 型轨道和滑触线属于装置性材料安装,其用量见计算表中所列。

(3)安装工程单价计算过程见表 7-12 ~ 表 7-14。桥式起重机安装工程概算单价为 169 551元/台;轨道安装工程概算单价为 20 727 元/(双 10 m);滑触线安装工程概算单价为 2 423 元/(三相 10 m)。所以该电站桥式起重机安装工程概算单价为:243 267 + 22 611 × 15.5 + 3 849 × 15.5 = 653 397(元/台)。

表 7-12　桥式起重机安装工程单价表

定额编号:09012　　　　桥式起重机安装工程　　　　定额单位:台

型号规格:桥式起重机自重 270 t,平衡梁重 30 t

编号	名称	单位	数量	单价(元)	合价(元)
一	直接工程费				126 535
(一)	直接费				99 082

续表 7-12

编号	名称	单位	数量	单价(元)	合价(元)
1	人工费				53 961
	工长	工时	511	7.10	3 628
	高级工	工时	2 612	6.61	17 265
	中级工	工时	4 537	5.62	25 498
	初级工	工时	2 490	3.04	7 570
2	材料费				13 360
	钢板	kg	547	3.50	1 915
	型钢	kg	875	3.02	2 643
	垫铁	kg	273	2.10	573
	电焊条	kg	72	7.10	511
	氧气	m^3	72	3.00	216
	乙炔气	m^3	31	15.00	465
	汽油 70#	kg	50	3.64	182
	柴油	kg	109	3.25	354
	油漆	kg	61	16.00	976
	棉纱头	kg	88	1.50	132
	木材	m^3	2.1	1 100.00	2 310
	其他材料费	%	30	10 277	3 083
3	机械费				31 761
	汽车起重机 20 t	台时	51	127.95	6 525
	门式起重机 10 t	台时	105	51.53	5 411
	卷扬机 5 t	台时	349	16.31	5 692
	电焊机 20～30 kVA	台时	105	9.53	1 001
	空气压缩机 9 m^3/min	台时	105	44.16	4 637
	载重汽车 5 t	台时	70	52.14	3 650
	其他机械费	%	18	26 916	4 845
(二)	其他直接费	%	3.20	99 082	3 171
(三)	现场经费	%	45	53 961	24 282
二	间接费	%	50	53 961	26 981
三	企业利润	%	7	153 516	10 746
四	税金	%	3.22	164 262	5 289
五	安装工程单价				169 551

表 7-13　轨道安装工程单价表

定额编号:09095　　　　轨道安装工程　　　　定额单位:双 10 m

型号规格:QU120 型轨道安装

编号	名称	单位	数量	单价(元)	合价(元)
一	直接工程费				4 371
(一)	直接费				3 241
1	人工费				2 279
	工长	工时	22	7. 10	156
	高级工	工时	87	6. 61	575
	中级工	工时	217	5. 62	1 220
	初级工	工时	108	3. 04	328
2	材料费				558
	钢板	kg	56. 4	3. 50	197
	型钢	kg	48. 3	3. 02	146
	电焊条	kg	9. 7	7. 10	69
	乙炔气	m^3	6. 3	15. 00	95
	其他材料费	%	10	507	51
3	机械费				404
	汽车起重机 8 t	台时	3. 3	75. 76	250
	电焊机 20 ~ 30 kVA	台时	14. 2	9. 53	135
	其他机械费	%	5	385	19
(二)	其他直接费	%	3. 20	3 241	104
(三)	现场经费	%	45	2 279	1 026
二	间接费	%	50	2 279	1 140
三	企业利润	%	7	5 511	386
四	未计价装置性材料费				14 183
	钢轨	kg	2 433	4. 50	10 949
	垫板	kg	1 358	1. 80	2 444
	型钢	kg	163	3. 02	492
	螺栓	kg	142	2. 10	298
五	税金	%	3. 22	20 080	647
六	安装工程单价				20 727

表 7-14　滑触线安装工程单价表

定额编号:09099　　　　滑触线安装工程　　　　定额单位:三相 10 m

型号规格:起重机自重 200 t

编号	名称	单位	数量	单价(元)	合价(元)
一	直接工程费				1 218
(一)	直接费				940
1	人工费				552
	工长	工时	5	7.10	36
	高级工	工时	21	6.61	139
	中级工	工时	53	5.62	298
	初级工	工时	26	3.04	79
2	材料费				228
	型钢	kg	33.4	3.02	101
	电焊条	kg	5.6	7.10	40
	氧气	m^3	5.6	3.00	17
	乙炔气	m^3	2.5	15.00	38
	棉纱头	kg	1.6	1.50	2
	其他材料费	%	15	198	30
3	机械费				160
	电焊机 20 ~ 30 kVA	台时	7.1	9.53	68
	摇臂钻床 ϕ 50 台时	4.4	19.03	84	
	其他机械费	%	5	152	8
(二)	其他直接费	%	3.20	940	30
(三)	现场经费	%	45	552	248
二	间接费	%	50	552	276
三	企业利润	%	7	1 494	105
四	未计价装置性材料费				748
	型钢	kg	236	3.02	713
	螺栓	kg	3	2.10	6
	绝缘子 WX - 01	个	13	2.25	29
五	税金	%	3.22	2 347	76
六	安装工程单价				2 423

第三节　临时工程费用和独立费用

一、施工临时工程概算

（一）施工临时工程概述

在水利水电基本建设工程项目的施工准备阶段和建设过程中，为保证永久建筑安装工程施工的顺利进行，按照施工进度的要求，需要修建一系列的临时性工程，不论这些工程结构如何，均视为临时工程。临时工程包括施工导流工程、施工交通工程、施工房屋建筑工程、施工场外供电工程以及其他施工临时工程。其他小型临时工程以现场经费的形式直接进入工程单价。

施工临时工程投资是水利水电建设项目投资的重要组成部分，一般占工程总投资的8%～17%。如丹江口水利水电工程中临时工程占总投资的16.8%，葛洲坝占17%，龙羊峡工程占14%。由于水利水电工程建设本身的特点，决定了临时工程规模大、项目多、投资高、各水利水电工程之间相差大。因此，对于施工临时工程必须按永久工程的概算编制方法，认真划分施工临时工程项目，编制好各工程单价和指标。所以，按现行《项目划分》规定，把临时工程划分为一大部分。在编制概算时，应区别不同工程情况，根据施工组织设计确定的工程项目和工程量，分别采用工程量乘单价法、扩大单位指标法、公式法及百分率法认真编制。

（二）施工临时工程项目的组成部分

按现行《项目划分》规定，施工临时工程包括施工导流工程、施工交通工程、施工场外供电工程、施工房屋建筑工程、其他施工临时工程，共五个一级项目，构成水利水电工程项目划分的第四部分。

1. 施工导流工程

施工导流工程包括导流明渠工程、导流洞工程、土石围堰工程、混凝土围堰工程、蓄水期下游供水工程、金属结构设备及安装工程等。

2. 施工交通工程

施工交通工程是指为保证工程建设而临时修建的公路、铁路、桥梁、码头、施工支洞、架空索道、施工通航建筑、施工过木、通航整治及转运站等工程。但不包括列入施工房屋建筑工程室外工程项内的生活区道路和列入其他临时工程项内的施工企业场内支线、路面宽3 m以下的施工便道和铁路移设等工程。

3. 施工场外供电工程

施工场外供电工程是指从现有电网向施工现场供电的高压输电线路（枢纽工程：35 kV及以上等级；引水工程及河道工程：10 kV及以上等级）和施工变（配）电设施（场内除外）工程。

4. 施工房屋建筑工程

施工房屋建筑工程是指工程在建设过程中建造的临时房屋，包括施工仓库、办公生活及文化福利建筑以及所需的配套设施工程。施工仓库是指为施工而兴建的设备、材料、工器具等全部仓库建筑工程；办公、生活及文化福利建筑是指施工单位、建设单位（包括监理单位）

及设计代表在工程建设期所需的办公室、宿舍、现场托儿所、学校、食堂、浴池、俱乐部、招待所、公安、消防、银行、邮电、粮食、商业网点和其他文化福利设施等房屋建筑工程。

施工房屋建筑工程不包括列入临时设施和其他大型临时工程项目内的风、水、电、通信系统、砂石料系统、混凝土搅拌系统及浇筑系统、木工、钢筋机修等辅助加工厂、混凝土预制构件厂、混凝土制冷、供热系统、施工排水等生产用房。

5. 其他施工临时工程

其他施工临时工程是指除施工导流、施工交通、施工场外供电、施工房屋建筑、缆机平台以外的施工临时工程。主要包括施工供水(大型泵房及干管)、砂石料系统、混凝土拌和浇筑系统、大型机械安装拆卸、防汛、防冰、施工排水、施工通信、施工临时支护设施(含隧洞临时钢支撑)等工程。

(三)施工临时工程的概算编制

1. 施工导流工程

施工导流工程的投资计算方法与主体建筑工程概算编制方法相同,按设计工程量乘工程单价进行计算。

按照施工组织设计确定的施工方法及施工程序,用相应的工程定额计算工程单价,概算表格与建筑工程相同,按项目划分规定填写具体的工程项目,对项目划分中的三级项目根据需要可进行必要的再划分。

2. 施工交通工程

施工交通工程的投资既可按工程量乘单价的方法进行计算,也可根据工程所在地区的造价指标或有关实际资料,采用扩大单位指标法进行计算。在编制概算时,由于受设计深度限制,常采用单位造价指标进行编制。

3. 施工场外供电工程

施工场外供电工程的投资按照施工组织设计确定的供电线路长度、电压等级及所需配备的变配电设施要求,采用工程所在地的造价指标或有关实际资料计算,或者根据经过主管部门批准的有关施工合同列入概算。

4. 施工房屋建筑工程

施工房屋建筑工程投资包括施工仓库和办公生活及文化福利建筑两部分投资。

1)施工仓库

施工仓库的建筑面积由施工组织设计确定,单位造价指标根据当地办公、生活及文化福利建筑的相应造价水平确定。施工仓库投资计算公式为:

$$\text{施工仓库投资} = \text{建筑面积}(\mathrm{m}^2) \times \text{单位造价指标}(\text{元}/\mathrm{m}^2) \tag{7-8}$$

2)办公、生活及文化福利建筑

(1)水利水电枢纽工程和大型引水工程,按下列公式计算:

$$I = \frac{AUP}{NL}K_1K_2K_3 \tag{7-9}$$

式中:I 为办公、生活及文化福利建筑工程投资;A 为建安工作量,按工程项目划分第一部分至第四部分建安工作量(不包括办公、生活及文化福利建筑和其他施工临时工程)之和乘以(1+其他施工临时工程百分率)计算;U 为人均建筑面积综合指标,按 12~15 m^2/人计算;P 为单位造价指标,按工程所在地类似永久房屋造价指标(元/m^2)计算;N 为施工年限,接施工组织设计确定的合理工期计算；L 为全员劳动生产率，按不低于 60 000 ~ 100 000 元/(人·年)计算，施工机械化程度高取大值，反之取小值；K_1 为施工高峰人数调整系数，取 1.10 计算；K_2 为室外工程系数，取 1.12 计算；K_3 为单位造价指标调整系数，按不同施工年限，采用表 7-15 中的调整系数。

表 7-15　单位造价指标调整系数

工 期	2 年以内	2 ~ 3 年	3 ~ 5 年	5 ~ 8 年
系 数	0.25	0.40	0.55	0.70

(2)中小型引水工程、供水工程、灌溉工程、行蓄(滞)洪区安全建设、河道整治工程、改扩建工程与加固工程等，按第一部分至第四部分建安工作量的百分率计算；工期在 3 年以内(包括 3 年)的，按 1.5% 计算；工期在 3 年以上的，按 1.0% 计算。

5. 其他施工临时工程

其他施工临时工程的投资按第一部分至第四部分建安工作量(不包括其他施工临时工程)之和的百分率计算。

各类工程的百分率取值规定如下：①枢纽工程和引水工程为 3.5%；②河道治理工程为 0.8%。

二、独立费用

水利建设工程独立费用是指按照基本建设工程投资统计包括范围的规定，应在投资中支付并列入建设项目概算或单项工程综合概算内，与工程直接有关而又难以直接摊入某个单位工程的其他工程和费用。独立费用由建设管理费、生产准备费、科研勘测设计费、建设及施工场地征用费和其他费用五个部分内容组成。

(一)独立费用组成

1. 建设管理费

建设管理费是指建设单位(含监理单位，下同)在工程项目筹建和建设期间进行管理工作所需的费用。包括前期工作咨询费、建设单位开办费、建设单位管理费、工程建设监理费、联合试运转费和其他费用等六项内容。

1)前期工作咨询费

前期工作咨询费指在施工前期，委托工程咨询机构对项目建议书、可行性研究报告和初步设计文件进行评估所需的费用。

2)建设单位开办费

建设单位开办费是指建设单位为开展工作所必须购置的交通工具、办公及生活设施和其他用于开办工作发生的费用。

3)建设单位管理费

建设单位管理费指建设单位自批准之日起至完成该工程建设管理任务之日止，需要开支的经常费用。主要包括工作人员的基本工资、辅助工资、工资附加费、劳动保护费、教育经费、办公费、差旅交通费、工具用具使用费、技术图书资料费、固定资产使用费、零星购置费、业务招待费、竣工验收费和其他管理性质开支。

4)工程建设监理费

工程建设监理费是指在工程建设过程中聘任监理单位,对工程的进度、质量、安全和投资进行监理所发生的全部费用。包括监理单位为保证监理工作顺利开展而必须购置的交通工具、办公生活设备、检验试验设备、监理人员的基本工资、辅助工资、工资附加费、劳动保护费、教育经费、办公费、差旅交通费、工具用具使用费、修理费、会议费、技术图书资料费、固定资产折旧费、零星固定资产购置费、低值易耗品摊销费、水电费、取暖费等。

5)联合试运转费

联合试运转费是指水利工程中的发电机组、水泵等安装完毕后,在水利工程竣工验收前进行的整套设备带负荷联合试运转期间所需的各项费用。包括联合试运转期间所消耗的燃料、动力、材料及机械使用费、工具用具购置费、施工单位参加联合试运转人员的工资等。

6)其他费用

(1)招标业务费,指招标人或招标代理机构,从事编制招标文件(包括编制资格预审文件和标底),审查投标人资格,组织投标人察勘现场和答疑,组织开标、评标、定标,以及提供招标前期咨询、协调合同的签订等业务所收取的费用。

(2)施工图审查费,指建设单位委托中介机构或组织有关专家,按照有关技术规定和批准的初步设计文件,从公共安全、结构安全、工程建设强制性标准和规范执行情况,对施工图审查所发生的费用。

(3)工程验收审计,质量检测及蓄水安全鉴定费。

①竣工决算审计费:指水利水电基本建设项目正式竣工验收前,由审计部门对其竣工决算的真实性、合法性和有效性进行审计监督所发生的费用。

②竣工质量检测费:指工程竣工验收前,建设单位委托有相应资质的水利水电工程检测单位对工程进行必要的检测所发生的费用。

③水库蓄水安全鉴定费:指水库蓄水验收前,建设单位委托有相应资质的检测单位进行水库蓄水安全鉴定所发生的费用。

④其他:包括工程建设过程中用于资金筹措、召开董事(股东)会议、视察工程所发生的会议和差旅等费用;建设单位为解决工程建设涉及到的经济、法律等问题需要进行咨询所发生的费用;建设单位进行项目管理所发生的土地使用税、房产税、合同公证费;施工期安全度汛费;施工期水情、水文、泥沙、气象检测费和报讯费;施工期配合稽查、审计、核查等所需要的费用;工程建设过程中,必须派驻工地的公安、消防部门的补贴费以及其他属于工程管理性质开支的费用。

2.生产准备费

生产准备费是指水利建设项目的生产、管理单位为准备正常的生产运行或管理所发生的费用。包括生产及管理单位提前进厂费、生产职工培训费、管理用具购置费、备品备件购置费、工器具及生产家具购置费等五项内容。

1)生产及管理单位提前进厂费

生产及管理单位提前进厂费是指在工程完工之前,生产及管理单位有一部分工人、技术人员和管理人员提前进厂进行生产筹备工作所需的各项费用。包括提前进厂人员的基本工资、辅助工资、工资附加费、劳动保护费、教育经费、办公费、差旅交通费、会议费、技术图书资料费、零星固定资产购置费、工具用具使用费、低值易耗品摊销费、修理费、水电费、取暖费以及其他属于生产筹建期间应开支的费用。

2)生产职工培训费

生产职工培训费是指生产及管理单位为了保证投产后生产、管理工作能顺利进行,在工程竣工验收之前,需对工人、技术人员与管理人员进行培训所发生的培训费用。包括基本工资、辅助工资、工资附加费、劳动保护费、差旅交通费、实习费等以及其他属于职工培训应开支的费用。

3)管理用具购置费

管理用具购置费是指为保证新建项目的正常生产和管理所必须购置的办公和生活用具等费用。包括办公室、会议室、阅览室、资料档案室、文娱室、医务室等公用设施需要配置的家具器具。

4)备品备件购置费

备品备件购置费是指工程在投产运行初期,由于易损件损耗和可能发生的事故,而必须准备的备品备件和专用材料的购置费。不包括设备价格中配备的备品备件。

5)工器具及生产家具购置费

工器具及生产家具购置费是指按设计规定,为保证初期生产正常运行所必须购置的不属于固定资产标准的工具、器具、仪表、生产家具等的购置费用。不包括设备价格中已包括的专用工具。

3. 科研勘测设计费

科研勘测设计费是指为工程建设所需的科研、勘测和设计等费用。包括工程科学研究试验费和工程勘测设计费。

1)工程科学研究试验费

工程科学研究试验费是指在工程建设过程中,为解决工程的技术问题,而进行必要的科学研究试验所需的费用。

2)工程勘测设计费

工程勘测设计费是指工程从项目建议书开始至以后各阶段发生的勘测费和设计费。包括项目建议书、可行性研究、初步设计、招标设计和施工图设计阶段发生的勘测费、设计费和为勘测设计服务的科研试验费用。

4. 建设及施工场地征用费

建设及施工场地征用费是指根据设计所确定的永久工程征地、临时工程征地和管理单位用地所发生的征地补偿费及应缴纳的耕地占用税等。主要包括征用场地上的林木、作物的赔偿费,建筑物迁建和居民迁移费等。

5. 其他

1)定额编制管理费

定额编制管理费是指水利工程定额的测定、编制、管理、发行等所需的费用。该项费用交由定额管理机构统一安排使用。

2)工程质量监督费

工程质量监督费是指水利水电工程质量监督管理机构为保证工程质量而进行的检测、试验、监督、检查工作等费用。

3)安全生产监督费

安全生产监督费是指为保证工程安全而进行监督、检查工作等费用。

4)工程保险费

工程保险费是指在工程建设期间,为使工程能在遭受火灾、水灾等自然灾害和意外事故造成损失后得到经济补偿,而对建筑、设备及安装工程保险所发生的保险费用。

5)其他税费

其他税费是指按国家规定应缴纳的与工程建设有关的税费,应按国家有关规定计取。

(二)独立费用计算

1.建设管理费

1)前期工作咨询费

按照概(估)算投资额计列,标准见表7-16。

表7-16 前期工作咨询费标准 (单位:万元)

概(估)算投资额	1 000以下	1 000~3 000	3 000~10 000	10 000~50 000	50 000以上
评估项目建议书	1.2~1.8	1.8~4.8	4.8~9.6	9.6~14.4	14.4~18.0
评估可行性研究报告	1.8~2.4	2.4~6.0	6.0~12.0	12.0~18.0	18.0~24.0
评估初步设计文件	2.2~2.9	2.9~7.2	7.2~14.4	14.4~21.6	21.6~28.8

2)建设单位开办费

对于新建工程,建设单位开办费按建设单位开办费标准及建设单位定员来确定。对于改建、扩建与加固工程,原则上不计建设单位开办费,但是要根据改扩建和加固工程的具体情况决定。按现行规定,水利工程建设单位开办费费用标准见表7-17,建设单位定员见表7-18。

表7-17 建设单位开办费费用标准

建设单位人数	20人以下	21~40人	41~70人	71~140人	140人以上
开办费(万元)	50~120	120~220	220~350	350~700	700~850

注:1.引水工程及河道工程按总工程计算,不得分段分别计算。

2.定员人数在两个数之间的,开办费用内插法求得。

表7-18 建设单位定员

工程类别及规模			定员人数
枢纽工程	新建水利枢纽工程	大型	35~70
		中小型	10~35
	枢纽扩建及加固工程	大型	20~35
		中小型	10~20
引水工程及河道工程	引水(灌溉)工程	大型	25~50
		中小型	10~25
	河道整治工程	大型	25~40
		中小型	10~25

3)建设单位管理费

按照工程概(估)算总投资计算,标准见表7-19。

表 7-19　建设单位管理费标准　（单位:万元）

工程总概（估）算	费率（%）	算例	
		工程总概（估）算	建设单位管理费
1 000 以下	1.5	1 000	1 000 × 1.5% = 15
1 000 ~ 5 000	1.2	5 000	15 + (5 000 − 1 000) × 1.2% = 63
5 000 ~ 10 000	1.0	10 000	63 + (10 000 − 5 000) × 1.0% = 113
10 000 ~ 50 000	0.8	50 000	113 + (50 000 − 10 000) × 0.8% = 433
50 000 以上	0.5	100 000	433 + (100 000 − 50 000) × 0.5% = 683

4）工程建设监理费

工程建设监理费按国家及省、自治区、直辖市计划（物价）部门有关规定计收。

1992 年国家物价局、建设部[1992]价费字 479 号文关于发布《工程建设监理费有关规定》的通知，对建设监理取费标准作了如下规定。

（1）工程建设监理费根据委托监理业务的范围、深度和工程的性质、规模、难易程度以及工作条件等情况，按照下列方法之一计收：

①按所监理工程概（预）算的百分比计收，计收标准见表 7-20。

表 7-20　工程建设监理收费标准

序号	工程概预算 M（万元）	设计阶段（含设计招标）监理取费 A（%）	施工（含施工招标）及保修阶段监理取费占 B（%）
1	$M < 500$	$0.20 < A$	$2.50 < B$
2	$500 \leqslant M < 1\,000$	$0.15 < A \leqslant 0.20$	$2.00 < B \leqslant 2.50$
3	$1\,000 \leqslant M < 5\,000$	$0.10 < A \leqslant 0.15$	$1.40 < B \leqslant 2.00$
4	$5\,000 \leqslant M < 10\,000$	$0.08 < A \leqslant 0.10$	$1.20 < B \leqslant 1.40$
5	$10\,000 \leqslant M < 50\,000$	$0.05 < A \leqslant 0.08$	$0.80 < B \leqslant 1.20$
6	$50\,000 \leqslant M < 100\,000$	$0.03 < A \leqslant 0.05$	$0.60 < B \leqslant 0.80$
7	$100\,000 \leqslant M$	$A \leqslant 0.03$	$B \leqslant 0.60$

②按照参与监理工作的年度平均人数计算，平均每人每年 3.5 万 ~ 5 万元。

③不宜按上述两种方法计收的，由建设单位和监理单位按商定的其他方法计收。

（2）以上①、②两项规定的工程建设监理收费标准为指导性价格，具体收费标准由建设单位和监理单位在规定的幅度内协商确定。

（3）中外合资、合作、外商独资的建设工程，工程建设监理费双方参照国际标准协商确定。

5)联合试运转费

按水利部现行规定,联合试运转费费用指标见表7-21。联合试运转费计算公式为:

(1)水电站工程:

$$联合试运转费=费用指标(万元/台)\times机组台数 \tag{7-10}$$

(2)泵站工程:

$$联合试运转费=费用指标(元/kW)\times装机容量 \tag{7-11}$$

表7-21　联合试运转费费用指标

类别	项目	费用指标										
水电站工程	单机容量(万kW)	≤1	≤2	≤3	≤4	≤5	≤6	≤10	≤20	≤30	≤40	>40
	费用(万元/台)	3	4	5	6	7	8	9	11	12	16	22
泵站工程	电力泵站	25~30元/kW										

注:联合试运转费只针对水电站工程和泵站工程,其他工程则无此项费用。

6)其他费用

(1)招标业务费。其计算标准见表7-22。

表7-22　招标代理服务收费标准

概(估)算金额(万元)	服务类型(%)		
	货物招标	服务招标	工程招标
100以下	1.5	1.5	1.0
100~500	1.1	0.8	0.7
500~1 000	0.8	0.45	0.55
1 000~5 000	0.5	0.25	0.35
5 000~10 000	0.25	0.1	0.2
10 000~100 000	0.05	0.05	0.05
100 000以上	0.01	0.01	0.01

注:招标代理收费按差额定率累进法计算。

(2)施工图审查费。其计费标准见表7-23。

表7-23　施工图审查收费标准　　(单位:万元)

概(估)算金额	1 000以下	1 000~3 000	3 000~10 000	10 000~50 000	50 000以上
施工图审查费	2.2~2.9	2.9~7.2	7.2~14.4	14.4~21.6	21.6~28.8

(3)工程验收审计、质量检测及蓄水安全鉴定费。①竣工决算审计费。取费标准:按照建

安工作费的0.2%~0.3%计列。②竣工质量检测费。检测项目参照《堤防工程施工质量评定与验收规程》(SL239—1999)等规定确定，检测费用参照《工程勘察设计收费管理规定》(计价格[2002]10号)等规定计列。③水库蓄水安全鉴定费。根据工程规模及鉴定内容按15万~30万元计列。

(4)其他。根据工程情况按工程投资的0.3%~0.5%计列。

2.生产准备费

1)生产及管理单位提前进厂费

枢纽工程的生产及管理单位提前进厂费按第一至第四部分建安工作量的百分率计算。大型工程取0.2%，中小型工程取0.4%。

引水和灌溉工程视工程规模参照枢纽工程计算。

改扩建与加固工程、堤防及疏浚工程原则上不计此项费用，若工程中含有新建大型泵站、船闸等建筑物，按建筑物的建安工作量参照枢纽工程费率适当计列。

2)生产职工培训费

枢纽工程的生产职工培训费按第一至第四部分建安工作量的百分率计算。大型工程取0.3%，中小型工程取0.5%。

引水和灌溉工程视工程规模参照枢纽工程计算。

改扩建与加固工程、堤防及疏浚工程原则上不计此项费用，若工程中含有新建大型泵站、船闸等建筑物，按建筑物的建安工作量参照枢纽工程费率适当计列。

3)管理用具购置费

枢纽工程的管理用具购置费按第一至第四部分建安工作量的百分率计算。大型工程取0.05%，中小型工程取0.08%。

引水工程及河道工程的管理用具购置费按第一至第四部分建安工作量的0.02%计算。

4)备品备件购置费

备品备件购置费按占设备费的0.5%计算。

应注意的是:①设备费应包括机电设备、金属结构设备以及运杂费等全部设备费。②电站、泵站中同容量、同型号机组超过一台时，只计算一台的设备费。

5)工器具及生产家具购置费

工器具及生产家具购置费按占设备费的0.15%计算。

3.科研勘测设计费

1)工程科学研究试验费

工程科学研究试验费按建安工作量的百分率计算。其中，枢纽和引水工程取0.5%，河道工程取0.2%。对重大特殊科研试验费可单独列项。

2)工程勘测设计费

项目建议书阶段及可行性研究阶段按水利部相关规定执行。

初步设计及以后阶段按国家计委、建设部计价格[2002]10号文关于发布《工程勘测设计收费管理规定》的通知执行。

4.建设及施工场地征用费

建设及施工场地征用费的具体编制方法和计算标准参照移民和环境部分概算编制规定执行。

5. 其他费用

1）定额编制管理费

定额编制管理费按国家及省、自治区、直辖市计划（物价）部门有关规定计收。

根据国家计委、财政部关于第一批降低22项收费标准的通知计价费[1997]2500号文，工程定额编制管理费收费标准为：对沿海城市和建安工作量大的地区，按建安工作量的0.4‰~0.8‰，对其他地区按建安工作量的0.4‰~1.3‰。

2）工程质量监督费

工程质量监督费按国家及省、自治区、直辖市计划（物价）部门有关规定计收。

根据国家计委收费管理司、财政部综合与改革司关于水利建设工程质量监督收费标准及有关问题的规定，工程质量监督费按建安工作量计费，大城市不超过1.5‰，中等城市不超过2‰，小城市不超过2.5‰，已实施工程监理的建设项目，不超过0.5‰~1‰。

3）工程保险费

如需对工程进行保险，保险费用可按水利部与中国人民保险公司联合商定的费率进行计算，即内资部分按第一至第四部分投资合计的4.5‰计算。

4）其他税费

应按国家有关规定计取。

第四节　预备费、建设期融资利息和资金流量计算

一、预备费

预备费指在设计阶段难以预料而在建设过程中又可能发生的、规定范围内的工程和费用，以及工程建设期内由于物价变化和费用标准调整而发生的价差。包括基本预备费和价差预备费两项。

（一）基本预备费

基本预备费主要指工程建设过程中初步设计范围以内的设计变动和国家政策性变动增加的投资。可根据工程规模、施工年限和地质条件等不同情况，按工程第一至第五部分投资合计（依据分年度投资表）的百分率计算。初步设计阶段为5%~8%。

（二）价差预备费

价差预备费主要指工程建设过程中，因材料设备价格上涨和费用标准调整而导致投资增加的预留费用。

价差预备费可根据施工年限，以资金流量表的静态投资（含基本预备费）为计算基数计算。计算公式为：

$$E = \sum_{n=1}^{N} F_n[(1+P)^n - 1] \tag{7-12}$$

式中：E 为价差预备费；N 为合理建设工期；n 为施工年度；F_n 为建设期间资金流量表内第 n 年的投资；P 为年物价指数。

二、建设期融资利息

根据合理建设工期，按设计概算第一至第五部分分年度资金流量、基本预备费、价差预备费

之和,按国家规定的贷款利率复利计息。计算公式为:

$$S = \sum_{n=1}^{N} [(\sum_{m=1}^{n} F_m b_m - \frac{1}{2} F_n b_n) + \sum_{m=0}^{n-1} S_m] i \qquad (7\text{-}13)$$

式中:S 为建设期融资利息; N 为合理建设工期;n 为施工年度;m 为还息年度;F_n、F_m 分别为在建设期资金流量表内第 n、m 年的投资;b_n、b_m 分别为各施工年份融资额占当年投资比例;i 为建设期投资利率;S_m 为第 m 年的付息额度。

三、静态总投资

工程第一至第五部分投资与基本预备费之和构成静态总投资。

四、总投资

工程第一至第五部分投资、基本预备费、价差预备费、建设期融资利息之和构成总投资。

五、资金流量

资金流量是为满足工程项目在建设过程中各时段的资金需求,按工程建设所需资金投入时间计算的各年度使用的资金量。资金流量表的编制以分年度投资表为依据,按建筑工程、安装工程、设备工程及独立费用四种类型来计算。

(一)建筑及安装工程资金流量

资金流量是在分年度投资的基础上,考虑预付款、预付款的扣回、保留金、保留金的偿还等编制出的分年度资金安排。

预付款一般可划分为工程预付款和工程材料预付款两部分。

1. 工程预付款

工程预付款按划分的单个工程项目的建安工作量的10% ~20%计算,工期在三年以内的工程全部安排在第一年,工期在三年以上的可安排在前两年。工程预付款的扣回,从完成建安工作量的20% ~30%扣回至预付款全部回收完毕为止。对于需要购置特殊施工机械设备或施工难度较大的项目,工程预付款可取大值,其他项目取中小值。

2. 工程材料预付款

水利工程一般规模较大,所需材料的种类及数量较多,提前备料所需资金较大,因此可考虑向承包商支付一定数量的材料预付款。可按分年度投资中次年完成建安工作量的20%在本年提前支付,并于次年扣回,依次类推,直至本项目竣工(河道工程和灌溉工程等不计此项预付款)。

水利工程的保留金,按建安工作量的2.5%计算。在概算资金流量计算时,按分项工程分年度完成建安工作量的5%扣留至该项工程全部建安工作量的2.5%时终止(即完成建安工作量的50%时),并将所扣的保留金100%计入该项工程终止后一年(如该年已超出总工期,则此项保留金计入工程的最后一年)的资金流量表内。

(二)永久设备工程资金流量

永久设备工程资金流量的计算,划分为主要设备和一般设备两种类型分别计算。

(1)主要设备资金流量的计算:按设备到货周期确定各年资金流量比例。

(2)一般设备资金流量的计算:按到货前一年预付15%定金,到货年支付85%的剩余价款。

(三)独立费用资金流量

独立费用资金流量主要是勘测设计费的支付方式应考虑质量保证金的要求,其他项目均按分年度投资表中的资金安排计算。

1. 可行性研究和初步设计阶段勘测设计费

按合理工期分年平均计算。

2. 技术设计和施工图设计阶段勘测设计费

其中95%按合理工期分年平均计算,其余5%的费用作为设计保证金计入最后一年的资金流量表内。

六、计算示例

【例7-5】 根据某枢纽工程资金流量表(表7-24)中给定的条件,将表中空白项计算并填写完整。

解:以第一年为例,说明表中部分项目数据的具体计算方法:

基本预备费:

$5\,700.00 \times 5\% = 285.00$(万元)

静态总投资:

$5\,700.00 + 285.00 = 5\,985.00$(万元)

价差预备费:

$5\,985.00 \times [(1+6\%)^1 - 1] = 359.10$(万元)

建设期融资利息:

$[(5\,985.00 + 359.10) \times 70\% - 0.5 \times (5\,985.00 + 359.10) \times 70\%] \times 8\%$

$= 177.63$(万元)

总投资:

$5\,985.00 + 359.10 + 177.63 = 6\,521.73$(万元)

最后,将计算结果填入表7-25中。

表7-24　资金流量表　　(单位:万元)

项目	合计	建设工期(年)		
		1	2	3
一、建筑工程	15 300.00	5 150.00	8 100.00	2 050.00
二、安装工程	800.00	140.00	300.00	360.00
三、设备工程	100.00	10.00	50.00	40.00
四、独立费用	900.00	400.00	300.00	200.00
一至四部分合计				
基本预备费				
静态总投资				
价差预备费				
建设期融资利息				
总投资				

注:基本预备费率取5%,物价指数取6%,融资利率取8%,融资比例取70%。

表 7-25　资金流量表　（单位:万元）

项 目	合 计	建设工期(年)		
		1	2	3
一、建筑工程	15 300.00	5 150.00	8 100.00	2 050.00
二、安装工程	800.00	140.00	300.00	360.00
三、设备工程	100.00	10.00	50.00	40.00
四、独立费用	900.00	400.00	300.00	200.00
一至四部分合计	17 100.00	5 700.00	8 750.00	2 650.00
基本预备费	855.00	285.00	437.50	132.50
静态总投资	17 955.00	5 985.00	9 187.50	2 782.50
价差预备费	2 026.18	359.10	1 135.58	531.50
建设期融资利息	1 929.21	177.63	658.53	1 093.05
总投资	21 910.39	6 521.73	10 981.61	4 407.05

复习思考题

1. 什么叫设备原价？什么叫设备费？如何计算设备费？

2. 装置性材料和设备的区别是什么？装置性材料分为哪几种？其费用如何计入安装费？

3. 安装工程单价由哪几部分费用组成？其计算方法和建筑工程单价计算方法有何区别？

4. 现场加工或零星购置的贮气罐、贮油罐、闸门、电石、氧气、轨道、钢轨、水轮机、蝴蝶阀，哪些属于设备？哪些属于计价材料？哪些属于未计价材料？哪些属于消耗性材料？

5. 某工程中的140 000 kVA 的主变压器，采用公路直接运到工地安装现场，运距85 km，运输保险费率为0.4%，设备原价120 000 元，求其设备费。

6. 什么叫临时工程？临时工程包括哪几个部分？

7. 临时工程各部分投资应分别采用什么方法计算？

8. 什么叫独立费用？独立费用包括哪些内容？

9. 如何计算独立费用？

10. 说明以下项目的区别：建筑工程中的房屋建筑工程和临时工程中的房屋建筑工程；临时设施和临时工程。

11. 某枢纽工程的年度投资如表 7-26 所示，试根据《编规》计算资金流量。已知：基本预备费率6.0%，年物价指数5%，建设期融资利息利率8%，各施工年份融资额占当年投资比例70%。

表 7-26　年度投资表　　　　(单位:万元)

项目	合计	建设工期(年)			
		1	2	3	4
一、建筑工程	18 000	4 000	6 000	5 000	3 000
二、安装工程	1 300	50	450	500	300
三、设备工程	4 150	150	1 200	1 800	1 000
四、独立费用	1 000	350	300	250	100

第八章　设计总概算编制

第一节　设计总概算的编制依据和编制程序

水利工程概算由工程部分概算、移民和环境部分概算两部分组成。其中,工程部分概算由建筑工程概算、机电设备及安装工程概算、金属结构设备及安装工程概算、施工临时工程概算和独立费用概算五部分组成;移民和环境部分概算由水库移民征地补偿费、水土保持工程概算和环境保护工程概算三部分组成,其概算编制应分别按《水利工程建设征地移民补偿投资概(估)算编制规定》、《水利工程环境保护设计概(估)算编制规定》、《水土保持工程概(估)算编制规定》执行。限于篇幅和专业特点,本章只介绍工程部分设计总概算的编制。

一、编制依据

水利工程设计总概算的编制依据主要有以下几点:

(1)国家及省、自治区、直辖市和主管部门颁发的有关法令法规、制度、规程;

(2)河南省水利水电工程设计概(估)算编制规定;

(3)河南省水利水电建筑工程概算定额、河南省水利水电设备安装工程概(预)算补充定额、河南省水利水电工程施工机械台时费定额和有关行业主管部门颁发的定额;

(4)水利工程设计工程量计算规定;

(5)初步设计文件和图纸;

(6)有关合同协议及资金筹措方案;

(7)其他。

二、编制程序

水利工程设计总概算编制的一般程序如下:

(1)准备工作。收集并整理工程设计图纸、初步设计报告、工程枢纽布置、地形地质、水文地质和水文气象等资料;掌握施工组织设计内容,如:主要水工建筑物施工方案、施工机械、对外交通方式、场内交通条件、砂石料开采方法等;向上级主管部门、工程所在地有关部门收集税务、交通运输、建筑材料、设备、人工工资、供电价格等各项基础资料;熟悉现行水利工程概算定额和有关水利工程设计概算费用构成及计算标准;收集有关合同、协议、决议、指令和工具书等。

(2)进行工程项目划分。按照《项目划分》的规定并结合工程实际,将工程项目进行划分,详细列出各级项目内容。

(3)根据有关规定和施工组织设计,编制基础单价和分项工程的概算单价。

(4)计算工程量。根据设计图纸和工程量计算的有关规定计算分项工程的工程量,并列出分项工程工程量清单,注意一定不能漏项。

（5）根据分项工程的工程量、工程单价，计算并编制各分项概算表和工程总概算表。

（6）编制分年度投资表、资金流量表。

（7）进行复核、编写概算编制说明、整理成果、打印装订。

第二节　工程量计算

工程概算是以工程量乘工程单价来计算的，因此工程量是编制工程概算的基本要素之一，它是以物理计量单位或自然计算单位表示的各项工程和结构构件的数量。其计算单位一般是以公制度量单位如长度（m）、面积（m^2）、体积（m^3）、质量（kg）等，以及以自然单位如“个”、“台”、“套”等表示。工程量计算准确与否，是衡量设计概算质量好坏的重要标志之一，所以概算人员除应具有本专业的知识外，还应当具有一定的水工、施工、机电、金属结构等专业知识，掌握工程量计算的基本要求、计算方法和计算规则。按照概算编制有关规定，正确处理各类工程量。在编制概算时，概算人员应认真查阅主要设计图纸，对各专业提供的设计工程量逐次核对，凡不符合概算编制要求的应及时向设计人员提出修正，切忌不能照抄使用，力求准确可靠。

一、工程量计算的基本原则

（一）工程项目的设置

工程项目的设置必须与概算定额子目划分相适应。如，土石方开挖工程应按不同土壤、岩石类别分别列项；土石方填筑应按土方、堆石料、反滤层、垫层料等分列。再如，钻孔灌浆工程，一般概算定额将钻孔、灌浆单列，因此在计算工程量时，钻孔、灌浆也应分开计算。

（二）计量单位

工程量的计量单位要与定额子目的单位一致。有的工程项目的工程量可以用不同的计量单位表示，如喷混凝土，可以用“m^2”表示，也可以用“m^3”表示；混凝土防渗可以用阻水面积（m^2），也可以用进尺（m）和混凝土浇筑方量（m^3）来表示。因此，设计提供的工程量单位要与选用的定额单位相一致，否则应按有关规定进行换算，使其一致。

（三）工程量计算

1. 设计工程量

工程量计算按照现行《水利水电工程量计算规则》执行。可行性研究、初步设计阶段的设计工程量就是按照建筑物和工程的几何轮廓尺寸计算的数量乘以表8-1不同设计阶段系数而得出的数量；而施工图设计阶段系数均为1.00，即设计工程量就是图纸工程量。

2. 施工超挖、超填量及施工附加量

在水利水电工程施工中一般不允许欠挖，为保证建筑物的设计尺寸，施工中允许一定的超挖量；而施工附加量是指为完成本项工程而必须增加的工程量，如土方工程中的取土坑、试验坑、隧洞工程中的为满足交通、放炮要求而设置的内错车道、避炮洞以及下部扩挖所需增加的工程量；施工超填量是指由于施工超挖及施工附加相应增加的回填工程量。

现行概算定额已按有关施工规范计入合理的超挖量、超填量和施工附加量，故采用概算定额编制概（估）算时，工程量不应计算这三项工程量。

预算定额中均未计入这三项工程量，因此采用预算定额编制概（估）算单价时，其开挖工程和填筑工程的工程量应按开挖设计断面和有关施工技术规范所规定的加宽及增放坡度计算。

表 8-1　设计工程量计算阶段系数

设计阶段		钢筋混凝土	混凝土			土石方开挖			土石方填筑			钢筋	钢材	灌浆
			工程量(万 m^3)											
			300以上	100~300	100以下	500以上	200~500	200以下	500以上	200~500	200以下			
永久建筑物	可行性研究	1.05	1.03	1.05	1.10	1.03	1.05	1.10	1.03	1.05	1.10	1.05	1.05	1.15
	初步设计	1.03	1.01	1.03	1.05	1.01	1.03	1.05	1.01	1.03	1.05	1.03	1.03	1.10
临时建筑物	可行性研究	1.10	1.05	1.10	1.15	1.05	1.10	1.15	1.05	1.10	1.15	1.10	1.10	
	初步设计	1.05	1.03	1.05	1.10	1.03	1.05	1.10	1.03	1.05	1.10	1.05	1.05	
金属结构	可行性研究												1.15	
	初步设计												1.10	

注:1. 若采用混凝土立模系数乘以混凝土工程量计算模板工程量,不再考虑模板阶段系数。

2. 若采用混凝土含钢率或含钢量乘以混凝土工程量计算钢筋工程量,不再考虑钢筋阶段系数。

3. 截流工程的工程量阶段系数可取 1.25 ~ 1.35。

4. 表中工程量是工程总工程量。

3. 施工损耗量

施工损耗量包括运输及操作损耗、体积变化损耗及其他损耗。运输及操作损耗量指土石方、混凝土在运输及操作过程中的损耗。体积变化损耗量指土石方填筑工程中的施工期沉陷而增加的数量,混凝土体积收缩而增加的工程数量等。其他损耗量包括土石方填筑工程施工中的削坡,雨后清理损失数量,钻孔灌浆工程中混凝土灌注桩桩头的浇筑、凿除及混凝土防渗墙一、二期接头重复造孔和混凝土浇筑等增加的工程量。

现行概算定额对这几项损耗已按有关规定计入相应定额之中,而预算定额未包括混凝土防渗墙接头处理所增加的工程量,因此采用不同的定额编制工程单价时应仔细阅读有关定额说明,以免漏算或重算。

二、建筑工程量计算

(一)永久工程量的计算

1. 土石方工程量计算

土石方开挖工程量,应根据设计开挖图纸,按不同土壤和岩石类别分别进行计算;石方开挖工程应将明挖、槽挖、水下开挖、平洞、斜井和竖井开挖等分别计算。

土石方填筑工程量,应根据建筑物设计断面中的不同部位及其不同材料分别进行计算,其沉陷量应包括在内。

2. 砌石工程量计算

砌石工程量应按建筑物设计图纸的几何轮廓尺寸,以“建筑成品方”计算。砌石工程量应将干砌石和浆砌石分开。干砌石应按干砌卵石、干砌块石,同时还应按建筑物或构筑物的不同部位及形式,如护坡(平面、曲面)、护底、基础、挡土墙、桥墩等分别计列;浆砌石按浆砌块石、卵石、条料石，同时尚应按不同的建筑物(浆砌石拱圈明渠、隧洞、重力坝)及不同的结构部位分项计列。

3. 混凝土及钢筋混凝土工程量计算

混凝土及钢筋混凝土工程量的计算应根据建筑物的不同部位及混凝土的设计强度等级分别计算。

钢筋及埋件、设备基础螺栓孔洞工程量应按设计图纸所示的尺寸并按定额计量单位计算，例如大坝的廊道、钢管道、通风井、船闸侧墙的输水道等，应扣除孔洞所占体积。

计算地下工程(如隧洞、竖井、地下厂房等)混凝土的衬砌工程量时，若采用水利建筑工程概算定额，应以设计断面的尺寸为准；若采用预算定额，计算衬砌工程量时应包括设计衬砌厚度加允许超挖部分的工程，但不包括允许超挖范围以外增加超挖所充填的混凝土量。

4. 钻孔灌浆工程量

钻孔工程量按实际钻孔深度计算，计量单位为 m。计算钻孔工程量时，应按不同岩石类别分项计算，混凝土钻孔一般按Ⅹ类岩石级别计算。

灌浆工程量从基岩面起计算，计算单位为 m 或 m^2。计算工程量时，应按不同岩层的不同单位吸水率或单位干料耗量分别计算。

隧洞回填灌浆，其工程量计算范围一般在顶拱中心角 90°～120°范围内的拱背面积计算，高压管道回填灌浆按钢管外径面积计算工程量。

混凝土防渗墙工程量。若采用概算定额，按设计的阻水面积计算其工程量，计量单位为 m^2。

5. 模板工程量计算

在编制概(预)算时，模板工程量应根据设计图纸及混凝土浇筑分缝图计算。在初步设计之前没有详细图纸时，可参考现行定额附录 9“水利工程混凝土建筑物立模面系数参考表”的数据进行估算，即：模板工程量 = 相应工程部位混凝土概算工程量 × 相应的立模面系数(m^2)。立模面系数是指每单位混凝土(100 m^3)所需的立模面积(m^2)。立模面系数与混凝土的体积、形状有关，也就是与建筑物的类型和混凝土的工程部位有关。

6. 土工合成材料工程量计算

土工合成材料工程量宜按设计铺设面积或长度计算，不应计入材料搭接及各种形式嵌固的用量。

7. 公路工程量计算

枢纽工程对外公路工程量，项目建议书阶段和可行性研究阶段可根据 1∶50 000～1∶10 000的地形图按设计推荐(或选定)的线路，分公路等级以长度计算工程量。初步设计阶段应根据不小于 1∶5 000 的地形图按设计确定的公路等级提出长度或具体工程量。

场内永久公路中主要交通道路，项目建议书阶段和可行性研究阶段可根据 1∶10 000～1∶5 000的施工总平面布置图按设计确定的公路等级以长度计算工程量。初步设计阶段应根据 1∶5 000～1∶2 000 的施工总平面布置图，按设计要求提出长度或具体工程量。

引(供)水、灌溉等工程的永久公路工程量可参照上述要求计算。

桥梁、涵洞按工程等级分别计算，提出延长米或具体工程量。

永久供电线路工程量，按电压等级、回路数以长度计算。

(二)施工临时工程建筑工程量计算

(1)施工导流工程工程量计算与永久水工建筑物计算要求相同,其中永久与临时结合部分应计入永久工程量中,阶段系数按施工临时工程计取。

(2)施工支洞工程量按永久水工建筑物工程量计算要求进行计算,阶段系数按施工临时工程计取。

(3)大型施工设施及施工机械布置所需土建工程量,按永久建筑物的要求计算工程量,阶段系数按施工临时工程计取。

(4)施工临时公路的工程量可根据相应设计阶段施工总平面布置图或设计提出的运输线路分等级计算长度或具体工程量。

(5)施工供电线路工程量可按设计的线路走向、电压等级和回路数计算。

三、安装工程量计算

(一)设备安装工程量计算

设备设计安装的台(套、个等)数即为安装工程量,一般不考虑阶段系数。

(二)装置性材料安装工程量计算

按照图纸和设计要求计算工程量,一般应考虑阶段系数。

四、工料分析

(一)概述

工料分析就是对工程建设项目所需的人工及主要材料数量进行分析计算,进而统计出单位工程及分部分项工程所需的人工和主要材料用量。主要材料一般包括钢筋、钢材、木材、水泥、汽油、柴油、炸药、粉煤灰、沥青等,主要材料的品种应根据工程的具体特点进行取舍。

进行工料分析的主要目的是为施工企业调配劳动力、做好备料及组织材料供应、合理安排施工及进行工程成本核算提供依据。工料分析是工程概算的一项基本内容,也是施工组织设计中安排施工进度的不可缺少的重要工作。

(二)工料分析计算步骤

工料分析计算就是按照概算项目内容中所列的工程量乘以相应单价中所需的定额人工数量及等额材料用量,计算每一工程项目所需的工时、材料用量,然后按照概算编制步骤逐级向上合并汇总。工时、材料计算表格见表 8-2。

表 8-2 工时、材料计算

序号	单价标号	项目名称	单位	工程量	工时(个)		柴油(kg)		汽油(kg)		水泥(kg)		…
					定额用工	合计	定额用量	合计	定额用量	合计	定额用量	合计	…

计算步骤及填写说明如下:

(1)填写工程项目及工程数量。按照各工程项目分级顺序逐项填写表格中的工程项目名称及工程数量，对于填写所采用的单价标号，工程项目的填写范围为主体工程（主体建筑物）和施工导流工程。

(2)填写单位定额用工、材料用量。按照各工程项目对应的单价标号，查找该单价所需的单位定额用工数量及单位等额材料用量、单位等额机械台时用量，逐项填写。对于汽油、柴油用量计算，除填写单位等额机械台时用量外，还要填写不同施工机械的台时用油数量（查施工机械台时费定额）。计算单位定额用工数量时要注意，须考虑施工机械的用工数量，这一点很容易漏算。

(3)计算工时及材料数量。表 8-2 中的定额用量是指单位等额用量，工时用量及水泥、钢筋等材料用量，按照单位定额工时、材料用量分别乘以本项工程数量即得本工程项目工时及材料合计数量；汽油、柴油材料用量，按照单位定额台时用量乘以台时耗油量，再乘以本项工程数量，即得本项汽油、柴油合计用量。

(4)按照上述第三项计算方法逐项计算，然后向上合并汇总，即得所需计算的工时材料用量。

(5)按照概算表格要求填写主体工程工时数量汇总表及主体工程主要材料汇总表。

五、计算示例

【例 8-1】 河南省某枢纽工程土坝填筑工程，料场距坝址平均距离为 2.5 km，土质为Ⅱ类土，自然重度 14.55 kN/m³，设计重度 16.75 kN/m³，拟采用 2 m³ 挖掘机挖装土，12 t 自卸汽车运输，8～12 t 羊脚碾压实。坝体全长 2 200 m，横断面为梯形，上底、下底、高分别为 80 m、8 m、25 m，试进行概算工料分析。

解：(1)计算工程量：

图纸工程量 =(80 +8) ×25 ÷2 ×2 200 =2 420 000(m³)

设计工程量 = 图纸工程量 × 阶段系数 =2 420 000 ×1.03 =2 492 600(m³)

(2)确定定额章节、子目、定额数量。

土料运输：P73，一 -42，10690，10691

定额数量　人工工时：4.1

2 m³ 液压挖掘机：0.61

59 kW 推土机：0.30

12 t 自卸汽车：(6.12 +7.34) ÷2 =6.73

土料填筑：P272，三 -22，30091

定额数量　人工工时：29.4

羊脚碾：1.68

74 kW 拖拉机：1.68

74 kW 推土机：0.55

2.8 kW 蛙式打夯机：1.09

刨毛机：0.55

(3)确定各施工机械台时人工、能源材料消耗量。

查机械台时费定额知：

2 m^3 液压挖掘机　人工工时:2.7

柴油:20.2 kg

59 kW 推土机　人工工时:2.4

柴油:8.4 kg

12 t 自卸汽车　人工工时:1.3

柴油:12.4 kg

74 kW 拖拉机　人工工时:2.4

柴油:9.9 kg

74 kW 推土机　人工工时:2.4

柴油:10.6 kg

2.8 kW 蛙式打夯机　人工工时:2.8

电:2.5 kW·h

刨毛机　人工工时:2.4

柴油:7.4 kg

(4)计算单位工程量人工、材料消耗量。

人工工时:

$4.1+0.61\times2.7+0.30\times2.4+6.73\times1.3+29.4+1.68\times2.4+0.55\times2.4+1.09\times2.8+0.55\times2.4=53.02$

柴油:

$0.61\times20.2+0.30\times8.4+6.73\times12.4+1.68\times9.9+0.55\times10.6+0.55\times7.4=124.826(kg)$

电:

$1.09\times2.5=2.725(kW\cdot h)$

(5)计算工程人工、材料用量。

人工:

$2\ 492\ 600\times53.02=132\ 157\ 652$

柴油:

$2\ 492\ 600\times124.826=311\ 141\ 287.6(kg)$

电:

$2\ 492\ 600\times2.725\div100=67\ 923(kW\cdot h)$

(6)填写工料分析表。(略)

第三节　设计概算文件组成内容及表格编制

一、概算文件组成内容

(一)编制说明

(1)工程概况。流域,河系,兴建地点,对外交通条件,工程规模,工程效益,工程布置形式,主体建筑工程量,施工总工期,施工总工时,施工平均人数和高峰人数,资金筹措情况和投资比例等。

(2)投资主要指标。工程总投资和静态总投资,年度价格指数,基本预备费率,建设期融资额度、利率和利息等。

(3)编制原则和依据。①概算编制原则和依据。②人工预算单价,主要材料,施工用电、水、风、砂石料等基础单价的计算依据。③主要设备价格的编制依据。④费用计算标准及依据。⑤工程资金筹措方案。

(4)概算编制中其他应说明的问题。

(5)主要技术经济指标表。

(6)工程概算总表。

(二)工程部分概算表

1.概算表

(1)总概算表。

(2)建筑工程概算表。

(3)机电设备及安装工程概算表。

(4)金属结构设备及安装工程概算表。

(5)施工临时工程概算表。

(6)独立费用概算表。

(7)分年度投资概算表。

(8)资金流量表。

2.概算附表

(1)建筑工程单价汇总表。

(2)安装工程单价汇总表。

(3)主要材料预算价格汇总表。

(4)次要材料预算价格汇总表。

(5)施工机械台时费汇总表。

(6)主体工程量汇总表。

(7)主体材料用量汇总表。

(8)工时数量汇总表。

(9)建设及施工场地征用数量汇总表。

二、概算附件组成内容

(1)人工预算单价计算表。

(2)主要材料运输费用计算表。

(3)主要材料预算价格计算表。

(4)施工用电价格计算书。

(5)施工用水价格计算书。

(6)施工用风价格计算书。

(7)补充定额计算书。

(8)补充施工机械台时费计算书。
(9)砂石料单价计算书。
(10)混凝土材料单价计算表。
(11)建筑工程单价计算表。
(12)安装工程单价计算表。
(13)主要设备运杂费率计算书。
(14)临时房屋建筑工程费用投资计算书。
(15)独立费用计算书(按独立项目分项计算)。
(16)分年度投资表。
(17)资金流量计算表。
(18)价差预备费计算表。
(19)建设期融资利息计算书。
(20)计算人工、材料、设备预算价格和费用依据的有关文件、询价报价资料及其他。
概算正件及附件均应单独成册并随初步设计文件报审。

三、设计概算表格的编制

(一)工程概算总表的编制

工程概算总表由工程部分与移民和环境部分的总概算表汇总而成。具体见表8-3。

表8-3　工程概算总表

(单位:万元)

序号	工程或费用名称	建安工程费	设备购置费	独立费用	合计
Ⅰ	工程部分投资 ⋮ 静态总投资 ⋮ 总投资				
Ⅱ	移民环境投资 ⋮ 静态总投资 ⋮ 总投资				
Ⅲ	工程投资总计 静态总投资 总投资				

移民和环境部分概算包括水库移民征地补偿、水土保持工程和环境保护工程三部分概算。其概算编制分别执行《水利工程建设征地移民补偿投资概(估)算编制规定》、《水土保持工程概(估)算编制规定》、《水利工程环境保护设计概(估)算编制规定》。

表8-3中Ⅰ是工程部分总概算表；Ⅱ是移民和环境总概算表；Ⅲ是前两部分合计静态总投资和总投资。表中工程或费用名称一般按项目划分列至每一部分。

(二)概算表格的编制

概算表包括总概算表、建筑工程概算表、设备及安装工程概算表、分年度投资表和资金流量表。

1. 总概算表

总概算表，是设计概算文件的总表。它综合反映出基本建设工程项目的全部投资及其组成。按现行规定，建设项目总概算表除了按顺序填写建筑工程、机电设备及安装工程、金属结构设备及安装工程、临时工程、独立费用五大部分投资外(列至一级项目)，在五部分投资之后，还应依次填写以下项目：一至五部分投资合计、基本预备费、静态总投资、价差预备费、建设期融资利息、总投资。总概算表的格式见表8-4。一至五部分投资计算前面已作了介绍，下面逐项介绍其他几项费用的计算方法。

表8-4　总概算表　(单位:万元)

序号	工程或费用名称	建安工程费	设备购置费	独立费用	合计	占一至五部分投资(%)
	各部分投资					
	一至五部分投资合计					
	基本预备费					
	静态总投资					
	价差预备费					
	建设期融资利息					
	总投资					

2. 建筑工程概算表

建筑工程概算表按项目划分列至三级项目，适用于编制建筑工程概算、施工临时工程概算和独立费用概算。具体见表8-5。

表8-5　建筑工程概算表

序号	工程或费用名称	单位	数量	单价(元)	合价(元)
	(1)	(2)	(3)	(4)	(5)

3. 设备及安装工程概算表

设备及安装工程概算表按项目划分列至三级项目，适用于编制机电和金属结构设备及安装工程概算，见表8-6。

表8-6　设备及安装工程概算表

序号	名称及规格	单位	数量	单价(元)		合价(元)	
				设备费	安装费	设备费	安装费
	(1)	(2)	(3)	(4)	(5)	(6)	(7)

4. 分年度投资表

1)分年度投资计算

分年度投资是根据施工组织设计确定的施工进度和合理工期而计算出的工程各年度预计完成的投资额。它是计算基本预备费、资金流量的依据。

(1)建筑工程。建筑工程分年度投资的编制应按一级项目中的主要工程项目分别反映各自的建筑工程量,对主要工程按各单项工程分年度完成的工程量和相应的工程单价计算,对于次要的和其他工程可按各年度所完成投资的比例,摊入分年度投资表。

(2)设备及安装工程。设备及安装工程分年度投资的编制应根据施工组织设计确定的设备安装进度计算各年预计完成的设备费和安装费。

(3)独立费用。根据费用的性质、用途及费用发生的先后与施工时段的关系,按相应施工年度分摊计算。项目建设管理费中,建设管理费应在工程总工期内分摊计算;联合试运转费可在第一台机组发电前半年至工程竣工的时段内分摊计算。生产准备费可在主体工程开工至第一台机组发电或水库蓄水前的施工时段内分摊计算。科研勘测设计费可按工程总工期分摊,但都向前平移一个年度使用,其中第一个超前年度的投资计入第一个施工年度内。建设及施工场地征用费可在工程施工准备期内分摊计算。

2)分年度投资表填写

可视不同情况按项目划分列至一级项目。枢纽工程原则上按表8-7编制分年度投资,为编制资金流量表做准备。某些工程施工期较短,可不编制资金流量表,因此其分年度投资表的项目可按工程部分总概算表的项目列入,见表8-7。

表8-7　分年度投资表　(单位:万元)

项目	合计	建设工期(年)							
		1	2	3	4	5	6	7	8
一、建筑工程									
1. 建筑工程									
×××工程(一级项目)									
2. 施工临时工程									
×××工程(一级项目)									
二、安装工程									
1. 发电设备安装工程									
2. 变电设备安装工程									
3. 公用设备安装工程									
4. 金属结构设备安装工程									
三、设备工程									
1. 发电设备									
2. 变电设备									

续表 8-7

项目	合计	建设工期(年)							
		1	2	3	4	5	6	7	8
3. 公用设备									
4. 金属结构设备									
四、独立费用									
1. 建设管理费									
2. 生产准备费									
3. 科研勘测设计费									
4. 建设及施工场地征用费									
5. 其他									
一至四部分合计									

5. 资金流量表

可视不同情况按项目划分列至一级或二级项目，见表 8-8。

表 8-8 资金流量表 （单位：万元）

项目	合计	建设工期(年)							
		1	2	3	4	5	6	7	8
一、建筑工程									
分年度资金流量									
×××工程									
…									
二、安装工程									
分年度资金流量									
三、设备工程									
分年度资金流量									
四、独立费用									
分年度资金流量									
一至四部分合计									
分年度资金流量									
基本预备费									
静态总投资									
价差预备费									
建设期融资利息									
总投资									

(三)概算附表

概算附表包括建筑工程单价汇总表(表8-9)、安装工程单价汇总表(表8-10)、主要材料预算价格汇总表(表8-11)、次要材料预算价格汇总表(表8-12)、施工机械台时费汇总表(表8-13)、主要工程量汇总表(表8-14)、主要材料用量汇总表(表8-15)、工时数量汇总表(表8-16)、建设及施工场地征用数量汇总表(表8-17)。

1. 建筑工程单价汇总表

建筑工程单价汇总表见表8-9。

表8-9 建筑工程单价汇总表 (单位:元)

序号	名称	单位	单价	其中							
				人工费	材料费	机械使用费	其他直接费	现场经费	间接费	企业利润	税金

2. 安装工程单价汇总表

安装工程单价汇总表见表8-10。

表8-10 安装工程单价汇总表 (单位:元)

序号	名称	单位	单价	其中								
				人工费	材料费	机械使用费	装置性材料费	其他直接费	现场经费	间接费	企业利润	税金

3. 主要材料预算价格汇总表

主要材料预算价格汇总表见表8-11。

表8-11 主要材料预算价格汇总表 (单位:元)

序号	名称及规格	单位	预算价格	其中			
				原价	运杂费	运输保险费	采购及保管费

4. 次要材料预算价格汇总表

次要材料预算价格汇总表见表8-12。

表8-12 次要材料预算价格汇总表 (单位:元)

序号	名称及规格	单位	原价	运杂费	合计
	(1)	(2)	(3)	(4)	(5)

5. 施工机械台时费汇总表

施工机械台时费汇总表见表8-13。

表 8-13　施工机械台时费汇总表　（单位：元）

序号	名称及规格	台时费	其中				
			折旧费	修理及替换设备费	安拆费	人工费	动力燃料费
	（1）	（2）	（3）	（4）	（5）	（6）	（7）

6. 主要工程量汇总表

主要工程量汇总表见表 8-14。

表 8-14　主要工程量汇总表

序号	项目	土石方明挖（m^3）	石方洞挖（m^3）	土石方填筑（m^3）	混凝土（m^3）	模板（m^2）	钢筋（t）	帷幕灌浆（m）	固结灌浆（m）

7. 主要材料用量汇总表

主要材料用量汇总表见表 8-15。

表 8-15　主要材料用量汇总表

序号	项目	水泥（t）	钢筋（t）	钢材（t）	木材（m^3）	炸药（t）	沥青（t）	粉煤灰（t）	汽油（t）	柴油（t）

8. 工时数量汇总表

工时数量汇总表见表 8-16。

表 8-16　工时数量汇总表

序号	项目	工时数量	备注

9. 建设及施工场地征用数量汇总表

建设及施工场地征用数量汇总表见表 8-17。

表 8-17 建设及施工场地征用数量汇总表

序号	项目	占地面积(亩)	备注

注:1 亩 = 1/15 hm^2。

(四)概算附件附表

概算附件附表包括人工预算单价计算表(表 8-18)、主要材料运输费用计算表(表 8-19)、主要材料预算价格计算表(表 8-20)、混凝土材料单价计算表(表 8-21)、建筑工程单价表(表 8-22)、安装工程单价表(表 8-23)、资金流量计算表(表 8-24)、主要技术经济指标表。其中主要技术经济指标表可根据工程具体情况编制,反映出主要技术经济指标即可。

表 8-18 人工预算单价计算表

地区类别		定额人工等级	
序号	项　目	计算式	单价(元)
1	基本工资		
2	辅助工资		
(1)	地区津贴		
(2)	施工津贴		
(3)	夜餐津贴		
(4)	节日加班津贴		
3	工资附加费		
(1)	职工福利基金		
(2)	工会经费		
(3)	养老保险费		
(4)	医疗保险费		
(5)	工伤保险费		
(6)	职工失业保险基金		
(7)	住房公积金		
4	人工工日预算单价		
5	人工工时预算单价		

表 8-19　主要材料运输费用计算表

编号	1	2	3	材料名称				材料编号	
交货条件				运输方式	火车	汽车	船运	火车	
交货地点				货物等级				整车	零担
交货比例(%)				装载系数					

编号	运输费用项目	运输起讫地点	运输距离（km）	计算公式	合计（元）
1	铁路运杂费				
	公路运杂费				
	水路运杂费				
	场内运杂费				
	综合运杂费				
2	铁路运杂费				
	公路运杂费				
	水路运杂费				
	场内运杂费				
	综合运杂费				
3	铁路运杂费				
	公路运杂费				
	水路运杂费				
	场内运杂费				
	综合运杂费				
每吨运杂费					

表 8-20　主要材料预算价格计算表

编号	名称及规格	单位	原价依据	单位毛重（t）	每吨运费（元）	其　中					
						原价	运杂费	采购及保管费	运到工地分仓库价格	保险费	预算价格

表 8-21 混凝土材料单价计算表

编号	混凝土标号	水泥强度等级	级配	预算量						单价（元）
				水泥（kg）	掺合料（kg）	砂（m^3）	石子（m^3）	外加剂（kg）	水（kg）	
	（1）	（2）	（3）	（4）	（5）	（6）	（7）	（8）	（9）	（10）

表 8-22 建筑工程单价表

定额编号＿＿＿＿＿＿ 项目＿＿＿＿＿＿ 定额单位：

施工方法：

编号	名称	单位	数量	单价(元)	合价(元)
	（1）	（2）	（3）	（4）	（5）

表 8-23 安装工程单价表

定额编号＿＿＿＿＿＿ 项目＿＿＿＿＿＿ 定额单位：

施工方法：

编号	名称	单位	数量	单价(元)	合价(元)
	（1）	（2）	（3）	（4）	（5）

表 8-24 资金流量计算表 （单位：万元）

项目	合计	建设工期(年)							
		1	2	3	4	5	6	7	8
一、建筑工程									
（一）×××工程									
1. 分年度完成工作量									
2. 预付款									
3. 扣回预付款									
4. 保留金									
5. 偿还保留金									
（二）×××工程									
…									
二、安装工程									
1. 分年度完成安装费									
2. 预付款									

续表 8-24

项目	合计	建设工期(年)							
		1	2	3	4	5	6	7	8
3. 扣回预付款									
4. 保留金									
5. 偿还保留金									
三、设备工程									
1. 分年度完成设备费									
2. 预付款									
3. 扣回预付款									
4. 保留金									
5. 偿还保留金									
四、独立费用									
1. 分年度完成设备费									
2. 保留金									
3. 偿还保留金									
一至四部分合计									
1. 分年度工作量									
2. 预付款									
3. 扣回预付款									
4. 保留金									
5. 偿还保留金									
基本预备费									
静态总投资									
价差预备费									
建设期融资利息									
总投资									

第四节　工程设计总概算编制案例

一、工程概况

河南省蟒河口水库位于某市北部15 km的黄河支流北蟒河出山口，水库坝址距克井镇4 km，距济阳公路5 km，对外交通条件较好。工程规模为中型水库。

推荐方案蟒河口水库大坝为碾压混凝土重力坝，坝顶高程317.6 m，相应正常蓄水位时的库容为891.00万m^3。水库主要由挡水工程、泄洪工程、灌溉工程等主要建筑物组成。

二、编制依据

(1)豫水建[2006]52号文，关于发布《河南省水利水电工程概预算定额及设计概(估)算编制规定》的通知；

(2)河南省水利厅豫水建[2006]52号文发布的《河南省水利水电建筑工程概算定额》；

(3)河南省水利厅豫水建[2006]52号文发布的《河南省水利水电工程施工机械台时费定额》；

(4)水利部水总[1999]523号文颁发的《水利水电设备安装工程概算定额》；

(5)河南省水利厅豫水建[2006]52号文发布的《河南省水利水电设备安装工程概(预)算补充定额》。

三、编制办法

(一)人工预算单价

根据河南省水利厅豫水建[2006]52号文件的规定计算，人工预算工资：工长为7.10元/工时，高级工为6.61元/工时，中级工为5.62元/工时，初级工为3.04元/工时。

(二)材料预算价格

采用2007年第三季度调研价格。主要材料预算价格：

钢筋　4 071.59元/t　　　水泥　(42.5) 327.54元/t

柴油　5 626.89元/t　　　砂　73.58元/m^3

汽油　6 157.00元/t　　　碎石　39.12元/m^3

粉煤灰　127.72元/t

主要材料限价进入工程单价，超过部分作为材差计取税金后放到独立费用中。

(三)施工机械台时费

按照河南省水利厅豫水建[2006]52号文发布的《河南省水利水电工程施工机械台时费定额》计算。

(四)建筑工程的工程单价

按河南省水利厅豫水建[2006]52号文发布的《河南省水利水电建筑工程概算定额》编制。

(五)机电、金属结构设备

机电、金属结构设备原价按厂家询价计算，安装费按水利部水总[1999]523号文颁发的

《水利水电设备安装工程概算定额》和河南省水利厅豫水建[2006]52号文发布的《河南省水利水电工程设备安装工程概(预)算补充定额》编制。

(六)费率及费用

建筑安装工程单价由直接工程费、间接费、企业利润和税金组成,其费率见表8-25,按豫水建[2006]52号文发布的《河南省水利水电工程概预算定额及设计概(估)算编制规定》编制估算单价。

表8-25 工程费率

序号	工程类别	计算基础	费率(%)
一	其他直接费(土建)	直接费	2.5
	其他直接费(安装)	直接费	3.2
二	现场经费		
	土石方工程	直接费	9
	砂石备料工程(自采)	直接费	2
	模板工程	直接费	8
	混凝土工程	直接费	8
	钻孔灌浆及锚固工程	直接费	7
	其他工程	直接费	7
	设备安装工程	人工费	45
	其他工程		
三	间接费		
	土石方工程	直接工程费	9
	砂石备料工程(自采)	直接工程费	6
	模板工程	直接工程费	6
	混凝土工程	直接工程费	5
	钻孔灌浆及锚固工程	直接工程费	7
	其他工程	直接工程费	7
	设备安装工程	人工费	50

(1)计划利润:按直接费与间接费之和的7%计算;

(2)税金:按直接费、间接费与计划利润之和的3.22%计算;

(3)预备费:基本预备费率为5%,不计价差预备费。

(七)其他取费

(1)交通工程和永久供电工程按投资指标计算;

(2)其他永久建筑工程按主要建筑工程投资的0.5%计列;

(3)其他临时工程按一至四部分建安工作量的3.5%计列;

(4)独立费用中的各项费用按豫水建[2006]52号文,关于发布《河南省水利水电工程概预算定额及设计概(估)算编制规定》计算。

四、工程投资

经计算，碾压混凝土重力坝工程总投资为16 504.45万元，其中工程静态投资为16 504.45万元。各方案投资见表8-26。

表8-26 不同坝型费用投资对比 （单位：万元）

工程投资	碾压混凝土重力坝	面板堆石坝	备注
工程静态总投资	16 504.45	17 429.86	
工程总投资	16 504.45	17 429.86	

五、说明

本概算未计算建设期融资利息。

六、概算表格

本概算所附的投资总概算表、分年度投资表、建筑工程概算表、机电设备及安装工程概算表、金属结构及安装工程概算表、临时建筑概算表、独立费用概算表等均系对应于碾压混凝土坝方案。具体概算表格见表8-27～表8-33。

表8-27 济源市蟒河口水库工程初步设计总概算审定表 （单位：万元）

序号	工程或费用投资	上报投资	核增(+)	核减(-)	审定投资	备注
Ⅰ	工程部分投资	16 780.53	1 073.58	1 349.66	16 504.45	
	第一部分 建筑工程	12 400.79	36.00	1 162.00	11 274.79	
一	挡水工程	11 581.19		1 098.60	10 482.59	主材限价，工程量、帷幕灌浆单价调整，骨料及粉煤灰价格调整
二	交通工程	288.75			288.75	
三	房屋建筑工程	138.60			138.60	
四	供电工程	39.00	36.00		75.00	按合同价计列
五	其他工程	353.25		63.40	289.85	计算基数变化
	第二部分 机电设备及安装工程	395.65	12.45	45.22	362.87	
一	库区部分	153.17	12.45		165.62	柴油发电机调整
二	办公生活区	30.28		0.52	29.76	设备价格调整
三	闸门控制设备	47.57		1.17	46.40	设备价格、安装费调整
四	通信设备	27.28		0.49	26.79	设备价格调整
五	观测设备	66.09		2.78	63.31	
六	消防设备	1.00			1.00	
七	交通工具购置费	45.00		15.00	30.00	指标降低
八	其他设备及安装工程	25.26		25.26		核减项目
	第三部分 金属结构设备及安装工程	334.13	6.80	5.57	335.36	
一	泄洪工程	281.10		5.57	275.53	设备调整

续表 8-27

序号	工程或费用投资	上报投资	核增(+)	核减(-)	审定投资	备注
二	灌溉洞工程	53.03	6.80		59.83	设备调整
	第四部分　施工临时工程	788.75	45.60	81.23	753.12	
一	导流工程	49.97		2.95	47.02	主材限价
二	交通工程	50.75			50.75	
三	临时供电工程		45.60		45.60	增列 4.7 km 临时线路
四	房屋建筑工程	236.58		37.51	199.07	计算基数变化
五	其他施工临时工程	451.45		40.78	410.67	计算基数变化
	第五部分　独立费用	2 062.14	972.73	42.48	2 992.39	
一	建设管理费	525.65		6.72	518.93	计算基数变化
二	生产及管理单位准备费	134.53		11.58	122.95	计算基数变化
三	科研勘测设计费	1 056.94		5.80	1 051.14	计算基数变化
四	建设及施工场地征用费	245.00			245.00	
五	其他	100.02		18.37	81.65	计算基数变化
六	材差		972.73		972.73	
	一至五部分投资合计	15 981.46	1 073.58	1 336.51	15 718.53	
	基本预备费	799.07		13.15	785.93	
	静态总投资	16 780.53	1 073.58	1 349.66	16 504.45	
	总投资	16 780.53	1 073.58	1 349.66	16 504.45	
Ⅱ	生态环境保护与水土保持投资					
Σ	工程总投资	16 780.53	1 073.58	1 349.66	16 504.45	

表 8-28　总概算表　　（单位:万元）

序号	工程或费用名称	建安工程费	设备购置费	其他费用	合计	占一至六部分合计(%)	备注
Ⅰ	工程部分				16 504.45		
	第一部分　建筑工程	11 274.79			11 274.79	71.73	
一	挡水工程	10 482.59			10 482.59		
二	交通工程	288.75			288.75		
三	房屋建筑工程	138.60			138.60		
四	供电工程	75.00			75.00		
五	其他工程	289.85			289.85		
	第二部分　机电设备及安装工程	119.54	243.34		362.87	2.31	

续表 8-28

序号	工程或费用名称	建安工程费	设备购置费	其他费用	合计	占一至六部分合计(%)	备注
	第三部分　金属结构设备及安装工程	42.36	292.99		335.36	2.13	
	第四部分　临时工程	753.12			753.12	4.79	
一	导流工程	47.02			47.02		
二	交通工程	50.75			50.75		
三	临时供电工程	45.60			45.60		
四	临时房屋建筑工程	199.07			199.07		
五	其他临时工程	410.67			410.67		
	第五部分　独立费用			2 992.39	2 992.39	19.04	
一	建设管理费			518.93	518.93		
二	生产及管理单位准备费			122.95	122.95		
三	科研勘测设计费			1 051.14	1 051.14		
四	建设及施工场地征用费			245.00	245.00		
五	其他			81.65	81.65		
六	材差			972.73	972.73		
	一至五部分合计	12 189.80	536.33	2 992.39	15 718.53	100.00	
	基本预备费 5%				785.93		
	工程部分静态总投资				16 504.45		
	工程部分总投资				16 504.45		
Ⅱ	移民和环境部分				0.00		
	水土保持投资						
Ⅲ	工程投资合计						
	工程静态总投资				16 504.45		
	工程总投资				16 504.45		

表 8-29　分年度投资概算表　（单位:万元）

序号	工程及费用名称	总投资	分年度投资		
			1	2	3
	第一部分　建筑工程	11 274.79	2 095.21	4 870.61	4 308.98
一	挡水工程	10 482.59	1 572.39	4 717.17	4 193.04
二	交通工程	288.75	288.75		
三	房屋建筑工程	138.60	138.60		
四	供电工程	75.00	37.50	37.50	
五	其他工程	289.85	57.97	115.94	115.94
	第二部分　机电设备及安装工程	362.87		217.72	145.15
	第三部分　金属结构设备及安装工程	335.36		201.22	134.14
	第四部分　临时工程	753.12	481.49	271.62	
一	导流工程	47.02	23.51	23.51	
二	交通工程	50.75	25.38	25.38	
三	临时供电工程	45.60	45.60		
四	临时房屋建筑工程	199.07	99.54	99.54	
五	其他临时工程	410.67	287.47	123.20	
	第五部分　独立费用	2 019.66	1 155.56	398.56	465.54
一	建设管理费	518.93	259.46	155.68	103.79
二	生产及管理单位准备费	122.95			122.95
三	科研勘测设计费	1 051.14	630.68	210.23	210.23
四	建设及施工场地征用费	245.00	245.00		
五	其他	81.65	20.41	32.66	28.58
六	材差	972.73			
	一至五部分合计	14 745.79	3 732.26	5 959.73	5 053.80
	基本预备费 5%	785.93			
	工程部分静态总投资	16 504.45			
	工程部分总投资	16 504.45			

表 8-30　建筑工程概算表

序号	工程或费用名称	单位	数量	单价(元)	合计(万元)
	第一部分　建筑工程				11 274.79
一	挡水工程				10 482.59
1	土石方工程				1 006.05
	砂砾石开挖(运距 1.3 km)	m^3	51 452	11.94	61.45
	石方开挖(运距 1.3 km)	m^3	242 244	38.99	944.60
2	混凝土挡水坝段				2 163.65
	坝体碾压混凝土 C20 270 m 以下	m^3	3 928	191.87	75.37
	坝体碾压混凝土 C20 270 m 以上	m^3	18 129	200.83	364.08
	坝体碾压混凝土 C15 270 m 以下	m^3	23 664	182.00	430.69
	坝体碾压混凝土 C15 270 m 以上	m^3	56 662	190.96	1 082.04
	常态混凝土 C20	m^3	2 562	238.67	61.15
	模板	m^2	512	44.15	2.26
	启闭机房	m^2	195	800.00	15.60
	细部结构	m^3	104 945	12.62	132.46
3	混凝土溢流坝段				3 993.02
	坝体碾压混凝土 C20 270 m 以下	m^3	17 423	191.87	334.28
	坝体碾压混凝土 C20 270 m 以上	m^3	8 567	200.83	172.05
	坝体碾压混凝土 C15 270 m 以下	m^3	89 080	182.00	1 621.28
	坝体碾压混凝土 C15 270 m 以上	m^3	38 847	190.96	741.83
	常态混凝土 C20	m^3	4 635	238.67	110.62
	溢流面常态混凝土 C30	m^3	20 198	315.85	637.95
	护坦常态混凝土 C25	m^3	1 172	315.14	36.93
	桥墩及溢流导墙常态混凝土 C25	m^3	1 630	294.01	47.92
	模板	m^2	13 818	44.15	61.00
	细部结构	m^3	181 551	12.62	229.16
4	泄洪洞坝段				563.54
	坝体碾压混凝土 C20 270 m 以下	m^3	1 890	191.87	36.26
	坝体碾压混凝土 C20 270 m 以上	m^3	1 993	200.83	40.03
	坝体碾压混凝土 C15 270 m 以下	m^3	6 730	182.00	122.49
	坝体碾压混凝土 C15 270 m 以上	m^3	5 043	190.96	96.31
	平台常态混凝土 C20	m^3	66	238.67	1.58

续表 8-30

序号	工程或费用名称	单位	数量	单价(元)	合计(万元)
	洞身及进水塔架常态混凝土 C25	m^3	4 480	296.14	132.67
	工作门闸室及泄槽常态混凝土 C25	m^3	2 311	294.01	67.95
	模板	m^2	5 486	44.15	24.22
	钢管 DN600	m	76	1 800.00	13.61
	细部结构	m^3	22 513	12.62	28.42
5	灌溉洞坝段				368.92
	坝体碾压混凝土 C20 270 m 以下	m^3	807	191.87	15.48
	坝体碾压混凝土 C20 270 m 以上	m^3	1 295	200.83	26.01
	坝体碾压混凝土 C15 270 m 以下	m^3	4 515	182.00	82.17
	坝体碾压混凝土 C15 270 m 以上	m^3	3 783	190.96	72.24
	平台常态混凝土 C20	m^3	44	238.67	1.05
	进水塔常态混凝土 C25	m^3	1 895	296.14	56.12
	蝶阀室及泄槽常态混凝土 C25	m^3	1 574	294.01	46.28
	通气钢管 DN1000	m	45	3 000.00	13.50
	灌溉洞钢管 DN1000	m	55	3 000.00	16.50
	通气钢管 DN400	m	44	1 000.00	4.40
	供水钢管 DN700	m	26	2 000.00	5.20
	模板	m^2	2 810	44.15	12.41
	细部结构	m^3	13 913	12.62	17.56
6	其他				2 326.06
	钢筋	t	1 855	5 310.17	985.04
	断层混凝土回填(C20 三级配)	m^3	1 131	253.13	28.63
	坝基锚杆($L=4$ m, $\phi=25$ mm)	根	1 764	128.33	22.64
	固结灌浆	m	12 054	150.75	181.72
	断层带帷幕灌浆钻孔(洞内)	m	6 525	174.66	113.97
	断层带帷幕灌浆(洞内)	m	4 559	402.40	183.45
	断层带帷幕灌浆钻孔(露天)	m	3 965	165.59	65.66
	断层带帷幕灌浆(露天)	m	3 965	402.40	159.55
	其他帷幕灌浆钻孔(露天)	m	4 092	165.59	67.76
	其他帷幕灌浆(露天)	m	4 092	285.69	116.90
	其他帷幕灌浆钻孔(洞内)	m	3 070	174.66	53.62

续表 8-30

序号	工程或费用名称	单位	数量	单价(元)	合计(万元)
	其他帷幕灌浆(洞内)	m	2 371	285.69	67.74
	接触灌浆	m^2	12 888	20.91	26.94
	聚乙烯闭孔塑料板	m^2	1 751	68.11	11.93
	铜片止水	m	1 307	514.46	67.24
	塑料止水	m	1 895	64.66	12.25
	坝基排水孔	m	4 198	16.47	6.91
	坝体排水孔	m	6 179	142.58	88.10
	温控费	m^3	64 585	10.00	64.58
	细部结构	m^3	1 131	12.62	1.43
7	交通桥工程				61.35
	混凝土 C40 二级配	m^3	355	646.08	29.50
	模板	m^2	533	44.15	2.35
	钢筋	t	52	5 310.17	27.61
	橡胶垫	个	72	200.00	1.44
	细部结构	m^3	355	12.62	0.45
二	交通工程				288.75
	公路($B=6.5$ m,泥结碎石路面)	km	1.65	1 750 000.00	288.75
三	房屋建筑工程				138.60
	办公生活用房	m^2	1 450	800.00	116.00
	辅助管理用房	m^2	200	500.00	10.00
	室外工程 10%				12.60
四	供电工程				75.00
	10 kV 架线工程	km	3.0	250 000.00	75.00
五	其他工程				289.85
	内观仪器	项	1.0	1 477 950.00	147.80
	内观土建工程	项	1.0	896 400.00	89.64
	其他工程	%	0.5	10 482.59	52.41

表 8-31 机电设备及安装工程概算表

编号	名称及规格	单位	数量	单价(元)		合计(万元)	
				设备费	安装费	设备费	安装费
	第二部分 机电设备及安装工程					243.34	119.54
一	库区部分					82.28	83.34
	组合变电站 200 kVA 10/0.4 kV	座	1.00	200 000	32 891.01	20.00	3.29
	动力配电箱	面	5.00	20 000	3 289.10	10.00	1.64
	照明配电箱	面	6.00	5 000	822.28	3.00	0.49
	路灯照明灯具 220 V 150 W 带灯柱	套	10.00	7 000	2 100.00	7.00	2.10
	照明灯具 220 V 60 W 防潮型	套	15.00	2 000	600.00	3.00	0.90
	日光灯 220 V 36 W	套	20.00	50	5.00	0.10	0.01
	接地扁钢 -60×6 mm	t	10.00	3 300	990.00	3.30	0.99
	基础槽钢[10	t	2.00	3 050	915.00	0.61	0.18
	柴油发电机 250 kW 0.4 kV	台	1.00	250 000	66 659.84	25.00	6.67
	动力检修箱	面	4.00	7 000	2 100.00	2.80	0.84
	动力电缆	km	5.00		132 452.26		66.23
	电缆防火材料	项	1.00	30 000		3.00	0.00
	运杂费(5.74%)					4.47	
二	办公生活区					20.62	9.14
	组合变电站 100 kVA 10/0.4 kV	座	1.00	120 000	19 734.61	12.00	1.97
	动力配电箱	面	1.00	7 000	1 151.19	0.70	0.12
	插座箱	面	2.00	5 000	822.28	1.00	0.16
	照明配电箱	面	3.00	5 000	822.28	1.50	0.25
	日光灯 220 V 36 W	套	20.00	50	5.00	0.10	0.01
	电缆	km	0.50		107 955.36		5.40
	导线	km	2.00	4 000	1 200.00	0.80	0.24
	接地扁钢 -60×6 mm	t	10.00	3 300	990.00	3.30	0.99
	电缆防火材料	项	1.00	1 000		0.10	0.00
	运杂费(5.74%)					1.12	
三	闸门控制设备					36.80	9.60
1	计算机控制系统					26.22	1.78
	后台机	套	1.00	50 000	4 036.36	5.00	0.40
	以太网交换机	套	1.00	20 000	1 614.54	2.00	0.16

续表 8-31

编号	名称及规格	单位	数量	单价(元)		合计(万元)	
				设备费	安装费	设备费	安装费
	显示器 21 寸液晶	台	1.00	3 000		0.30	0.00
	UPS 电源 2 kVA/h	套	1.00	25 000		2.50	0.00
	泄洪洞工作门 LCU 现地控制单元	面	1.00	50 000	4 036.36	5.00	0.40
	泄洪洞检修门 LCU 现地控制单元	面	1.00	50 000	4 036.36	5.00	0.40
	灌溉洞蝶阀 LCU 现地控制单元	面	1.00	50 000	4 036.36	5.00	0.40
	运杂费(5.74%)					1.42	
2	现地控制设备					10.57	0.81
	泄洪洞工作门控制盘	面	1.00	40 000	3 229.09	4.00	0.32
	泄洪洞检修门控制盘	面	1.00	30 000	2 421.82	3.00	0.24
	灌溉洞蝶阀控制盘	面	1.00	30 000	2 421.82	3.00	0.24
	运杂费(5.74%)					0.57	
3	控制电缆	km	1.20		55 906.56		6.71
4	光缆	km	0.20		15 450.00		0.31
四	通信设备					21.99	4.79
	程控交换机	台	1.00	150 000	17 348.79	15.00	1.73
	高频开关电源	台	1.00	50 000	15 000.00	5.00	1.50
	电话分机	部	40.00	200		0.80	0.00
	通信缆线	m	1 200		13.00		1.56
	运杂费(5.74%)					1.19	
五	观测设备					50.65	12.66
1	外部设备费					50.65	
	工作基点	个	3.00	2 000		0.60	
	位移标点	个	8.00	1 500		1.20	
	水准基点组	组	1.00	2 000		0.20	
	垂线坐标仪	套	4.00	16 000		6.40	
	倒垂装置	套	2.00	6 000		1.20	
	测斜管	m	200.00	120		2.40	
	测斜仪	台	1.00	140 000		14.00	
	正垂装置	套	2.00	5 000		1.00	
	集线箱	个	9.00	6 000		5.40	

续表 8-31

编号	名称及规格	单位	数量	单价(元)		合计(万元)	
				设备费	安装费	设备费	安装费
	读数仪	台	4.00	10 000		4.00	
	电子经纬仪	套	1.00	75 000		7.50	
	光学水准仪	套	1.00	36 000		3.60	
	平尺水位计	台	1.00	4 000		0.40	
	运杂费(5.74%)					2.75	
2	设备安装费(设备费的25%)	项					12.66
六	消防设备					1.00	
	消防设备	项	1.00	10 000		1.00	
七	交通工具购置费					30.00	
	交通车辆	辆	3.00	100 000		30.00	

表 8-32　金属结构设备及安装工程

编号	名称及规格	单位	数量	单价(元)		合计(万元)	
				设备费	安装费	设备费	安装费
	第三部分　金属结构设备及安装工程					292.99	42.36
一	泄洪工程					247.96	27.57
1	闸门设备及安装					86.18	17.06
	事故检修平滑门(1×20 t)	t	20.00	10 000	1 374.50	20.00	2.75
	闸门埋件	t	23.00	9 000	2 548.23	20.70	5.86
	工作平面定轮门(1×17 t)	t	17.00	11 000	1 374.50	18.70	2.34
	闸门埋件	t	24.00	9 000	2 548.23	21.60	6.12
	测压设备	套	1.00	5 000		0.50	
	运杂费(5.74%)					4.68	
2	启闭设备及安装					161.78	10.50
	固定卷扬机(自重 30 t)	台	1.00	600 000	30 924.26	60.00	3.09
	液压启闭机(自重 19 t)	台	1.00	855 000	61 156.68	85.50	6.12
	电动葫芦（自重 7.5 t)	台	1.00	75 000	12 946.88	7.50	1.29
	运杂费(5.74%)					8.78	
二	灌溉洞工程					45.03	14.80
1	闸门设备及安装					35.78	13.25
	灌溉蝶阀 DN1000	台	1.00	24 000	25 208.33	2.40	2.52

续表 8-32

编号	名称及规格	单位	数量	单价(元)		合计(万元)	
				设备费	安装费	设备费	安装费
	供水蝶阀 DN700	台	1.00	12 000	18 928.81	1.20	1.89
	灌溉闸阀 DN1000	t	3.60	12 000	5 591.39	4.32	2.01
	供水闸阀 DN700	t	2.10	12 000	5 591.39	2.52	1.17
	伸缩节 DN1000	个	1.00	2 000		0.20	
	伸缩节 DN700	个	1.00	1 500		0.15	
	拦污栅埋件	t	18.00	9 000	2 633.84	16.20	4.74
	拦污栅	t	1.50	9 000	888.78	1.35	0.13
	检修门	t	5.00	10 000	1 555.37	5.00	0.78
	测压设备	套	1.00	5 000		0.50	
	运杂费(5.74%)					1.94	
2	启闭设备及安装					9.25	1.54
	电动葫芦(自重 3.5 t)	台	1.00	35 000	3 418.64	3.50	0.34
	悬挂式桥机(自重 3.5 t)	台	1.00	52 500	12 009.47	5.25	1.20
	运杂费(5.74%)					0.50	

表 8-33 临时工程概算表

序号	工程或费用名称	单位	数量	单价(元)	合计(万元)
	第四部分 临时工程				753.12
一	导流工程				47.02
	上游围堰土方	m^3	363	19.24	0.70
	上游围堰防渗墙	m^2	726	238.88	17.34
	下游围堰土方	m^3	326	19.24	0.63
	下游围堰防渗墙	m^2	837	238.88	19.99
	浆砌石	m^3	300	180.27	5.41
	涵管	m	32	700.00	2.24
	涵管基础素混凝土	m^3	28	253.13	0.71
二	交通工程				50.75
	左岸支线公路	km	1.45	350 000.00	50.75
三	临时供电工程				45.60
	10 kV 供电线路	km	4.8	95 000.00	45.60
四	临时房屋建筑工程				199.07

续表 8-33

序号	工程或费用名称	单位	数量	单价(元)	合计(万元)
	仓库	m^2	1 000	200.00	20.00
	生活及文化福利建筑				179.07
五	其他临时工程	万元			410.67
	(按一至四部分建安量 3.5%)				410.67

复习思考题

1. 设计概算文件包括哪些内容?
2. 概算表格由哪几部分内容构成?如何填写表格?
3. 概算表由哪些具体表格构成?
4. 概算附表由哪些具体表格构成?
5. 概算附件附表由哪些具体表格构成?

第九章　计算机编制水利水电工程造价

第一节　工程造价软件简介

一、功能特点

(一)组合条件决定费率取值

工程软件根据不同专业的概(预)算编制规定及文件提供相应的工程项目参数(工程类别、地区类别、编制类型等)选择,不同的参数组合决定一组唯一的取费费率。

(二)智能定额套用与换算

本系统定额套用简单方便,支持双击、拖放、编码录入、智能搜索定位等多种定额子目输入方式,可以将人材机、设备或者用户自定义的补充定额作为子目录入;人材机系数、增减、配合比与台班成分及含量等换算过程由系统智能提示,并完整记录换算过程。

(三)单子目取费设置功能

为满足特殊子目的取费要求,系统提供对单子目进行取费程序的设置。

(四)数据变化、同步计算

在操作过程中,不论是改变费率还是工程量及单价,用户不必重新计算,整个工程数据均会自动同步更新。

(五)全电子表格数据导入与导出功能

系统支持电子表格形式的子目数据导入,能将任何窗口中的数据表格以电子表格形式输出,便于数据的兼容与共享。

(六)灵活可控的自由报表

数据报表以电子表格形式输出,在取数上方便快捷、报表格式灵活可控,支持 Excel 的格式操作,可以满足各类报表取数与格式要求;独特的"报表集合"功能可以将相关报表一次性打印输出,也可以将"报表集合"输出到一个 Excel 文件中,实现科学集中管理目的。

(七)完整的"预规"文件集成

系统以模板的形式集成相关专业的概(预)算编制规定,不但可以通过不同工程项目参数条件决定取费费率,而且在相应的备注中提供详细的编制规定说明,同时在帮助文档里也提供完整的相关专业的编制规定及相关文件,使用户在操作的过程中不必查阅编制书目。

(八)运行稳定、灾难恢复

系统在数据安全方面提供"自动后台数据备份"与独特"快照"功能两大措施,全程保证安全稳定运行,工程文件不会因计算机断电、非正常关机等状况造成数据遗失。

二、操作流程简图

(一)流程简图

软件的基本操作流程根据手工编制预算书的过程进行设置,基本流程图如图9-1所示。

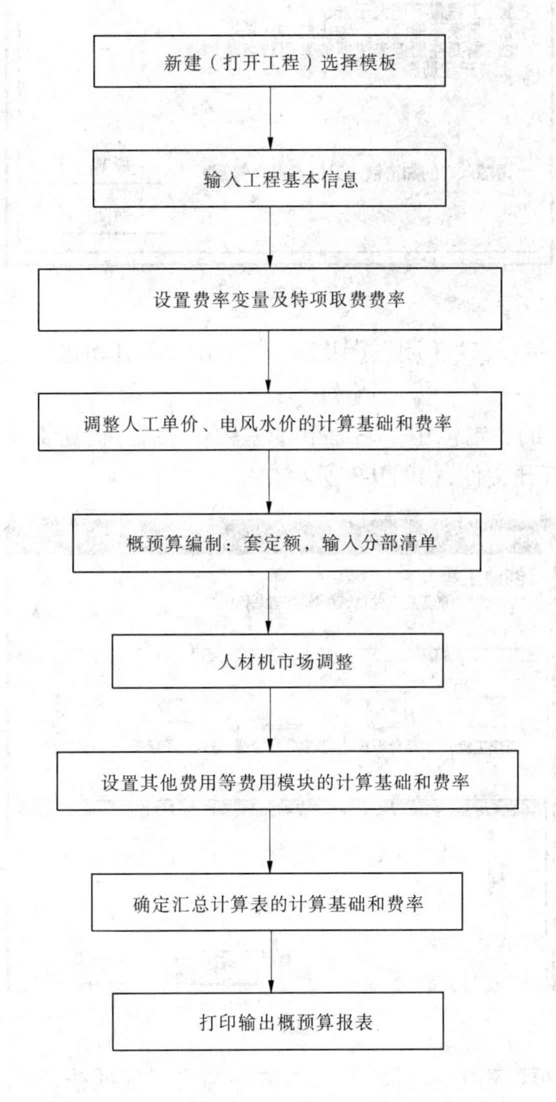

图9-1 基本流程

(二)新建向导

1. 新建向导概述

(1)程序安装完成后,双击桌面上的程序启动图标,或者通过"开始"菜单启动程序,正式版用户必须将软件锁插入USB接口中,如果没有插入软件锁或者系统未检测到软件锁,则会提示"没有发现加密锁"对话框,此时请检查USB接口是否接触良好,试用版用户也会提示,没有加密锁在操作过程中工程量最大只能是256,且不能进行报表的打印与Excel文件格式输出,如图 9-2 所示。

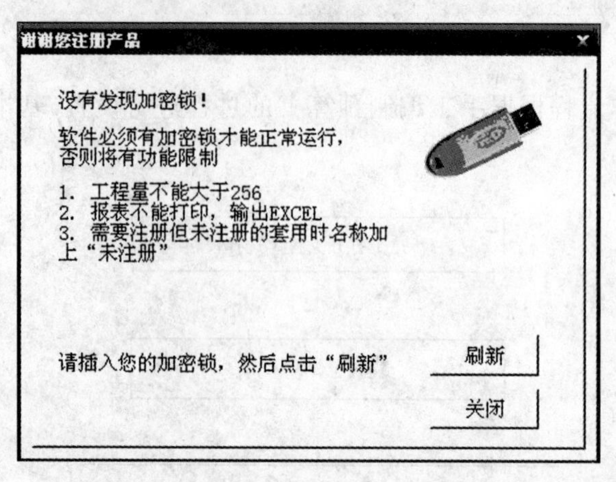

图 9-2

(2)试用版用户直接点击“关闭”按钮,正式版用户则自动进入“欢迎使用”对话框(创建工程文件向导)。

(3)在“新建向导”的主窗体中。它有五个主要的功能,新建工程、审计审核、新建项目管理、导入电子标书、打开文件,如图 9-3 所示。

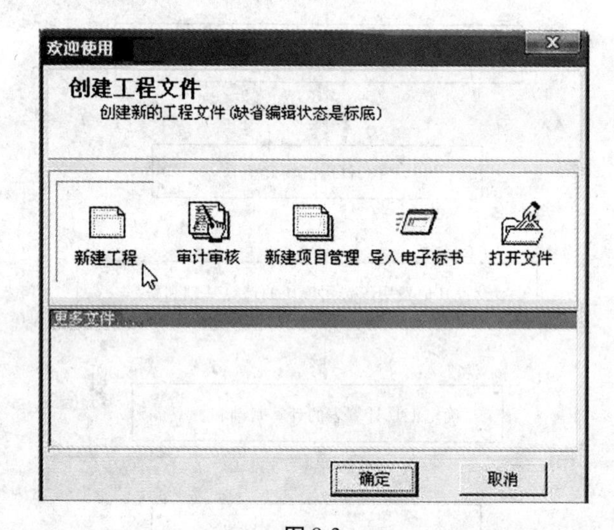

图 9-3

选择其中任何一种要完成的功能,双击窗体中与之对应的按钮,系统会提示你完成所需要的操作。

注意:双击窗体中“更多文件… ”这一行,可以选择文件打开。

2. 新建工程

(1)在“欢迎使用”对话框中双击“新建工程”按钮,或者是点击“新建工程”按钮后点击“确定”按钮(工程文件的后缀名为: * . JGC)。如图 9-4 所示。

(2)设置工程名称及模板新建的工程文件:必须在输入工程名称并选用工程模板(模板文件的后缀名为 * . JGCM)后才能点击“完成”按钮。

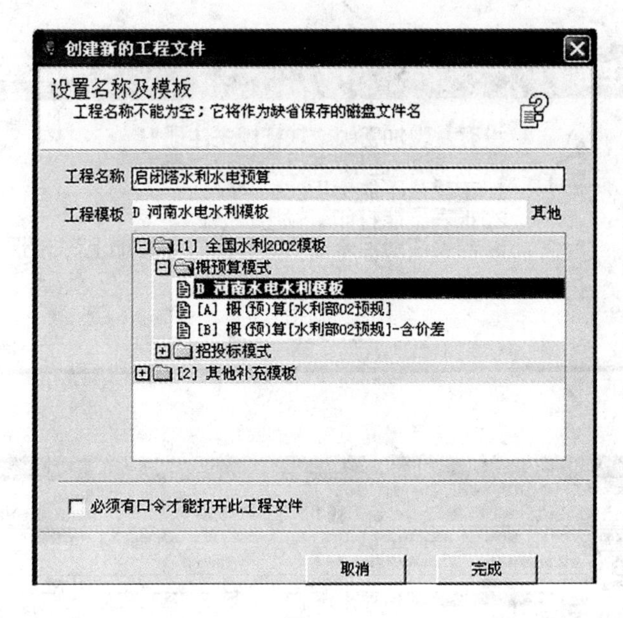

图 9-4

（3）工程模板，水利水电全国版在新建工程时有“概（预）算模式”、“招投标模式”两种模板供选择。下面对各个模板进行简要的说明。

全国水利 2002 模板：“概（预）算模式”和“招投标模式”两种。而在模板中又分为含价差和不含价差两种（说明：价差就是市场价与定额价的价格差异，用市场价减定额价就是价差）。

概（预）算模式如下：

①概（预）算[水利部 02 预规]：以 2002 年颁布的定额标准为依据。不含价差，它的材机价格就直接取市场价，在工程中直接给市场价就可以了。

②概（预）算[水利部 02 预规] – 含价差：以 2002 年颁布的定额标准为依据。含价差的，就需要有定额价和市场价，价差计算才正确。

招投标模式：

①投标报价（02 定额）：以 2002 年颁布的定额标准为依据。不含价差，提供给投标和招标方使用。

②投标报价（02 定额）– 含价差：以 2002 年颁布的定额标准为依据。含价差，提供给投标和招标方使用。

“其他补充模板”自采砂石料单价计算工具：以单独的插页存在，工程套定额是在自采砂石料单价插页中完成的。

①用户在输入工程名称和工程模板后，若不需要设置工程口令，直接点击“完成”按钮，进入软件的操作界面。如果用户使用的是试用版，在进入系统前，软件会弹出提示框，提示用户没有注册，工程量值不得大于 256 等相关信息，如图 9-5 所示。

注意：如果用户软件已注册，不会弹出图 9-5 提示框！

②点击“确定”按钮，进入软件的操作界面，如图 9-6 所示。

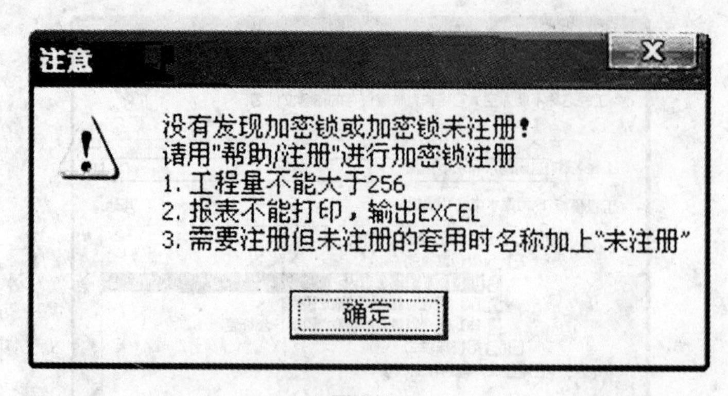

图 9-5

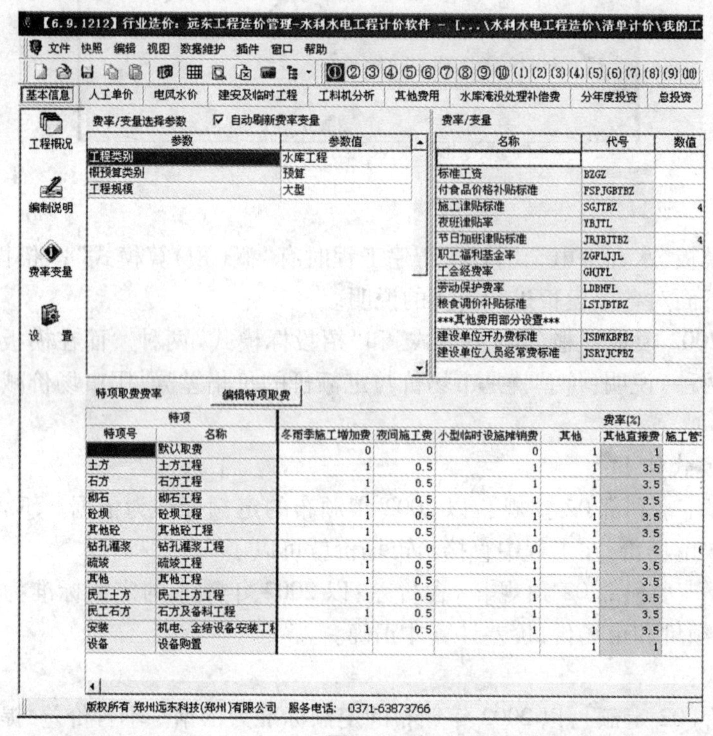

图 9-6

③设置口令。若需要设置工程口令，进行下一步"设置口令"操作。勾选"必须有口令才能打开此工程文件"的选项，将会出现"请输入口令"的文本框，在文本框输入要设置的口令，以后打开此工程文件就只有正确输入口令才能打开，如图 9-7 所示。

注意：用户根据实际情况设置工程口令，务必牢记口令，以免造成口令丢失打不开工程文件。口令可以是数字、英文字母、中文、标点符号等字符。

④其他操作。包括：审计审核、新建项目管理、导入电子标书等。

三、操作界面

在新建工程操作中，输入工程的基本信息后点击"完成"按钮，即可进入软件的操作界面，如图 9-8 所示。

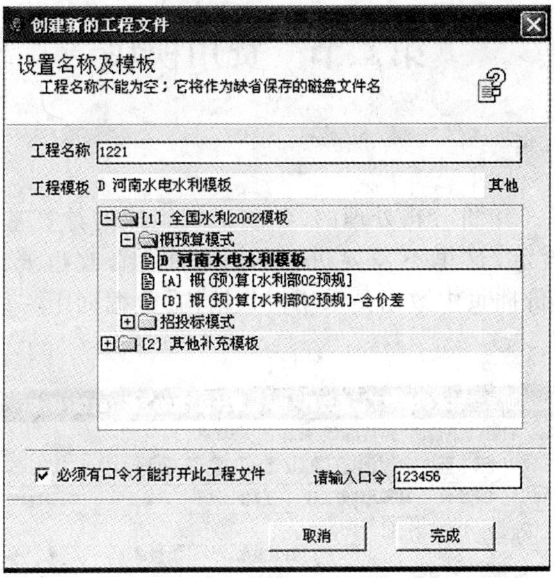

创建新的工程文件

设置名称及模板

工程名称不能为空；它将作为缺省保存的磁盘文件名

工程名称 1221

工程模板 D 河南水电水利模板　　其他

[1] 全国水利2002模板
概预算模式
D 河南水电水利模板
[A] 概(预)算[水利部02预规]
[B] 概(预)算[水利部02预规]-含价差
招投标模式
[2] 其他补充模板

☑ 必须有口令才能打开此工程文件　　请输入口令 123456

取消　　完成

图 9-7

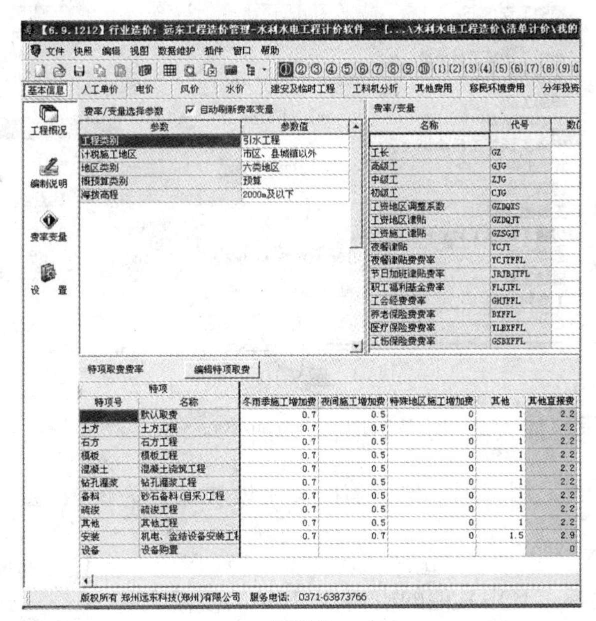

图 9-8

显示当前软件的名称、版本信息及工程文件的目标路径，如图 9-9 所示。

图 9-9

第二节 费用模块

一、人工单价计算

该插页是进行人工单价分析处理的，各项工资组成的计算基础与费率已经在前面的“费率/变量”中给定，这里不需要进行修改，即使修改也要回到前面去修改。如图 9-10所示：人工单价插页中数据是采用树状结构，数据向上一级汇总，最后的结果汇总到根节点。

【6.9.1212】行业造价：全国水利水电工程概预算 - [...\清单计价\我的工程\[B] 概(预)算[...

文件 快照 编辑 视图 数据维护 插件 窗口 帮助

基本信息 | 人工单价 | 电风水价 | 建安及临时工程 | 工料机分析 | 其他费用 | 移民环境费用 | 分年投资

小数位: 2

序号	名称	计算基础	费率(%)	合计
1	工长预算工日单价			56.83
1.1	基本工资	550*1*12/251*1.068	100	28.08
1.2	辅助工资			10.19
1.3	工资附加费			18.56
2	高级工预算工日单价			52.88
2.1	基本工资	500*1*12/251*1.068	100	25.53
2.2	辅助工资			10.09
2.3	工资附加费			17.26
3	中级工预算工日单价			44.98
3.1	基本工资	400*1*12/251*1.068	100	20.42
3.2	辅助工资			9.87
3.3	工资附加费			14.69
4	初级工预算工日单价			24.34
4.1	基本工资	270*1*12/251*1.068	100	13.79
4.2	辅助工资			5.69
4.3	工资附加费			4.86

图 9-10

（1）、、：插入项目，增加项目，增加子项。

（2）：保存模板。用户可以把当前的费用模块保存为模板，方便下一次调用或者以此模板为基础创建新的费用模块。

（3）：套用模板。套用其他的模板，以其他的模板为基础来编辑。

（4）：材料的数量、市场价、单位等在修改后点击汇总计算，系统会自动把结果汇总到根节点中。

（5）用户还可以对数值的小数位进行处理，选择保留小数点的位数。

（6）用户还可以点击右键，选择相应的命令选项操作，如图 9-11 所示。

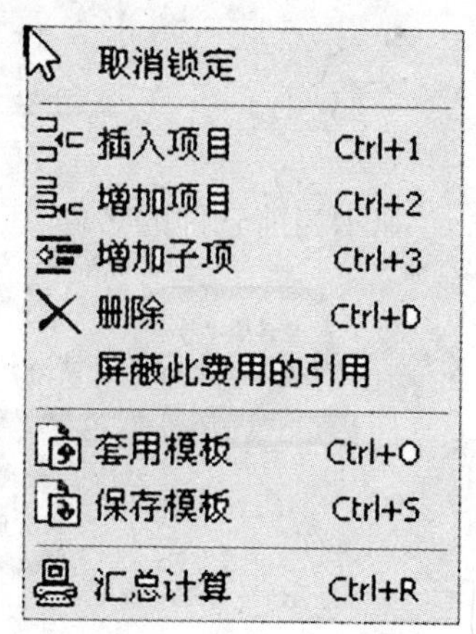

图 9-11

二、电、风、水单价计算

本插页是对电、风、水三种材料进行单价分析处理，进行单价处理时用户根据具体情况输入“计算基础”和“费率”。

说明：“人工单价”与“电、风、水价”模块中除了可变的数据外，相对稳定的公式已经在模板中设置好，用户一般不用修改；如果不需要进行对人工、电、风、水单价分析处理而直接报价的话，可以在单价引用号所在栏单击右键，选择快捷菜单中的“屏蔽此费用的引用”命令项，从而达到屏蔽此行单价的引用的功能，这样就可以直接在“工料机分析”插页中进行报价，如图 9-12 所示。

序号	名称	单位	公式/数量	数值
[illegible]	供电比例			1.00
1.1	电网供电比例		1	1.00
1.2	柴油机供电比例			0.00
1.3	其他供电比例			0.00
2	基本电价		0.58	0.58
3	变配电设备及线路损耗		0.05	0.05
4	高压输电线路损耗		0.04	0.04
5	供电设施摊销费	元/kwh	0.02	0.02
6	柴油发电机出力系数		0.8	0.80
7	时间利用系数		0.8	0.80
8	厂用电率		0.04	0.04
9	单位循环冷却水费	kw.h	0.03	0.03
10	柴油发电机组(台)时总费用			0.00
11	水泵组(台)时总费用			0.00
12	柴油发电机额定容量之和			0.00
13	**电网供电电价**	元/kwh	[2] / (1-[4]) / (1-[3]) + [5]	0.66
14	**柴油发电机供电价格**	元/kwh	([10]+[11])/([12]*[6])/(1-[8])/(1-[3])+[5]	0.00
15	**综合电价**	元/kwh	[13]*[1.1]+[14]*[1.2]	0.66
16	============================			0.00
17	能量利用系数		0.7	0.70
18	空压机组(台)时总费用			0.00
19	水泵组(台)时总费用			0.00
20	空压机额定容量之和			0.00
21	供风损耗率		0.08	0.08

版权所有 长沙智多星信息技术有限公司 服务电话：0731-2258306/7/8/9/10

图 9-12

三、建安及临时工程单价计算

工程套定额是软件的重要组成部分，大部分工作都将在这里完成，如定额的选用、人材机价格的定义、调整、换算以及其他的一些辅助工作，如图 9-13 所示。

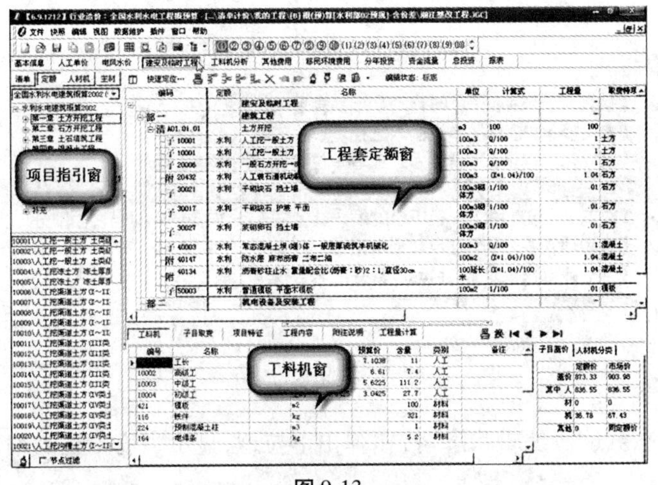

图 9-13

(一)窗口工具栏按钮

窗口工具栏按钮如图 9-14 所示。

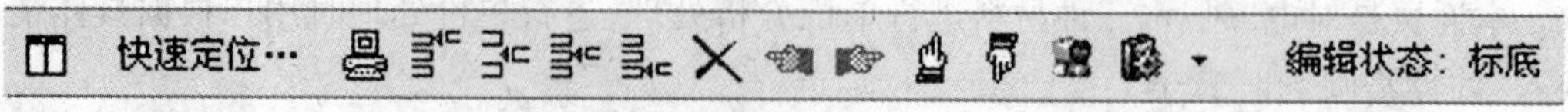

快速定位… 编辑状态:标底

图 9-14

(1) :显示/关闭指引窗。

(2) 快速定位… :点击“快速定位”按钮,可以快速定位到某一项具体工程。如图 9-15 所示。

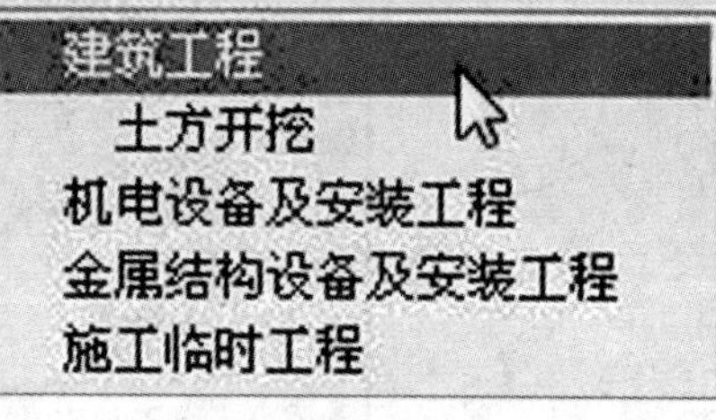

图 9-15

(3) :重算工程量及金额,重新计算整个工程,若计算式中有变量,按改变后的变量值进行计算。

(4) 增加分部:在当前记录下插入一个分部。

(5) 增加子分部:在当前的分部下插入一个子分部。

(6) 增加子目:根据工程情况套定额或主材、设备。

(7) 删除:删除选中的当前记录。注意:不能删除锁定的(粗体显示的)记录和根记录。

(8)分部顺序:分部可以升级 ,也可以降级 。

(9)节点顺序:节点上移 和节点下移 。

(10) 语音对效:语音提示定额。

(11) 设置开关选项:点击“开关”按钮旁边的三角形,在下拉列表中左边为开关,中间为窗口名,右边为窗口的功能说明。要取消当前的功能出口,取消勾选即可,如图 9-16 所示。

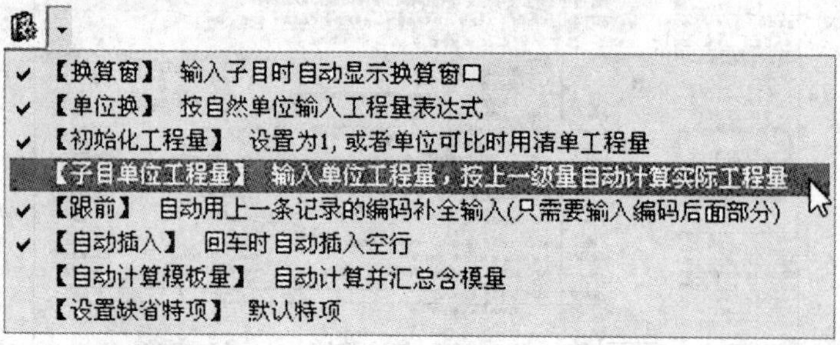

✔【换算窗】 输入子目时自动显示换算窗口
✔【单位换】 按自然单位输入工程量表达式
✔【初始化工程量】 设置为1,或者单位可比时用清单工程量
【子目单位工程量】 输入单位工程量,按上一级量自动计算实际工程量
✔【跟前】 自动用上一条记录的编码补全输入(只需要输入编码后面部分)
✔【自动插入】 回车时自动插入空行
【自动计算模板量】 自动计算并汇总含模量
【设置缺省特项】 默认特项

图 9-16

(12)编辑状态:点击“编辑状态”按钮弹出下拉框,显示当前工程的编辑状态,如图 9-17 所示。

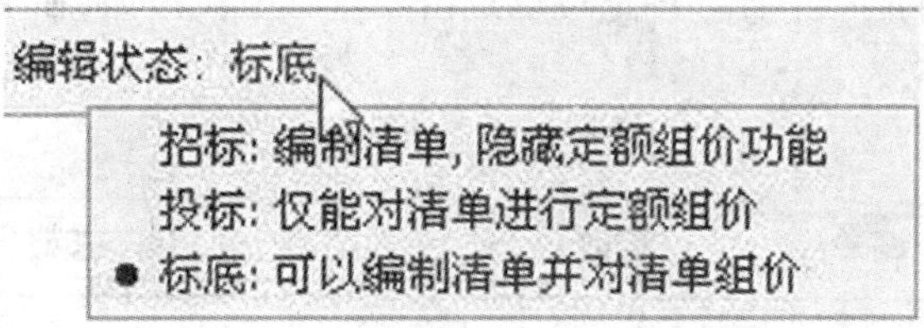

编辑状态：标底

招标：编制清单，隐藏定额组价功能

投标：仅能对清单进行定额组价

● 标底：可以编制清单并对清单组价

图 9-17

(二)项目指引窗

项目指引窗如图 9-18 所示。

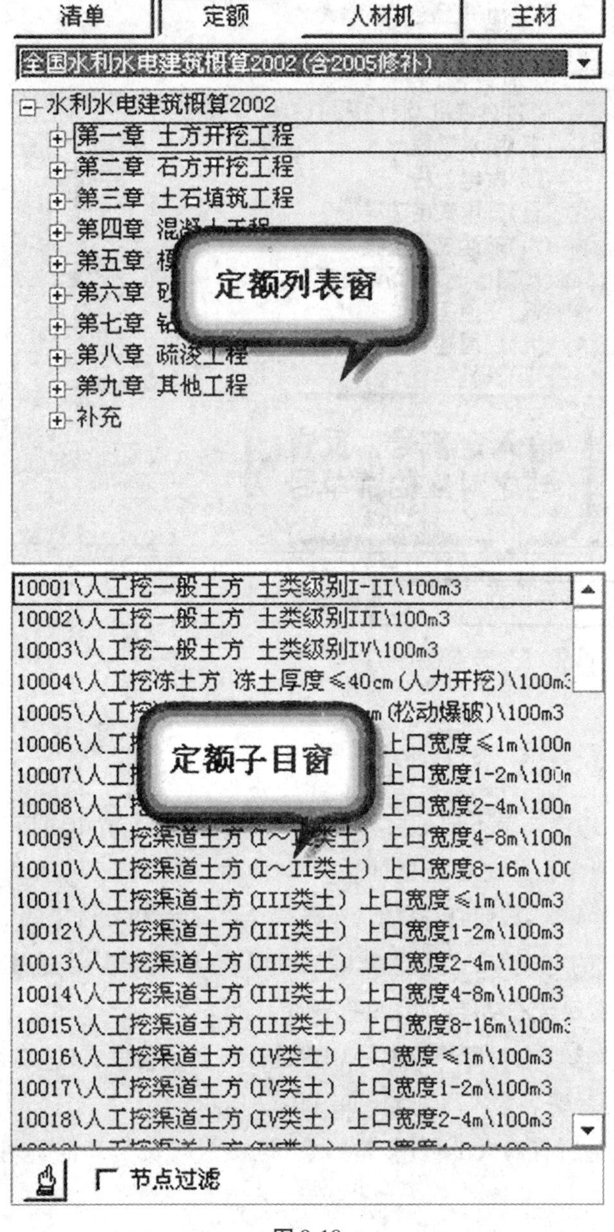

图 9-18

(1)清单库:项目清单集合。用户可以点击三角形下拉按钮,在下拉选项中选择所需项目清单,如图 9-19 所示。

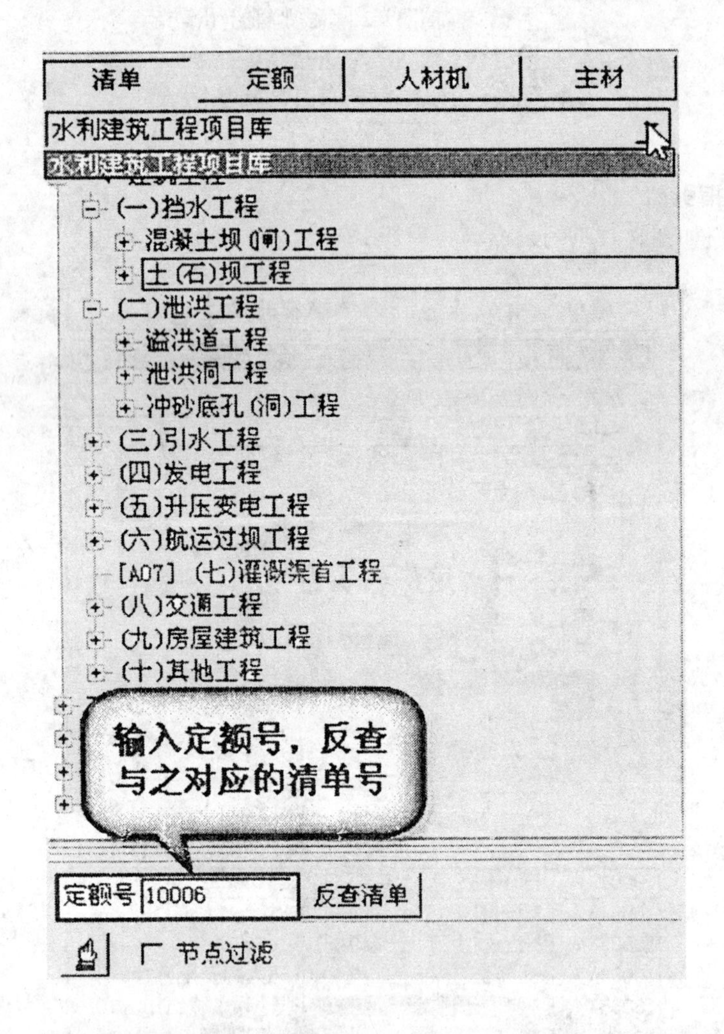

图 9-19

在实际工程中,用户如果不记得某项清单名,但知道这个清单对应的定额号,可以在项目库下面的“反查清单”查询功能里面输入定额号,即可查出结果。例如:输入定额号“10006”,点击“反查清单”按钮,反查的清单结果全部显示出来,如图 9-20 所示。

(2)定额多系统的定额库的切换。实际工程中,有的时候需要套用其他定额库的定额,在这里我们就可以实现这一功能,如图 9-21 所示。

(3)主材:点击“选取主材库”按钮,弹出“选择打开主材库文件”对话框,选择需要的主材文件(主材文件的后缀名为 * . JCL)。如图 9-22 所示。

(4)人材机:包括所有的人工费用、材料费、机械台时费与其他费用及补充材料等。如图 9-23 所示。

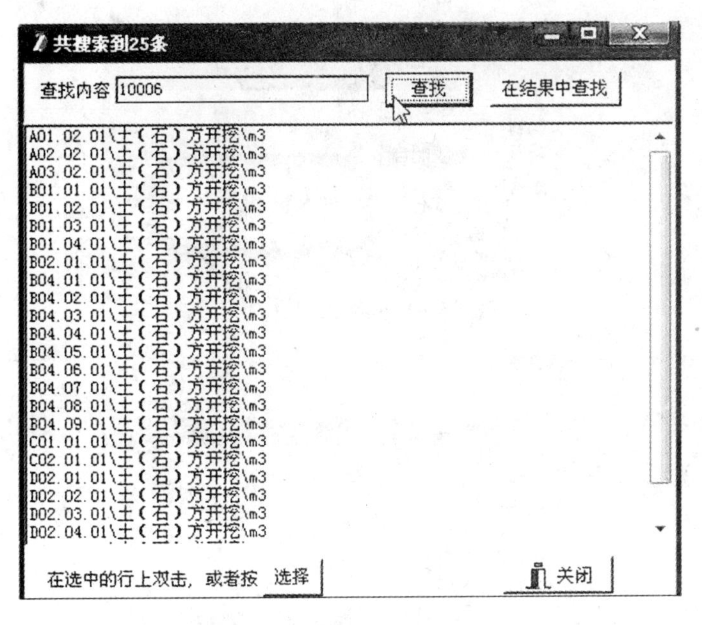

图 9-20

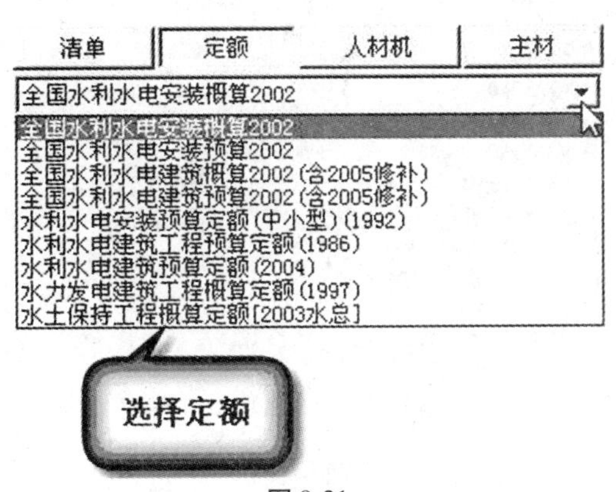

图 9-21

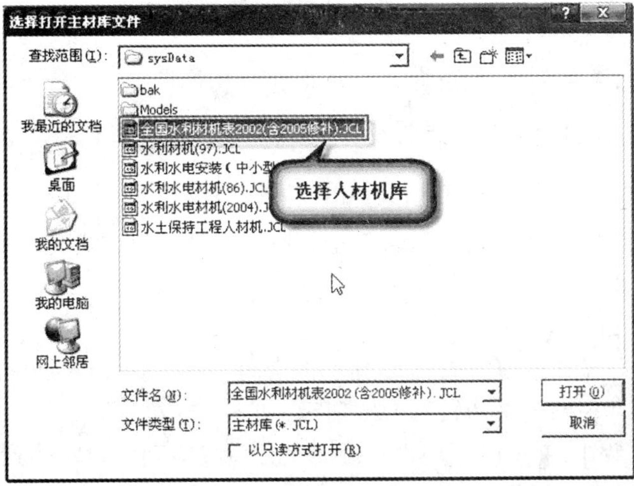

图 9-22

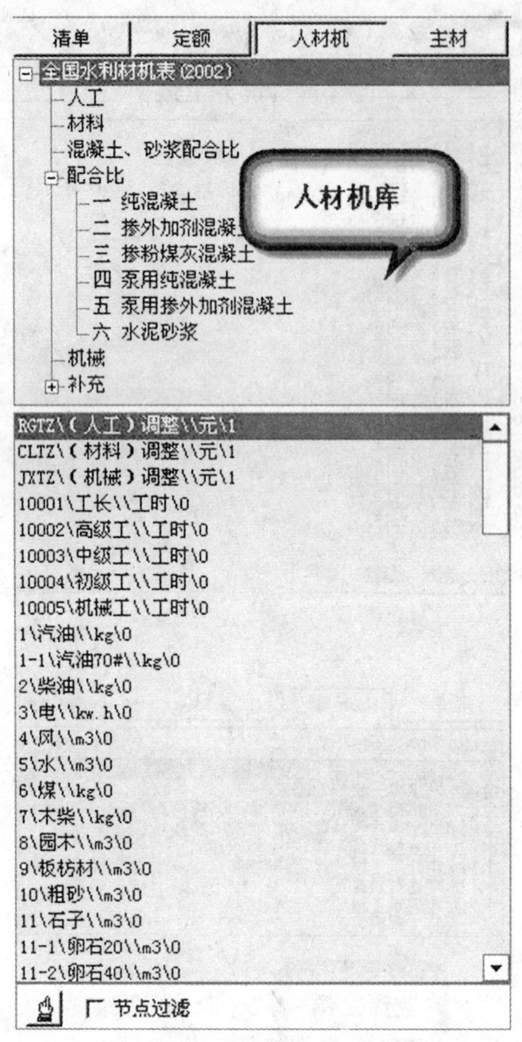

图 9-23

选择好主材库文件点击“打开”,这时我们在项目指引主材窗口中看到主材库文件“国土开发整理工程定额人材机.JCL”。如图 9-24 所示。

(5)在指引窗口的左下角,点击图标按钮,可以切换指引窗内的子窗口顺序,如图9-25所示;在工程套定额时,选择 ☑ 节点过滤 图标,软件会自动过滤到指定节点的内容,而不选择 ☐ 节点过滤 会显示包括此节点在内其他的内容。

(6)用户在工程套定额时,可以直接双击相应的定额子目或者选中相应的定额子目拖拉到套定额窗口中即可。

(三)套定额窗口

工程大部分工作是在这里完成的,如定额的套用、工程量的输入、单价合价的汇总、调整换算以及其他的一些辅助工作。如图 9-26 所示。

(1)列:实际工程中,有的时候用户在做完工程后找不到要显示的列名,这时点击软件工具栏中的图标按钮,选择你所需要显示的列名;同时有些不需要显示的列名可以取消显示,根据实际情况来处理。如图 9-27 所示。

(2)主窗体:是采用分部分项的数形层次结构。

第一级　根节点,代表整个工程部文件(注:不能删除)。

第二级　分部,类别代号为"部"。

第三级　子分部,即分部的子部。

第四级　类别代号为"子"这一层为输入的定额子目。

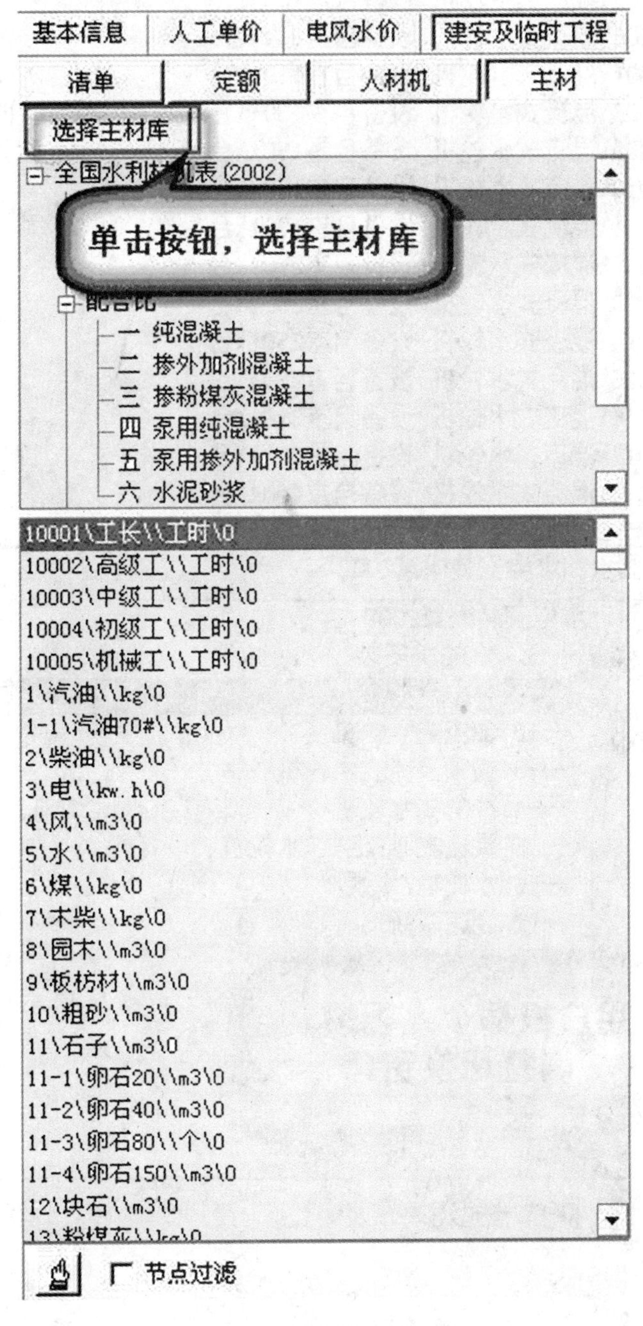

图 9-24

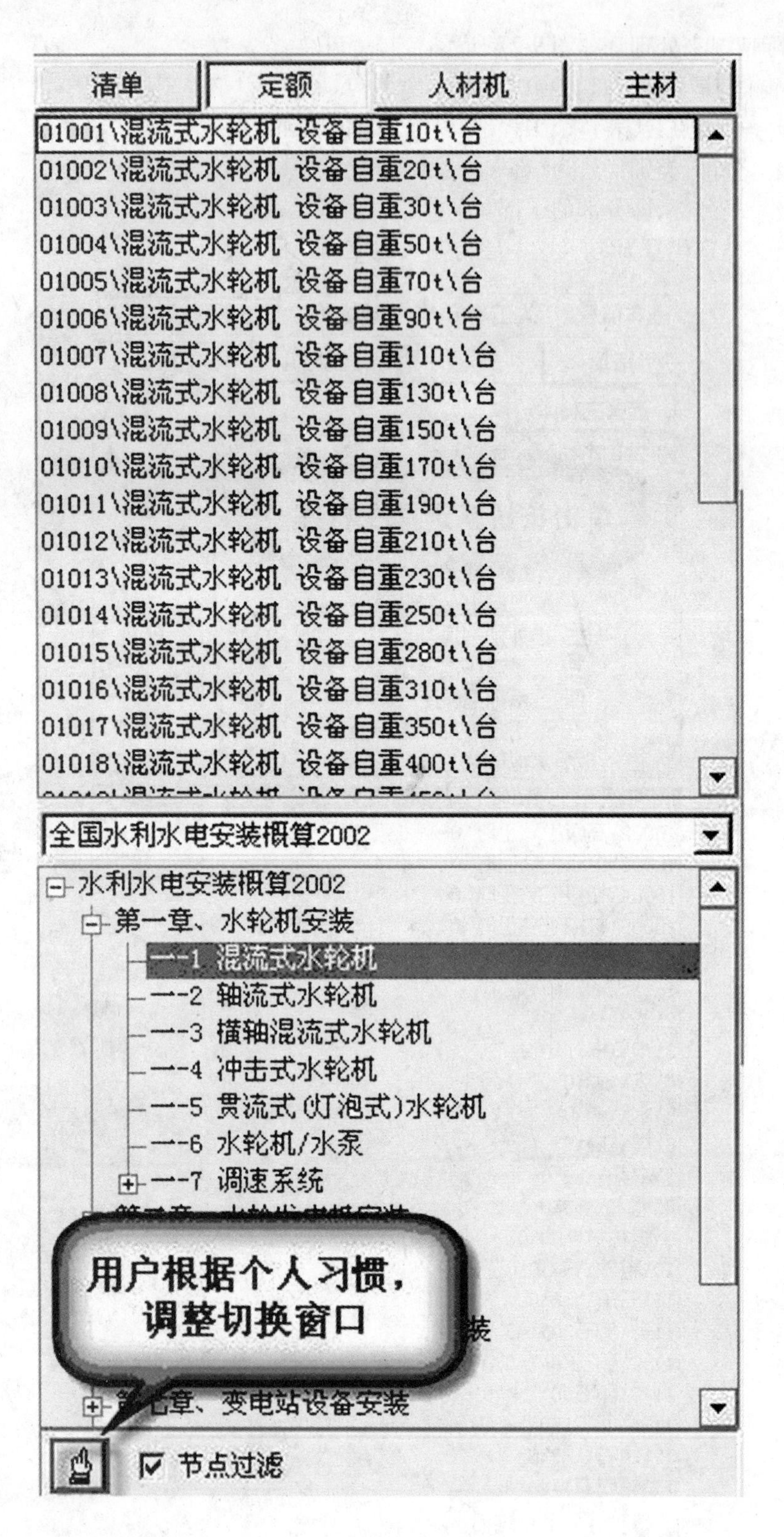
清单
定额
人材机
主材
01001\混流式水轮机 设备自重10t\台
01002\混流式水轮机 设备自重20t\台
01003\混流式水轮机 设备自重30t\台
01004\混流式水轮机 设备自重50t\台
01005\混流式水轮机 设备自重70t\台
01006\混流式水轮机 设备自重90t\台
01007\混流式水轮机 设备自重110t\台
01008\混流式水轮机 设备自重130t\台
01009\混流式水轮机 设备自重150t\台
01010\混流式水轮机 设备自重170t\台
01011\混流式水轮机 设备自重190t\台
01012\混流式水轮机 设备自重210t\台
01013\混流式水轮机 设备自重230t\台
01014\混流式水轮机 设备自重250t\台
01015\混流式水轮机 设备自重280t\台
01016\混流式水轮机 设备自重310t\台
01017\混流式水轮机 设备自重350t\台
01018\混流式水轮机 设备自重400t\台
全国水利水电安装概算2002
水利水电安装概算2002
第一章、水轮机安装
一-1 混流式水轮机
一-2 轴流式水轮机
一-3 横轴混流式水轮机
一-4 冲击式水轮机
一-5 贯流式(灯泡式)水轮机
一-6 水轮机/水泵
一-7 调速系统
用户根据个人习惯，调整切换窗口
节点过滤

图 9-25

快速定位… 编辑状态：标底

工具栏

工程套定额

编码	定额	名称	单位	计算式
		建安及临时工程		
部一		建筑工程		
清		土方开挖	m3	100
子 10001	水利	人工挖一般土方 土类级别I-II	100m3	Q/100
子 10001	水利	人工挖一般土方 土类级别I-II	100m3	Q/100
子 20006	水利	一般石方开挖→80型潜孔钻钻孔(孔深≤6m) 岩石级别IX～X	100m3	Q/100
附 20432	水利	人工装石渣机动翻斗车运输 运距300m	100m3	(X*1.04)/100
子 30021	水利	干砌块石 挡土墙	100m3砌体方	1/100
子 30017	水利	干砌块石 护坡 平面	100m3砌体方	1/100
子 30027	水利	浆砌卵石 挡土墙	100m3砌体方	1/100
子 40003	水利	常态混凝土坝(堰)体 一般层厚浇筑半机械化	100m3	Q/100
附 40147	水利	防水层 麻布沥青 二布二油	100m2	(X*1.04)/100
附 40134	水利	沥青砂柱止水 重量配合比(沥青：砂)2：1,直径30cm	100延长米	(X*1.04)/100
子 50003	水利	普通模板 平面木模板	100m2	1/100
部二		机电设备及安装工程		
部三		金属结构设备及安装工程	t	
部四		施工临时工程		

图 9-26

在工具栏中点击“插入”按钮或者在窗口网格单击右键，也可以插入这些节点，如图9-28所示。在实际工程中，有些项目或者子目需要重复使用。软件提供了复制行、粘贴行的功能，大大提高了用户的工作效率，以免重复输入数据，加大工作量。

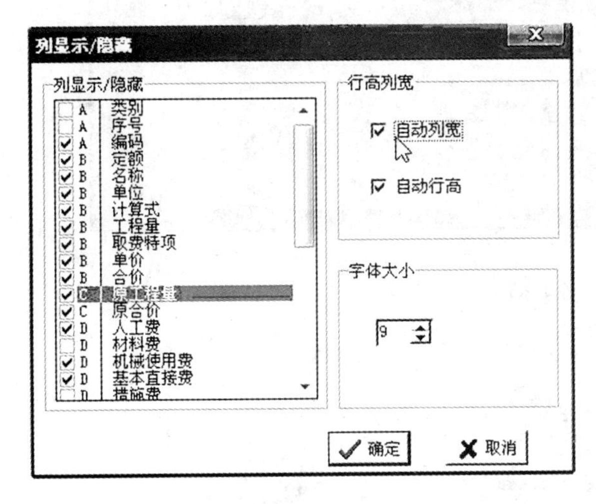

图 9-27

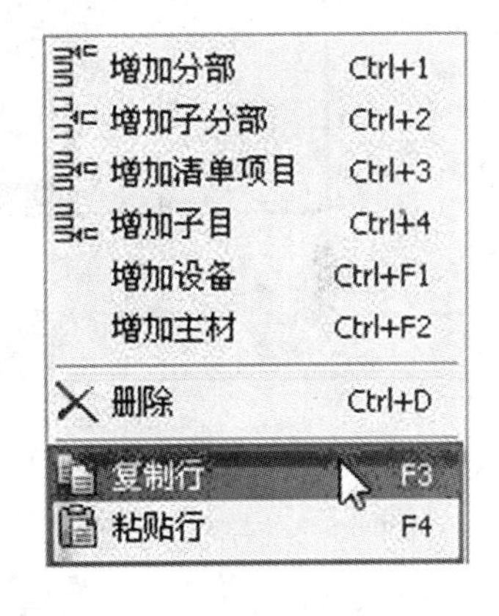

图 9-28

(3)增加设备：增加工程所需的设备器材。用户可以直接输入增加设备的名称，系统会根据库自动找到所对应的编号(前提是名称在库中存在)，如图 9-29 所示。

如果用户不知道增加设备的名称，可以点击“调用系统数据”按钮，在项目指引窗口找到所需的设备即可，如图 9-30 所示。点击增加设备完成后，这时在套定额窗口中增加的设备会用一个“设”显示出来，同时在工料机窗口中用黄色的背景显示增加的设备，如图 9-31 所示。

(4)增加主材：操作跟增加设备一样，详细见增加设备。

(5)批量调整取费：根据工程实际需要，通过选择范围来快速批量设置子目取费计算程序。

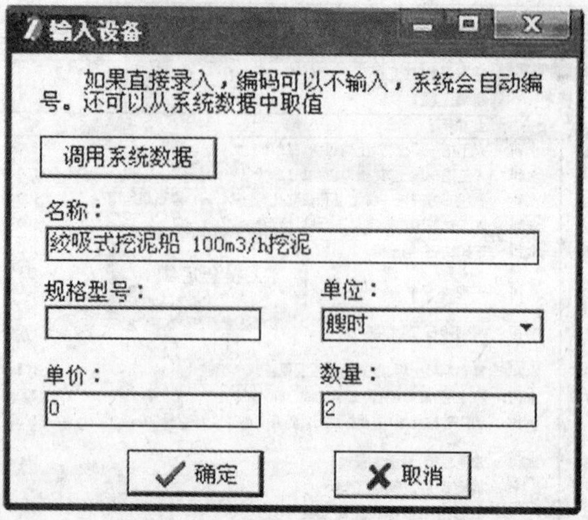

输入设备
如果直接录入，编码可以不输入，系统会自动编号。还可以从系统数据中取值
调用系统数据
名称：
绞吸式挖泥船 100m3/h挖泥
规格型号：
单位：
艘时
单价：
0
数量：
2
确定
取消

图 9-29

项目指引
选择增加的设备

图 9-30

增加设备

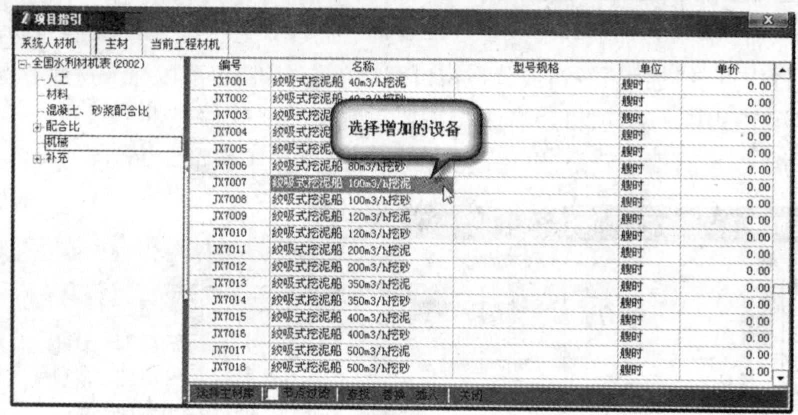

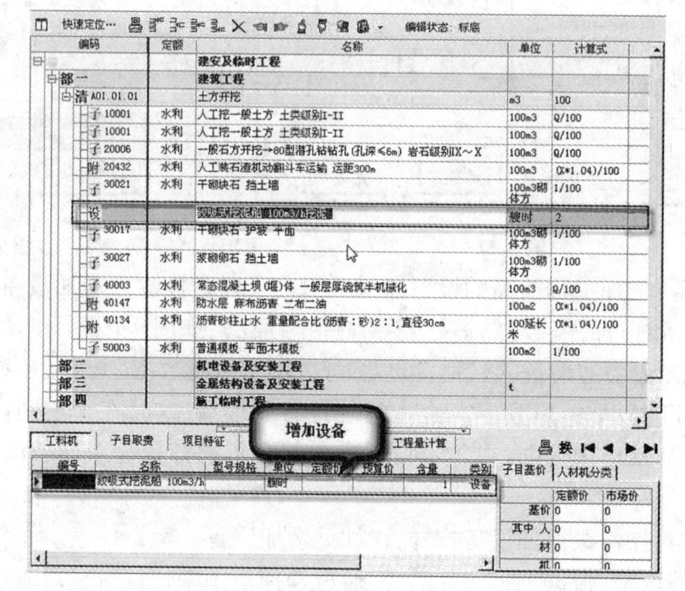

图 9-31

① 例如:把基本人工费修改为“RGF + 100”。首先选中需要批量修改的定额子目,用Shift键或Ctrl键进行连选或隔选,如图9-32所示。

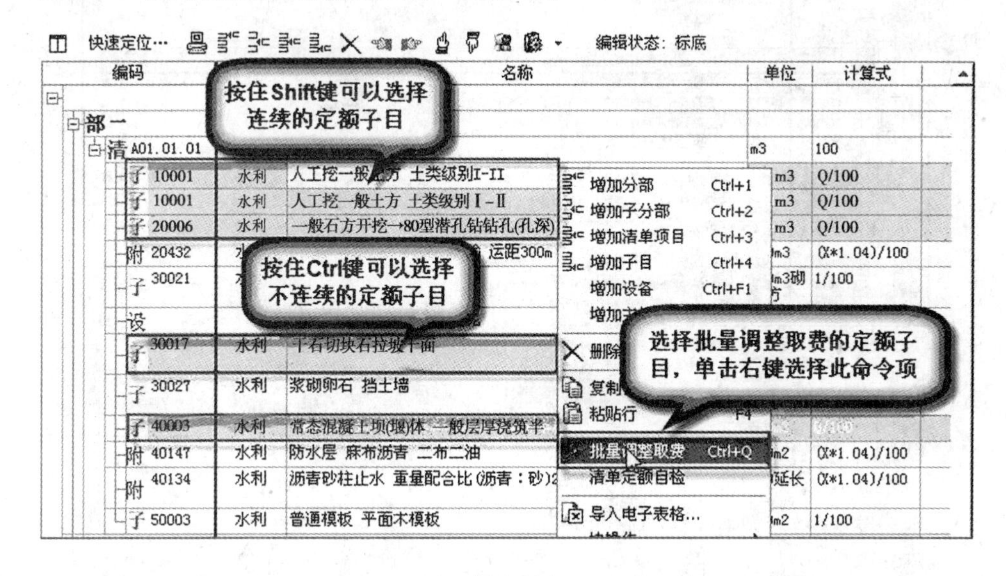

图9-32

②当即选中定额子目的右键,在右键下拉菜单中选中“批量调整取费”命令项,在弹出的特项取费窗体中建基本人工费修改为“RGF + 100”,如图9-33所示。

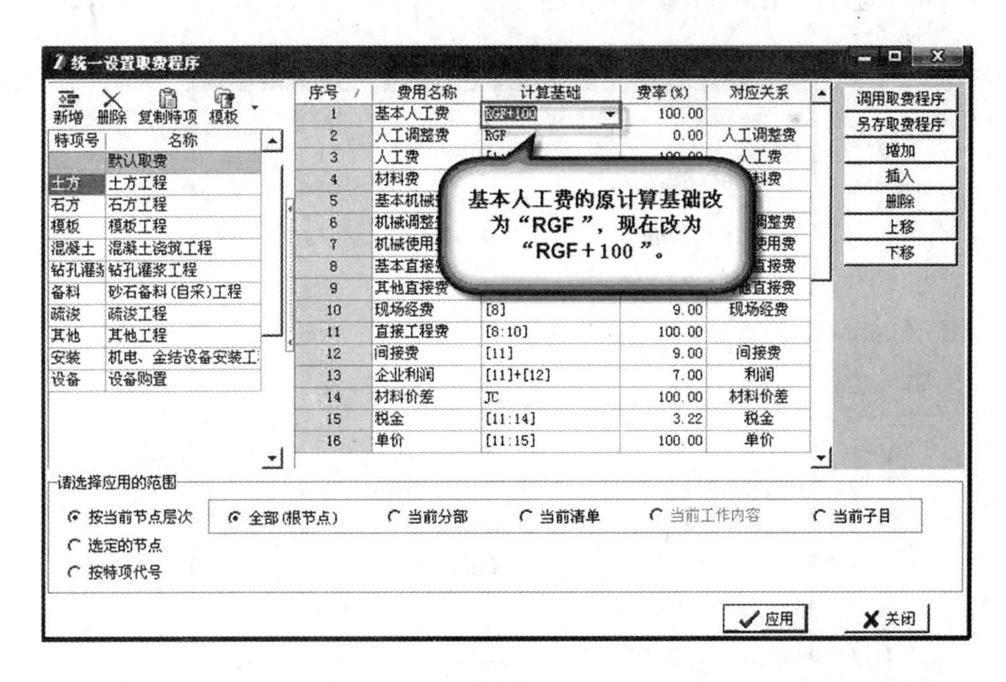

图9-33

③ 再返回到工料机窗口中,点击“子目取费”插页,选择范围内的定额子目取费中的基本人工费全部调整为“RGF + 100”,如图9-34所示。

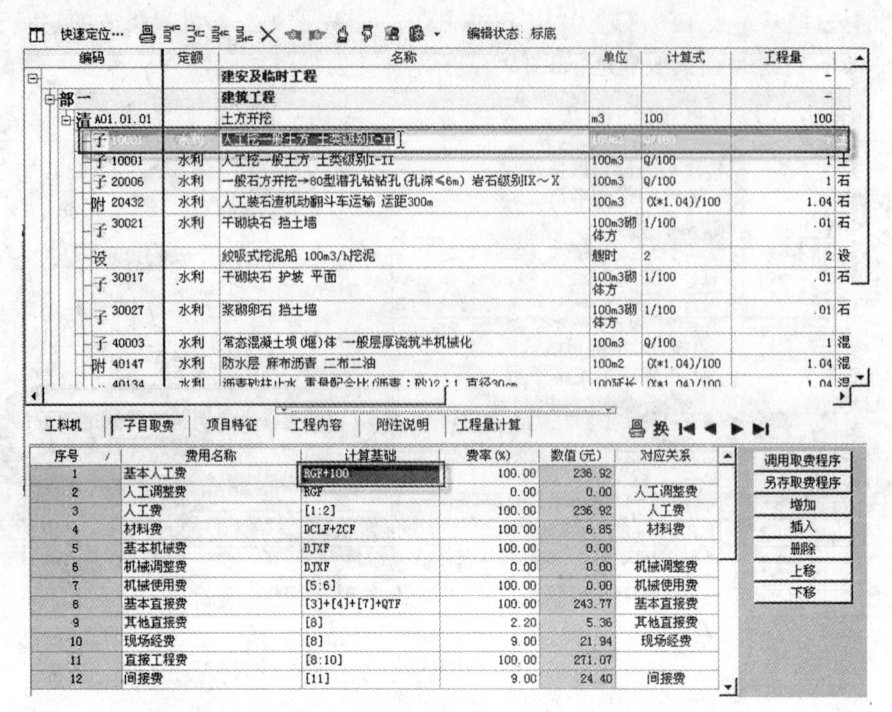

图 9-34

用户根据实际工程选择应用的范围：按当前节点层次、按选定的节点、按特项代号来选择。

(6)清单定额自检：系统自动检查工程所套的定额，见图 9-35。

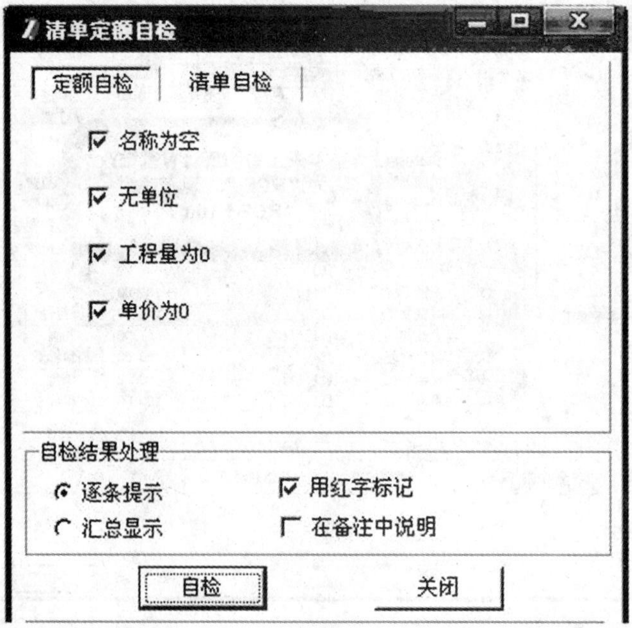

清单定额自检

定额自检　清单自检

☑ 名称为空

☑ 无单位

☑ 工程量为0

☑ 单价为0

自检结果处理

◉ 逐条提示　☑ 用红字标记

○ 汇总显示　☐ 在备注中说明

自检　关闭

图 9-35

① 检查的内容包括："名称为空"、"无单位"、"工程量为 0"、"单价为 0"。用户根据实际情况进行选择。

②自检结果。

逐条提示：定额在自动检查时，对①操作中所选内容检查出的结果一条一条地提示，如图9-36所示。

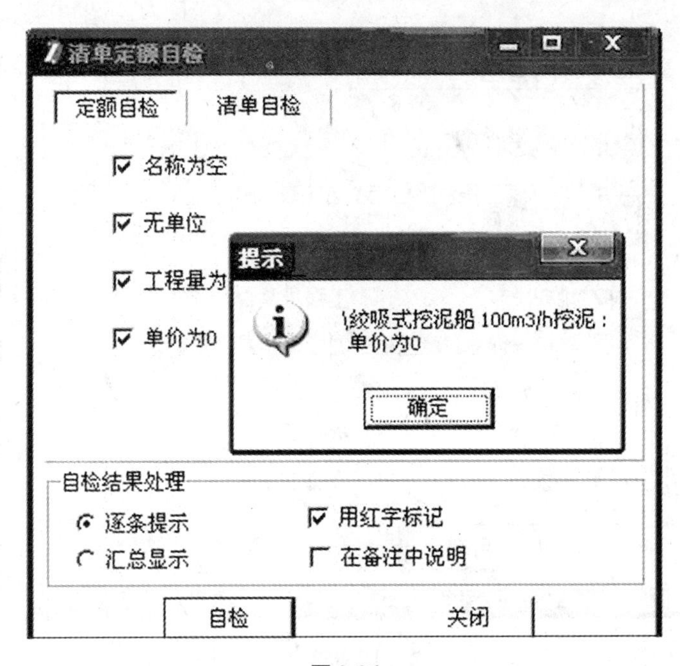

图9-36

汇总显示：定额在自动检查时，对①操作中所选内容检查出的结果统一汇总。如图9-37所示。

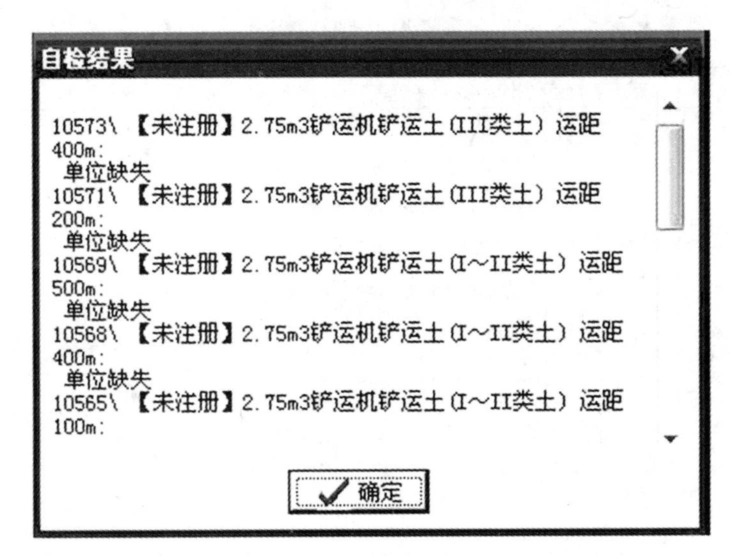

图9-37

清单自检：与定额自检的基本操作一样，只是自检的条件有所不同。主要包括：常规项目、与清单库对照检查、与标底工程对照检查等。如图9-38所示。

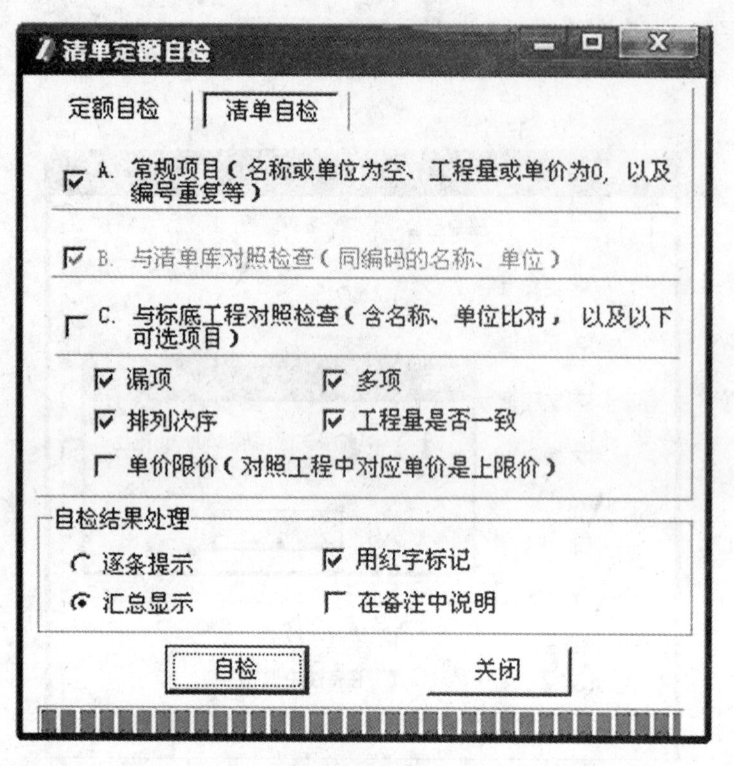

图 9-38

选中“用红色标记”和“在备注中说明”这两个功能，会在套定额窗口中显示清单自检结束后的对应的效果。如图 9-39 所示。

快速定位… 编辑状态：标底

编码	定额	名称	单位	计算式	工程量	
子 GB9068	水利	【未注册】复合柔毡铺设—热焊连接 斜铺 边坡1:1	100m2	1/100	.01	其
子 GB9066	水利	【未注册】复合柔毡铺设—热焊连接 斜铺 边坡1:2	100m2	1/100	.01	其
子 GB9065	水利	【未注册】复合柔毡铺设—热焊连接 斜铺 边坡1:2.5		1/100	.01	其
子 40008	水利	【未注册】碾压混凝土坝(堰)体(RCD工法) 仓面面积≤3000m2		Q/100	1	混
附 40147	水利	【未注册】防水层 麻布沥青 二布二油		(X*1.04)/100	1.04	混
附 40134	水利	【未注册】沥青砂柱止水 重量配合比(沥青：砂)2：1,直径30cm		(X*1.04)/100	1.04	混
子 40141	水利	【未注册】防		1/100	.01	混
子 40134	水利	【未注册】 直径30cm		1/100	.01	混
子 40043	水利	【未注册】 0m2,衬砌厚度70cm		Q/100	1	混
子 10573	水利	【未注册】2		Q/100	1	土
子 10571	水利	【未注册】2.75m3铲运机铲运土(III类土) 运距200m		Q/100	1	土
子 10569	水利	【未注册】2.75m3铲运机铲运土(I～II类土) 运距500m		Q/100	1	土
子 10568	水利	【未注册】2.75m3铲运机铲运土(I～II类土) 运距400m		Q/100	1	土
子 10565	水利	【未注册】2.75m3铲运机铲运土(I～II类土) 运距100m		Q/100	1	土
子 10073	水利	【未注册】人工挖倒沟槽土方(IV类土) 上口宽度2-4m,沟槽深度1.5-2m		Q/100	1	土
子 10071	水利	【未注册】人工挖倒沟槽土方(IV类土) 上口宽度1-2m,沟槽深度2-3m		Q/100	1	土

清单定额自检后的结果

图 9-39

(7)导入电子表格。

① 在套定额窗口中单击右键，选择“导入 Excel 数据”命令项，在弹出的导入 Excel 文件中点击“打开”按钮，选择需要打开的 Excel 电子表格文件。如图 9-40 所示。

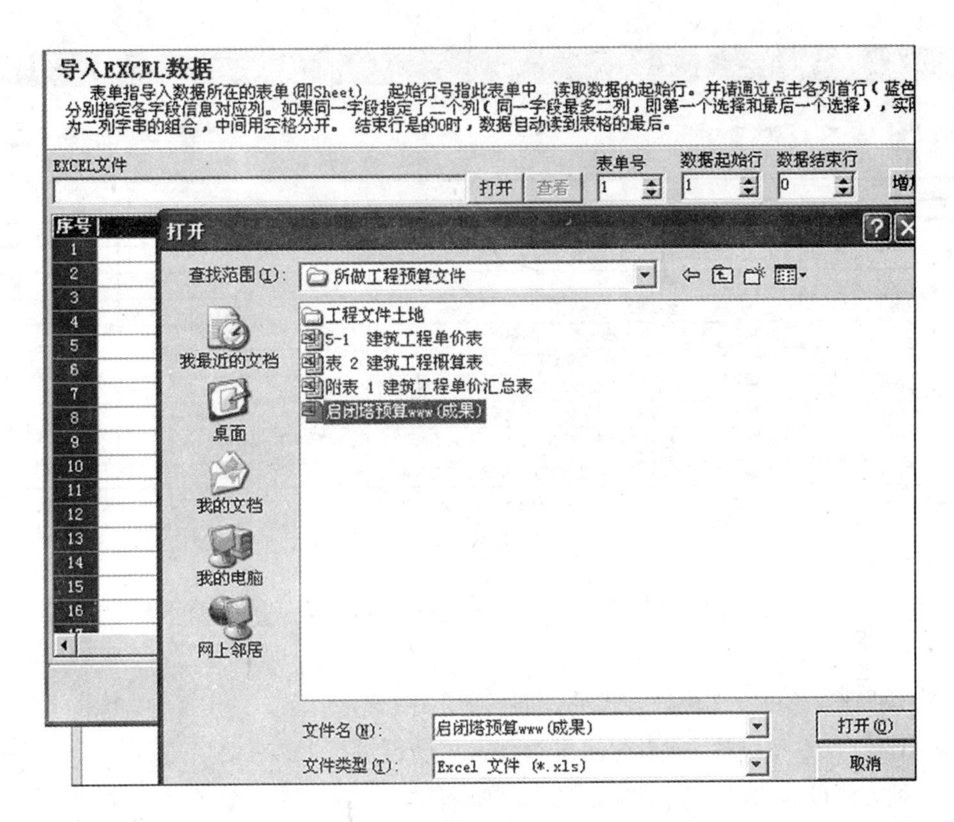

图 9-40

②导入 Excel 文件后，可以对导入的数据进行设置。例如增加列、读入数据、设置表单号、数据起始行和结束行等操作。如图 9-41 所示。

导入EXCEL文件

导入EXCEL数据

表单指导入数据所在的表单(即Sheet)，起始行号指此表单中，读取数据的起始行。并请通过点击各列首行(蓝色格)分别指定各字段信息对应列。如果同一字段指定了二个列(同一字段最多二列，即第一个选择和最后一个选择)，实际输出为二列字串的组合，中间用空格分开。结束行是的0时，数据自动读到表格的最后。

EXCEL文件 D:\智多星\全国水利水电概预算\sysData\水利水电.XLS 打开 查看 表单号 1 数据起始行 1 数据结束行 0 增加列 读入

点击【查看】按钮，可以在EXCEL状态下编辑数据文件

序号							
1							
2		编码	定额	名称			工程量
3				建安及临时工			-
4		一		建筑工程			-
5		A01.01.01		土方开挖			100
6		10001	水利	人工挖一般土方 土类级别I-I	100m3	Q/100	1
7		10001	水利	人工挖一般土方 土类级别I-I	100m3	Q/100	1
8		20006	水利	一般石方开挖→80型潜孔钻钻	100m3	Q/100	1
9		20432	水利	人工装石渣机动翻斗车运输	100m3	(X*1.04)/100	1.04
10		30021	水利	干砌块石 挡土墙	100m3砌体方	1/100	0.01
11		01005	水利	【未注册】混流式水轮机 设	台	2	2
12		10576	水利	【未注册】2.75m3铲运机铲	100m3	Q/100	1
13		GB9069	水利	【未注册】土工膜铺设一热	100m2	1/100	0.01
14		GB9068	水利	【未注册】复合柔毡铺设一	100m2	1/100	0.01
15		GB9066	水利	【未注册】复合柔毡铺设一	100m2	1/100	0.01
16		GB9065	水利	【未注册】复合柔毡铺设一		1/100	0.01

导入 取消

图 9-41

③有些用户不习惯在此编辑，可以点击“查看”按钮，进入 Excel 状态下来查看编辑。如图 9-42 所示。

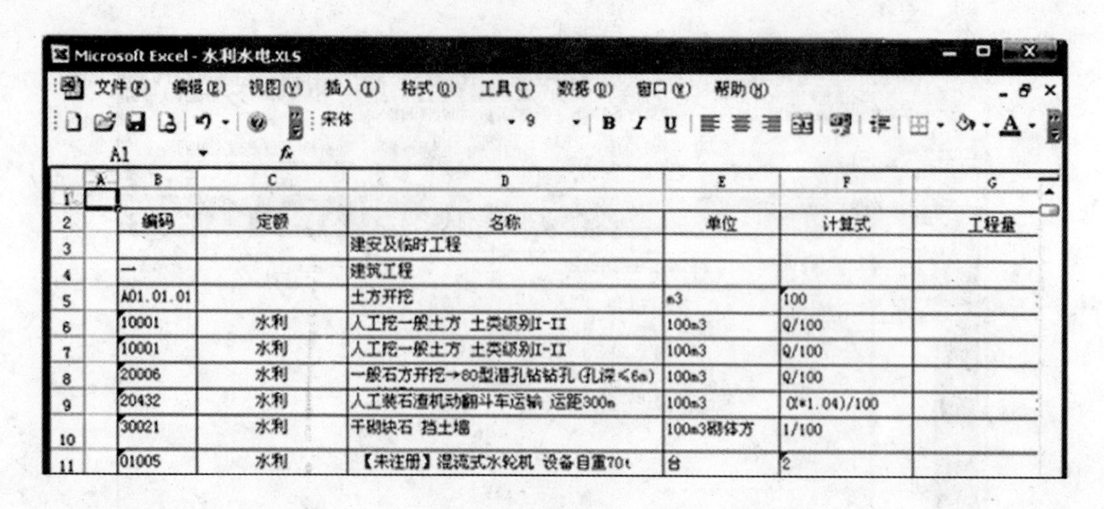

Microsoft Excel - 水利水电.XLS

	A	B	C	D	E	F	G
1							
2		编码	定额	名称	单位	计算式	工程量
3				建安及临时工程			
4		一		建筑工程			
5		A01.01.01		土方开挖	m3	100	
6		10001	水利	人工挖一般土方 土类级别I-II	100m3	Q/100	
7		10001	水利	人工挖一般土方 土类级别I-II	100m3	Q/100	
8		20006	水利	一般石方开挖→80型潜孔钻钻孔(孔深≤6m)	100m3	Q/100	
9		20432	水利	人工装石渣机动翻斗车运输 运距300m	100m3	(X*1.04)/100	
10		30021	水利	干砌块石 挡土墙	100m3砌体方	1/100	
11		01005	水利	【未注册】混流式水轮机 设备自重70t	台	2	

图 9-42

注意:只导入分部分项内容,并且要求导入的电子表格至少有编码、名称、单位和工程量四列数据。

(8)块操作:通过定义块的方式进行批量套定额,选定要操作的定额,单击鼠标右键,在块操作中选择块首和块尾,或者按住 Shift 键和 Ctrl 键进行多选。之后进行复制、粘贴或者剪切,这种方法可以在不同工程间实现数据共享调用。也可以将块另存为一个块文件,供其他工程调用。

(9)批量操作:批量操作按当前节点层次,或按 Shift 键或者 Ctrl 键多选的子目进行的操作。如图 9-43 所示。

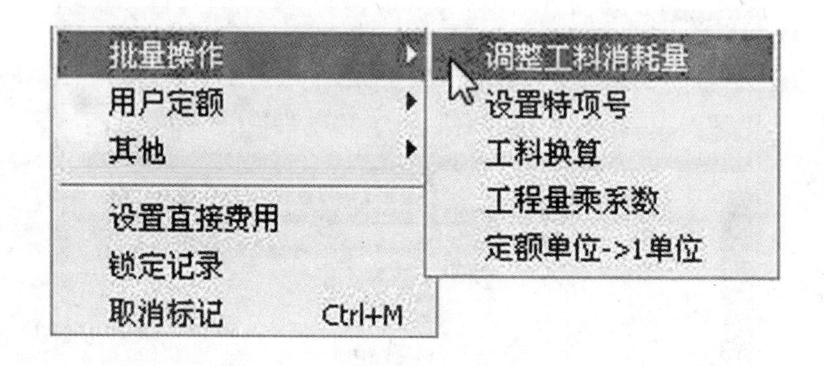

图 9-43

① 批量调整工料消耗量:按选用的范围,用指定的系数调整子目工料机的消耗量。子目换算中会保存这些调整过程。建议在应用前保存快照,以备恢复。如图 9-44 所示。

②批量设置特项号:按选定的定额项目进行特项设置。如图 9-45 所示。

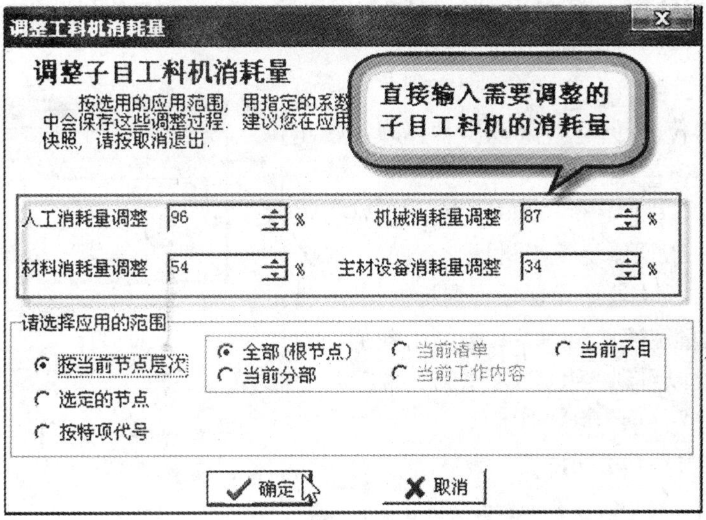

图 9-44

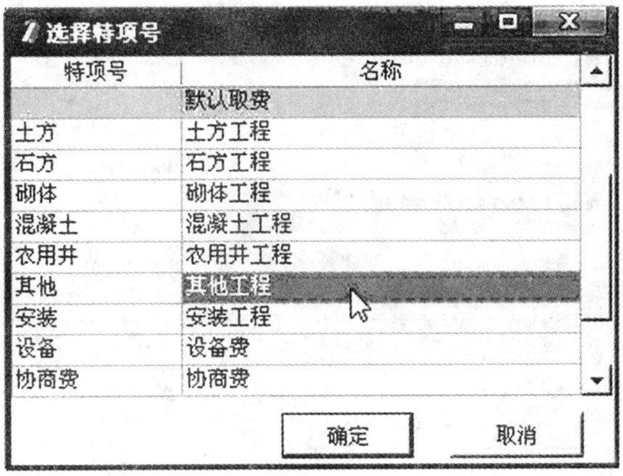

特项号	名称
	默认取费
土方	土方工程
石方	石方工程
砌体	砌体工程
混凝土	混凝土工程
农用井	农用井工程
其他	其他工程
安装	安装工程
设备	设备费
协商费	协商费

图 9-45

③批量工料换算:此窗口可以进行工料机的系数、增减及消耗量系数的批量调整。如图 9-46 所示。用户还可以点击“选择换算材机”按钮,在项目指引中找到所需要换算的材机即可。

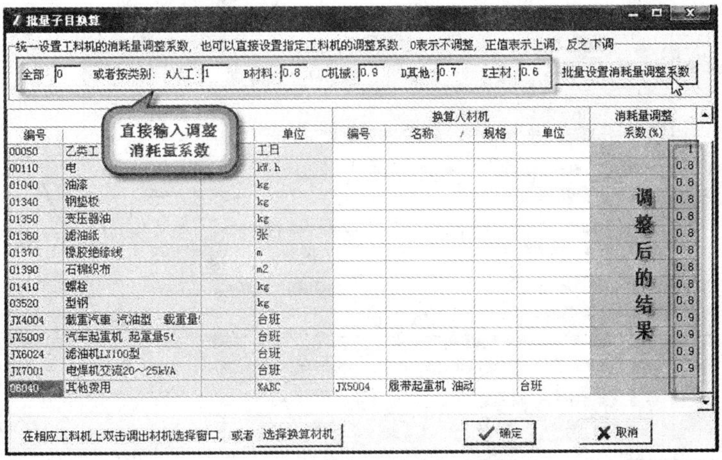

编号	名称	单位	换算人材机 编号	名称	规格	单位	消耗量调整系数(%)
00050	乙类工	工日					1
00110	电	kW.h					0.8
01040	油漆	kg					0.8
01340	钢垫板	kg					0.8
01350	变压器油	kg					0.8
01360	滤油纸	张					0.8
01370	橡胶绝缘线	m					0.8
01390	石棉织布	m2					0.8
01410	螺栓	kg					0.8
03520	型钢	kg					0.8
JX4004	载重汽車 汽油型 载重量	台班					0.9
JX5009	汽车起重机 起重量5t	台班					0.9
JX6024	滤油机LX100型	台班					0.9
JX7001	电焊机交流20～25kVA	台班					0.9
08040	其他费用	%ABC	JX5004	履带起重机 油动		台班	

图 9-46

④批量工程量系数：此窗口可以更改工程量系数，直接输入系数即可。缺省系数为“1”，如图 9-47 所示。

⑤批量定额单位 - >1 单位：把定额单位换算成为 1 的系数的单位，同时在计算式中乘以原定额单位的系数。

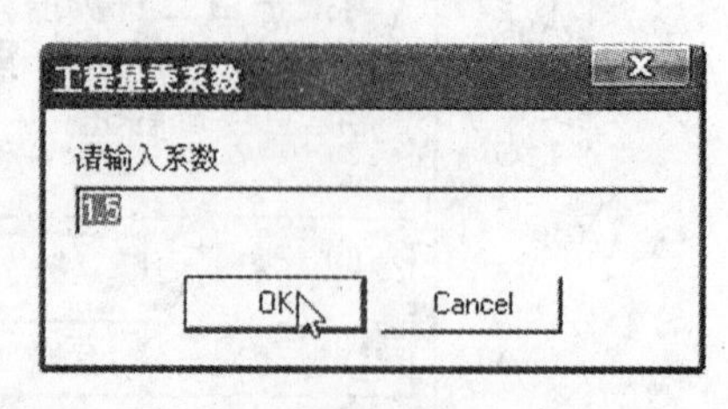

图 9-47

例如：我们套一个定额“40003　水利　常态混凝土坝(堰)体　一般层厚浇筑半机械化　单位：100 m^3　计算式：Q/100”，选中这条定额单击鼠标右键，在批量操作中点击“批量定额单位 - >1 单位”，我们在返回到定额窗口中可以看到，“40003　水利　常态混凝土坝(堰)体　一般层厚浇筑半机械化　单位：m^3　计算式：(Q/100) * 100”。

调整前：如图 9-48 所示。

快速定位…　编辑状态：标底

编码	定额	名称	单位	计算式	工程量	取费特
		建安及临时工程			-	
部一		建筑工程			-	
清 A01.01.01		土方开挖	m3	100	100	
子 10001	水利	人工挖一般土方 土类级别I-II	100m3	Q/100	1	土方
子 10001	水利	人工挖一般土方 土类级别I-II	100m3	Q/100	1	土方
子 20006	水利	一般石方开挖→80型潜孔钻钻孔(孔深≤6m) 岩石级别IX～X	100m3	Q/100	1	石方
附 20432	水利	人工装石渣机动翻斗车运输 运距300m	100m3	(X*1.04)/100	1.04	石方
子 30021	水利	干砌块石 挡土墙	100m3砌体方	1/100	.01	石方
子 01005	水利	【未注册】混流式水轮机 设	台	2	2	安装
子 30017	水利	干砌块石 护坡 平面	100m3砌体方	1/100	.01	石方
子 30027	水利	浆砌卵石 挡土墙	100m3砌体方	1/100	.01	石方
子 40003	水利	常态混凝土坝(堰)体 一般层厚浇筑半机械化	100m3	Q/100	1	混凝土
附 40147	水利	防水层 麻布沥青 二布三油	100m2	(X*1.04)/100	1.04	混凝土
附 40134	水利	沥青砂柱止水 重量配合比(沥青：砂)2：1，直径30cm	100延长米	(X*1.04)/100	1.04	混凝土
子 50003	水利	普通模板 平面木模板	100m2	1/100	.01	模板
部二		机电设备及安装工程			-	

图 9-48

调整后：如图 9-49 所示。

建安及临时工程　工料机分析　其他费用　移民环境费用　分年投资　资金流量　总投资　报表

快速定位…　编辑状态：标底

编码	定额	名称	单位	计算式	工程量	取费特
		建安及临时工程			-	
部一		建筑工程			-	
清 A01.01.01		土方开挖	m3	100	100	
子 10001	水利	人工挖一般土方 土类级别I-II	100m3	Q/100	1	土方
子 10001	水利	人工挖一般土方 土类级别I-II	100m3	Q/100	1	土方
子 20006	水利	一般石方开挖→80型潜孔钻钻孔(孔深≤6m) 岩石级别IX～X	100m3	Q/100	1	石方
附 20432	水利	人工装石渣机动翻斗车运输 运距300m	100m3	(X*1.04)/100	1.04	石方
子 30021	水利	干砌块石 挡土墙	100m3砌体方	1/100	.01	石方
子 01005	水利	【未注册】混流式水轮机 设备自重70t		2	2	安装
子 30017	水利	干砌块石 护坡 平面	砌	1/100	.01	石方
子 30027	水利	浆砌卵石 挡土墙	砌体方	1/100	.01	石方
子 40003	水利	常态混凝土坝(堰)体 一般层厚浇筑半机械化	m3	(Q/100)*100	100	混凝土
附 40147	水利	防水层 麻布沥青 二布三油	100m2	(X*1.04)/100	1.04	混凝土
附 40134	水利	沥青砂柱止水 重量配合比(沥青：砂)2：1，直径30cm	100延长米	(X*1.04)/100	1.04	混凝土
子 50003	水利	普通模板 平面木模板	100m2	1/100	.01	模板
部二		机电设备及安装工程			-	

图 9-49

(10)用户定额:用户自定义定额并保存到用户定额表中,同时对保存的定额进行调用或者编辑操作。如图 9-50 所示。

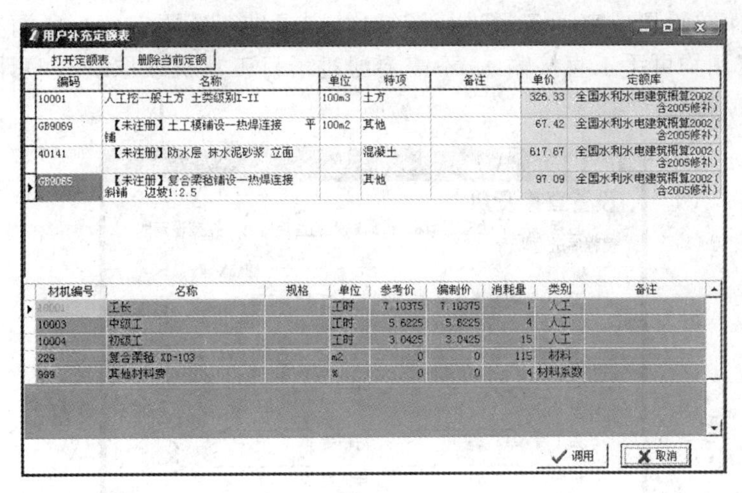

图 9-50

注意:没有自定义定额编号之前,用户定额下拉列中的“放回用户定额”选项为灰色。

(11)其他:“修改节点属性”、“修改换算标志”、“增加系统工作内容”、“增加费用项”、“增加工作内容”、“删除未套价工程内容”、“保存为模板”、“调用模板”。如图 9-51 所示。

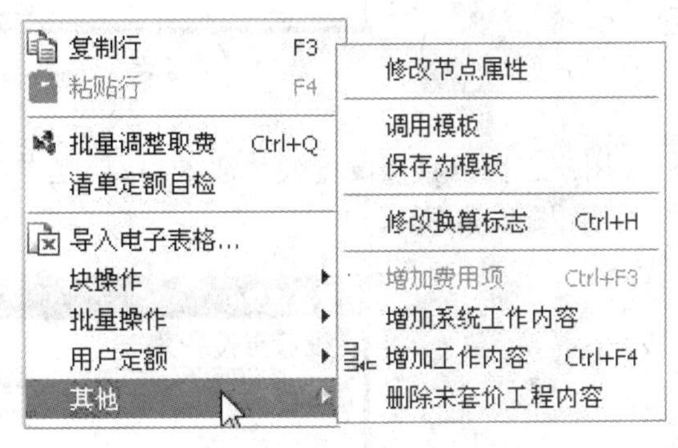

图 9-51

①修改节点属性:用户可以根据实际工程要求对节点属性进行设置。如图 9-52 所示。

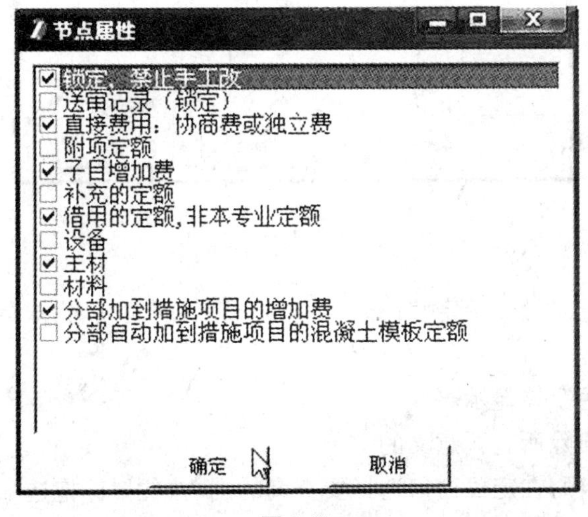

图 9-52

②修改换算标志:用户根据个人习惯自定义换算标志。

(12)设置直接费用:设置成直接费用后将删除此定额的所有工料机子目及取费程序,通过右键菜单设置成普通条目进行恢复,并点击进行还原定额。所谓直接费用,即单价或其他费用均可手工直接输入,不需要通过子目工料机或取费程序计算生成。如图 9-53 所示。

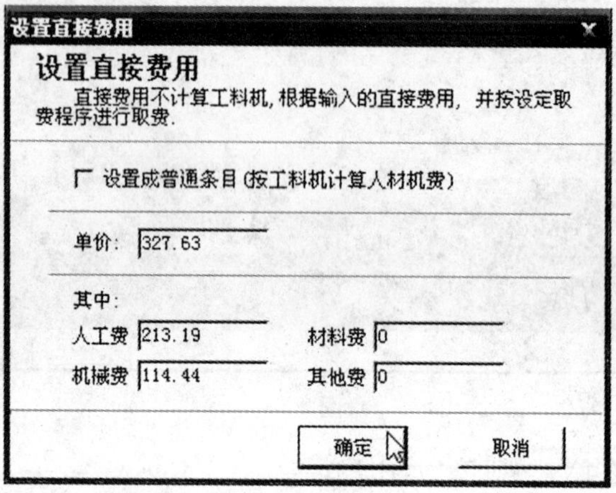

图 9-53

用户也可以直接设置成普通条目,但是单价、人工费、材料费、机械费及其他费就不能修改。如图 9-54 所示。

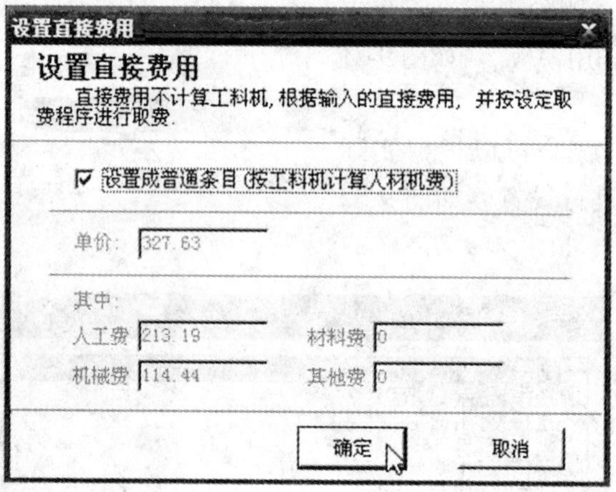

图 9-54

(13)锁定记录:记录处于锁定状态时,用粗体显示,同时其名称、计算基础、引用号不能修改。

(14)标记:用红色字体显示。

(15)删除空行:删除所有无意义的空行。

(16)模糊查找定额:在定额窗口选择要查询的词(按住鼠标拖选),点击鼠标右键,选择模糊查找定额(快捷键 Ctrl + T),出现如图 9-55 界面,还可以在此窗口进一步查找定额。如果选中查询的内容在编码栏,则只对编码模糊查找。在选定的定额上双击可将该定额输入到当前工程。

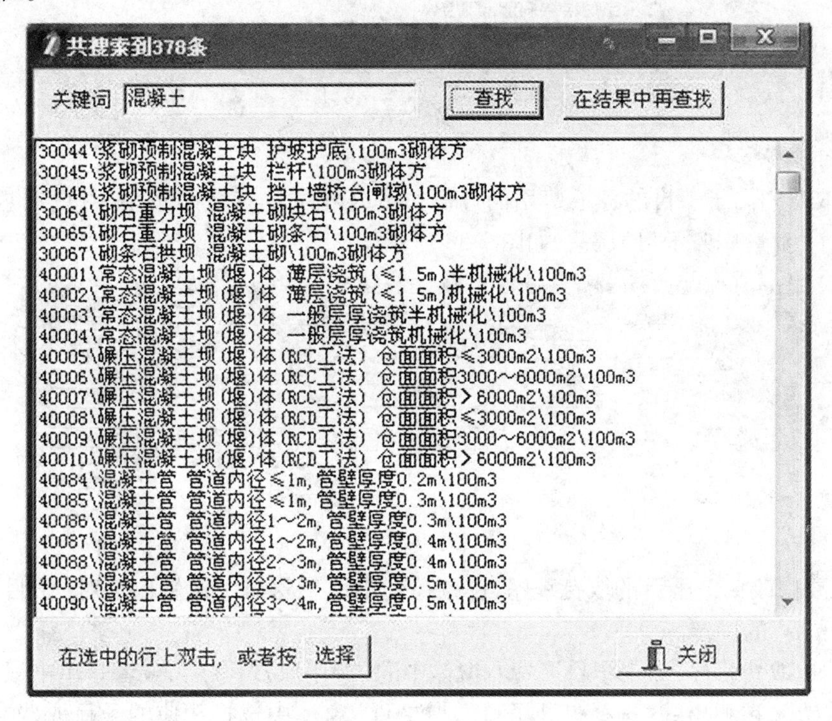

图 9-55

(四)工料机窗口

1. 工料机调价

子目下列出的工料机,是单位子目含量的人材机消耗量,缺省状态下与定额书所列数值一样,其他类别节点下的工料机则是该节点下所有子目工料机的汇总。

套定额之后,可以在工料机的窗口直接填写工料机编制价,其他定额包括相同人材机时,价格也自动调整了。同时也可以在工料机汇总里整体进行修改,如图 9-56 所示。

工料机 | 子目取费 | 项目特征 | 工程内容 | 附注说明 | 工程量计算

编号	名称	型号规格	单位	定额价	预算价	含量	类别	备注
10001	工长		工时	7.10375	7.1038	1.9	人工	
10003	中级工		工时	5.6225	5.6225	12.7	人工	
10004	初级工		工时	3.0425	3.0425	49.3	人工	
132	合金钻头		个			0.19	材料	
142	潜孔钻钻头 80型		个			0.44	材料	
124	DH6 冲击器		套			0.04	材料	
85	2#岩石铵梯炸药		t			53	材料	
93	火雷管		个			15	材料	
91	电雷管		个			14	材料	
90	导火线		m			32	材料	

子目基价 | 人材机分类

	定额价	市场价
基价	325.11	345.9
其中 人	234.9	234.9
材	0	0
机	90.21	111
其他	0	同定额价

图 9-56

注意:①如果要修改参考价,需要取消"锁定参考价/定额价"的设置。如图 9-57 所示。②用户可以直接在工料机窗口中给定市场价,也可以在工料机汇总中给定市场价。③ 配合比或机械台时类别材机的编制价和参考价仅当不分解时才能直接修改。

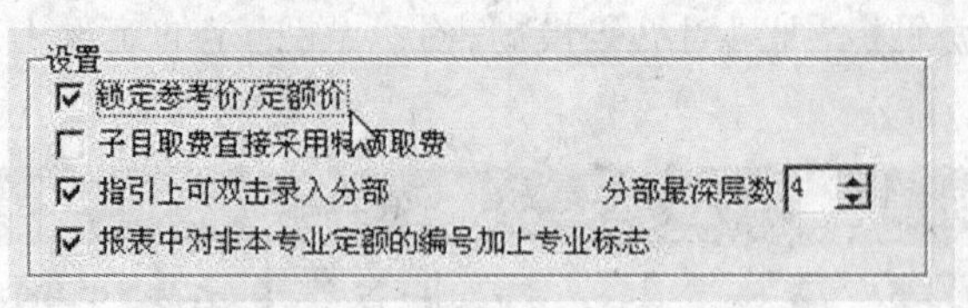

图 9-57

2. 子目取费

子目取费列出了子目的各项费用的计算过程及相关的参数与费率,可以通过“批量设置取费程序”批量修改子目取费。如图 9-58 所示。

工料机 | 子目取费 | 项目特征 | 工程内容 | 附注说明 | 工程量计算

序号	费用名称	计算基础	费率(%)	数值(元)	对应关系
1	基本人工费	RGF*100	100.00	236.92	
2	人工调整费	RGF	0.00	0.00	人工调整费
3	人工费	[1:2]	100.00	236.92	人工费
4	材料费	DCLF+ZCF	100.00	6.65	材料费
5	基本机械费	DJXF	100.00	0.00	
6	机械调整费	DJXF	0.00	0.00	机械调整费
7	机械使用费	[5:6]	100.00	0.00	机械使用费
8	基本直接费	[3]+[4]+[7]	100.00	243.77	基本直接费
9	其他直接费	[8]	2.20	5.36	其他直接费
10	现场经费	[8]	9.00	21.94	现场经费
11	直接工程费	[8:10]	100.00	271.07	

选择取费 / 另存取费 / 增加 / 插入 / 删除 / 上移 / 下移

调用取费程序 / 另存取费程序 / 增加 / 插入 / 删除 / 上移 / 下移

图 9-58

如果要修改单个子目的取费程序,首先在基本信息窗口中设置取消对“子目取费直接采用特项取费”的锁定。

(1)选取取费程序:点击子目取费右窗体中的“调用取费程序”,或者是单击鼠标右键选择“选择取费”,在弹出的“选择打开子目取费文件”窗体中选择相应的子目取费文件即可。如图 9-59 所示。

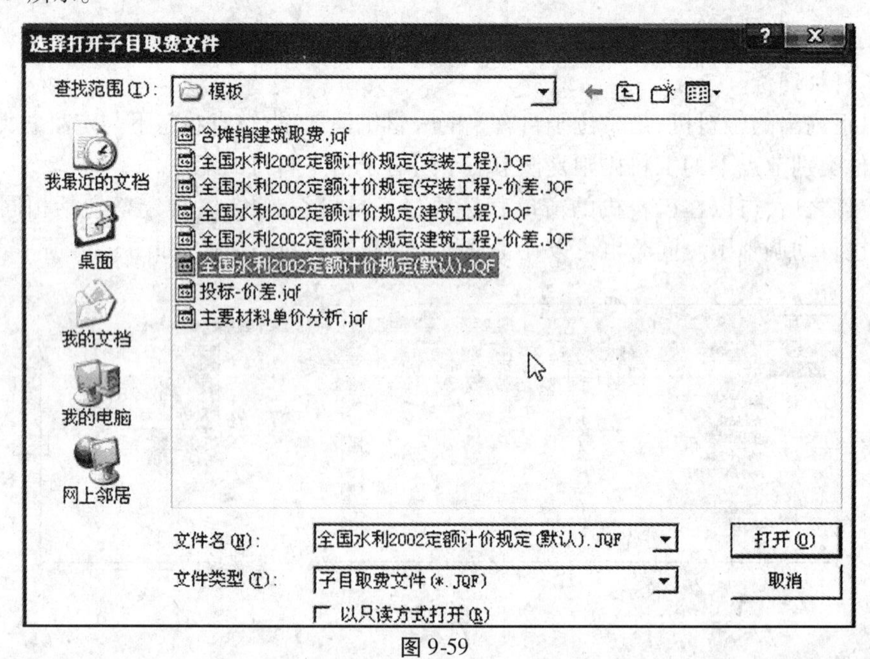

图 9-59

(2)另存取费程序:点击子目取费右窗体中的“另存取费程序”,或者是单击鼠标右键选择“另存取费”,在弹出的“选择保存子目取费的文件名”窗体中,输入保存的子目取费文件名即可。

(3)其他功能:增加、插入、删除、上移、下移等操作,这里就不详细介绍。

3. 项目特征

对工程项目进行项目特征描述是编制招标文件的重要工作,描述的原则是详细全面、准确简洁、通俗易懂。对清单项目特征的描述关系到投标人如何报价,因此对清单项目特征的描述状况也反映了清单编制的水平。软件提供了自动生成项目特征的多种方法,可快捷地生成所需的清单项目特征。

4. 工作内容

在此编辑工作内容,对清单项目,系统提供通过勾选自动生成工程内容描述的方法。

5. 附注说明

当定位在子目节点时显示,列出了定额的附注说明 ,在清单节点下列出清单工程量计算规则。

6. 工程量计算

在工程量计算窗口中输入名称、部位、轴线,再输入变量和计算式,在类别的下拉列表中选择类别。右边的操作按钮可以将计算结果提取到工程量表达式栏。如图 9-60 所示。

工料机 | 子目增加费 | 子目取费 | 项目特征 | 工程内容 | 附注说明 | 工程量计算 | 换

序号	名称.部位.轴线	变量	计算式	数值	类别	备注
1	a	x	12+13	25	2. 中间变量	
2	b	y	12*1234/54-39+51	286.2222	3. 注释	
3	e	z	12.5+453+x	490.5	4. 排除	
4	d	t	x-y+z	229.277	1. 结果	
5				0		

点击下拉按钮,
选择对应的类别

1. 结果
2. 中间变量
3. 注释
4. 排除

图 9-60

(1)结果:汇总所有的计算结果。

(2)中间变量:把这一行数值或计算式作为中间变量进行计算。

(3)注释:对数值或计算式的注释,不参与计算。

(4)排除:排除在计算结果之内。

(五)工料机右键菜单功能

工料机右键菜单功能如图 9-61 所示。

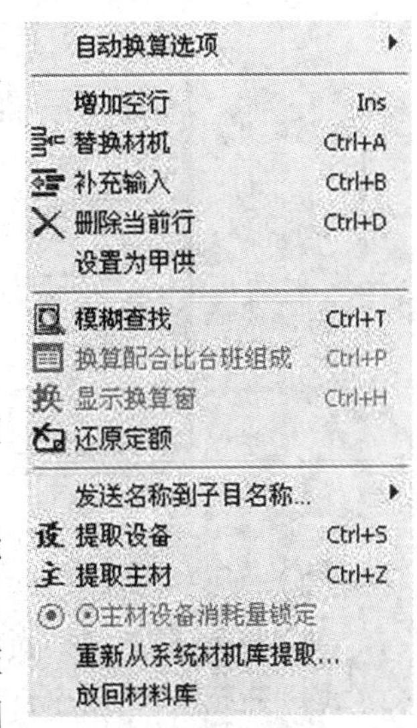

图 9-61

(1)自动换算选项:编辑缺省单选材料项、编辑缺省附项定额对应关系。

①编辑缺省单选材机:单选是定额材机中的同类产品中只能选用一种的换算方式。例如“自卸汽车”,定额中列出各种规格,工程中套用时,只选其中的一种规格及相应的消耗量。通常只在此删除,在换算窗口中选择的单选项目会自动作为缺省项增加到此处。如图 9-62 所示。

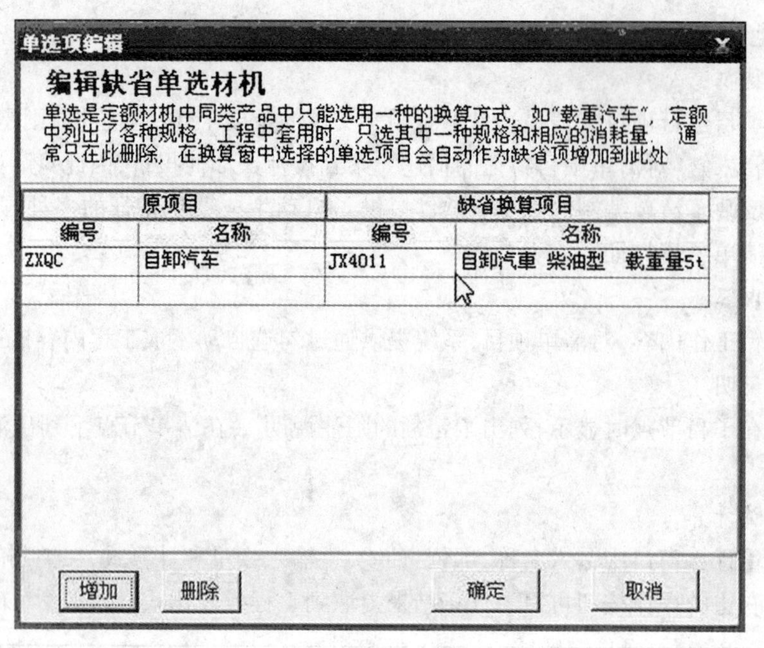

图 9-62

②编辑缺省附项：附项换算是指在定额材机中指向另外一个定额类型的处理。例如“混凝土运输”指向相关的定额。这里设置缺省的对应关系，通常只在此删除，在换算时选用附项自动增加到此处。如图 9-63 所示。

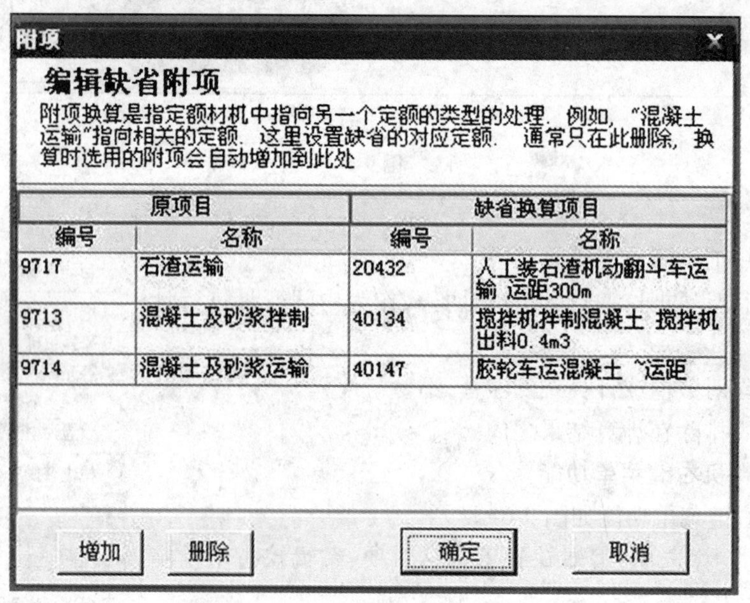

图 9-63

（2）增加空行：默认增加到最后一行。

（3）替换材机：替换当前材机。

（4）补充输入：用户自定义补充工程中所需的材料。用户可以直接输入材料名称、编号等相关内容，还可以通过点击“打开材机指引”从系统材料库、主材库或当前工程材料中选择材料。如图 9-64 所示。

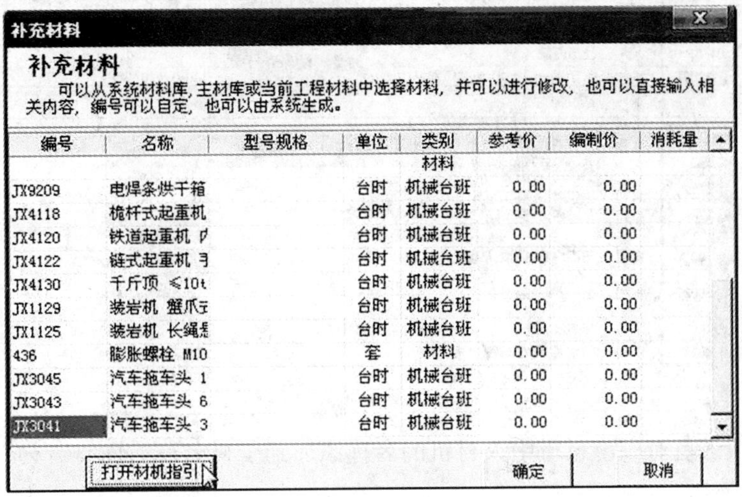

补充材料

补充材料

可以从系统材料库,主材库或当前工程材料中选择材料，并可以进行修改，也可以直接输入相关内容，编号可以自定，也可以由系统生成。

编号	名称	型号规格	单位	类别	参考价	编制价	消耗量
				材料			
JX9209	电焊条烘干箱		台时	机械台班	0.00	0.00	
JX4118	桅杆式起重机		台时	机械台班	0.00	0.00	
JX4120	铁道起重机		台时	机械台班	0.00	0.00	
JX4122	链式起重机		台时	机械台班	0.00	0.00	
JX4130	千斤顶 ≤10t		台时	机械台班	0.00	0.00	
JX1129	装岩机 蟹爪		台时	机械台班	0.00	0.00	
JX1125	装岩机 长绳		台时	机械台班	0.00	0.00	
436	膨胀螺栓 M10		套	材料	0.00	0.00	
JX3045	汽车拖车头 1		台时	机械台班	0.00	0.00	
JX3043	汽车拖车头 6		台时	机械台班	0.00	0.00	
JX3041	汽车拖车头 3		台时	机械台班	0.00	0.00	

打开材机指引　确定　取消

图 9-64

(5)设置为甲供:所谓供就是工程建筑的所需材料的提供商。一般情况下,默认提供工程材料方为乙供。但是在实际工程中,甲方为了节约成本来提供一些材料,这时我们得把甲方提供的材料设置为甲供,以免这些材料的费用重复计算。材料设置为甲供后,在工料机类别列中会出现“甲供”两个字。这时候我们可以在工料机汇总分析插页中看到设为甲供的材料。

(6)换算配合比台班组成:详见定额换算说明。

(7)显示换算窗:打开换算窗口。

(8)还原定额:取消之前所有的换算,并把结果还原到定额的初始状态。

(9)发送名称到子目名称:包括“替换”和“追加”。

①替换:把当前选定子目的名称替换为对应子目中人材机的名称。例如:选定当前子目,在其对应的工料机中选中“金刚石钻头”材料,点击右键选择“发送名称到子目名称”→“替换”,此时子目名称变为“金刚石钻头”。

替换前:如图 9-65 所示。

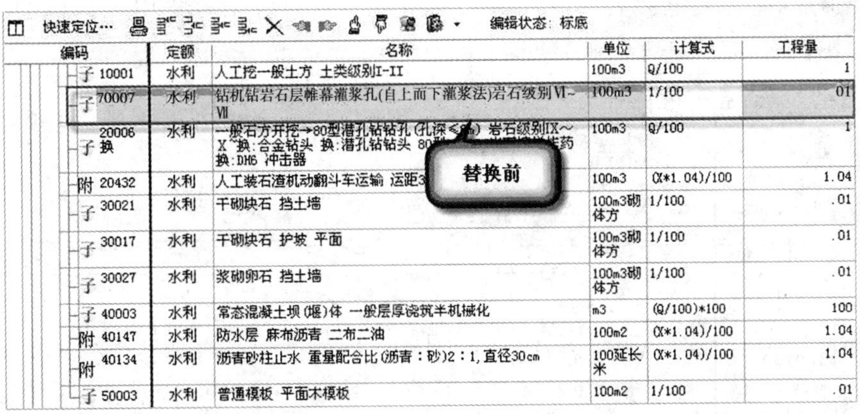

快速定位…　编辑状态：标底

编码	定额	名称	单位	计算式	工程量
子 10001	水利	人工挖一般土方 土类级别I-II	100m3	Q/100	1
子 70007	水利	钻机钻岩石层帷幕灌浆孔(自上而下灌浆法)岩石级别VI~VII	100m3	1/100	01
子 20006 换	水利	一般石方开挖→80型潜孔钻钻孔(孔深≤…) 岩石级别IX~X 换:合金钻头 换:潜孔钻钻头 80… 换:DH6 冲击器	100m3	Q/100	1
附 20432	水利	人工装石渣机动翻斗车运输 运距3…	100m3	(X*1.04)/100	1.04
子 30021	水利	干砌块石 挡土墙	100m3砌体方	1/100	.01
子 30017	水利	干砌块石 护坡 平面	100m3砌体方	1/100	.01
子 30027	水利	浆砌卵石 挡土墙	100m3砌体方	1/100	.01
子 40003	水利	常态混凝土坝(堰)体 一般层厚浇筑半机械化	m3	(Q/100)*100	100
附 40147	水利	防水层 麻布沥青 二布二油	100m2	(X*1.04)/100	1.04
附 40134	水利	沥青砂柱止水 重量配合比(沥青：砂)2：1,直径30cm	100延长米	(X*1.04)/100	1.04
子 50003	水利	普通模板 平面木模板	100m2	1/100	.01

替换前

图 9-65

替换后:如图 9-66 所示。

快速定位… 编辑状态: 标底

替换后

编码	定额	名称	单位	计算式	工程量
部一		建筑工程			-
清 A01.01.01		土方开挖	m3	100	100
子 10001	水利	人工挖一般土方 土类级别I-II	100m3	Q/100	1
子 70007	水利	金钢石钻头	100m	1/100	.01
子 10001	水利	人工挖一般土方 土类级别I-II	100m3	Q/100	1
子 换 20006	水利	一般石方开挖→80型潜孔钻钻孔(孔深≤6m) 岩石级别IX~X 换:合金钻头 换:潜孔钻钻头 80型 换:2#岩石铵梯炸药 换:DH6 冲击器	100m3	Q/100	1
附 20432	水利	人工装石渣机动翻斗车运输 运距300m	100m3	(X*1.04)/100	1.04
子 30021	水利	干砌块石 挡土墙	100m3砌体方	1/100	.01
子 30017	水利	干砌块石 护坡 平面	100m3砌体方	1/100	.01
子 30027	水利	浆砌卵石 挡土墙	100m3砌体方	1/100	.01
子 40003	水利	常态混凝土坝(堰)体 一般层厚浇筑半机械化	m3	(Q/100)*100	100
附 40147	水利	防水层 麻布沥青 二布二油	100m2	(X*1.04)/100	1.04

图 9-66

②追加:把子目对应工料机中人材机的名称添加到子目名称后面。分为"缺省追加"和"替换追加"。

缺省追加:把当前子目对应工料机中的人材机的名称,添加到原定的子目名称后面。如图 9-67 所示。

快速定位… 编辑状态: 标底

缺省追加

编码	定额	名称	单位	计算式	工程量
		建安及临时工程			-
部一		建筑工程			-
清 A01.01.01		土方开挖		100	100
子 10001	水利	人工挖一般土方 土类级别I-II	[illegible]3	Q/100	1
子 10001	水利	人工挖一般土方 土类级别I-II	100m3	Q/100	1
子 70007	水利	[illegible] 金钢石钻头	100m	1/100	01
子 换 20006	水利	一般石方开挖→80型潜孔钻钻孔(孔深≤6m) 岩石级别IX~X 换:合金钻头 换:潜孔钻钻头 80型 换:2#岩石铵梯炸药 换:DH6 冲击器	100m3	Q/100	1
附 20432	水利	人工装石渣机动翻斗车运输 运距300m	100m3	(X*1.04)/100	1.04
子 30021	水利	干砌块石 挡土墙	100m3砌体方	1/100	.01
子 30017	水利	干砌块石 护坡 平面	100m3砌体方	1/100	.01
子 30027	水利	浆砌卵石 挡土墙	100m3砌体方	1/100	.01
子 40003	水利	常态混凝土坝(堰)体 一般层厚浇筑半机械化	m3	(Q/100)*100	100

图 9-67

替换追加:在替换定额名称后面追加对应的子目对应工料机中人材机的名称。如图 9-68所示。

快速定位… 编辑状态: 标底

替换追加

编码	定额	名称	单位	计算式	工程量
		建安及临时工程			-
部一		建筑工程			-
清 A01.01.01		土方开挖	m3	100	100
子 10001	水利	人工挖一般土[illegible]	100m3	Q/100	1
子 10001	水利	人工挖一般土方 土类级别I-[illegible]	100m3	Q/100	1
子 [illegible]…	水利	金钢石钻头 护孔器	100m	1/100	.01
子 换 20006	水利	一般石方开挖→80型潜孔钻钻孔(孔深≤6m) 岩石级别IX~X 换:合金钻头 换:潜孔钻钻头 80型 换:2#岩石铵梯炸药 换:DH6 冲击器	100m3	Q/100	1
附 20432	水利	人工装石渣机动翻斗车运输 运距300m	100m3	(X*1.04)/100	1.04
子 30021	水利	干砌块石 挡土墙	100m3砌体方	1/100	.01
子 30017	水利	干砌块石 护坡 平面	100m3砌体方	1/100	.01
子 30027	水利	浆砌卵石 挡土墙	100m3砌体方	1/100	.01
子 40003	水利	常态混凝土坝(堰)体 一般层厚浇筑半机械化	m3	(Q/100)*100	100

图 9-68

(10)提取设备:在实际工作中,有时要将所套定额的相应设备编制进去,而定额中又没有带相应的设备,为了加快其录入速度,运用此按钮就可以将当前定额作为补充设备增加至该条定额的子目中。运用此操作可自动增加设备。

(11)提取主材:同上面一样,有时要增加补充材料,而这种补充材料的名称、规格、数量等与定额子目相近,可用此方法将定额名称当做补充材料处理,其操作方法与作补充设备的方法一样。

(12)主材设备消耗量锁定:锁定主材设备的消耗量,把消耗量值锁定在某一个值上不能更改。

(13)重新从系统材机库中提取:重新修改属性。如图 9-69 所示。

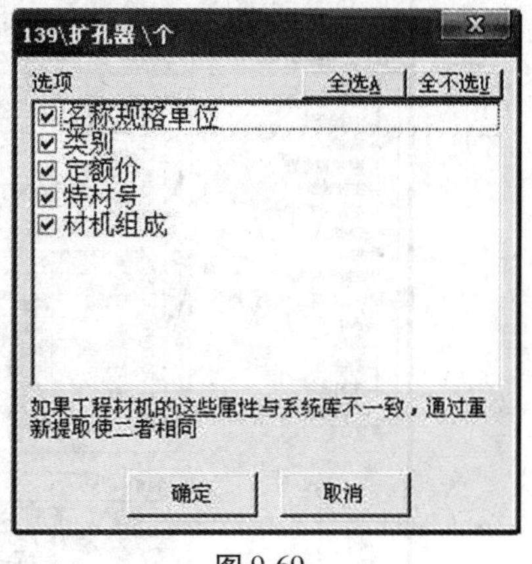

图 9-69

(14)放回材料库:把所选材料添加到材料库中,添加的材料号不能和原主材号的材料库中相同,并且材料编号不能是临时材料编号。如图 9-70 所示。

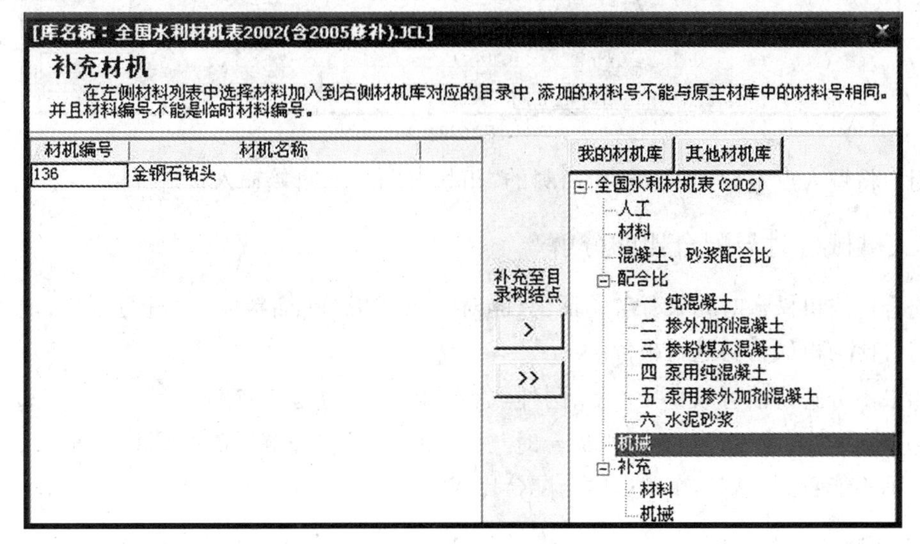

图 9-70

第三节 费用分析

当前工程的定额套用完成后,需对当前的各种材料汇总分析,这是预算管理使用计算机最优越、最实际的工作之一,在工料机分析中,计算机效率是手工的几十倍。

工料机汇总中的数据由计算机自动产生,可以选择左边目录中的人工、材料和机械等进行分类查看。

一、预算价的输入

套定额完成后,进入"工料机汇总分析"插页,对所有的"工料机"输入"市场价",如果"参考价"初始值为空,则自动等于市场价,即参考价与市场价平衡,材料价差为零,如果参考价不同于市场价,则要修改市场价,即体现“材料价差”。如图9-71所示。

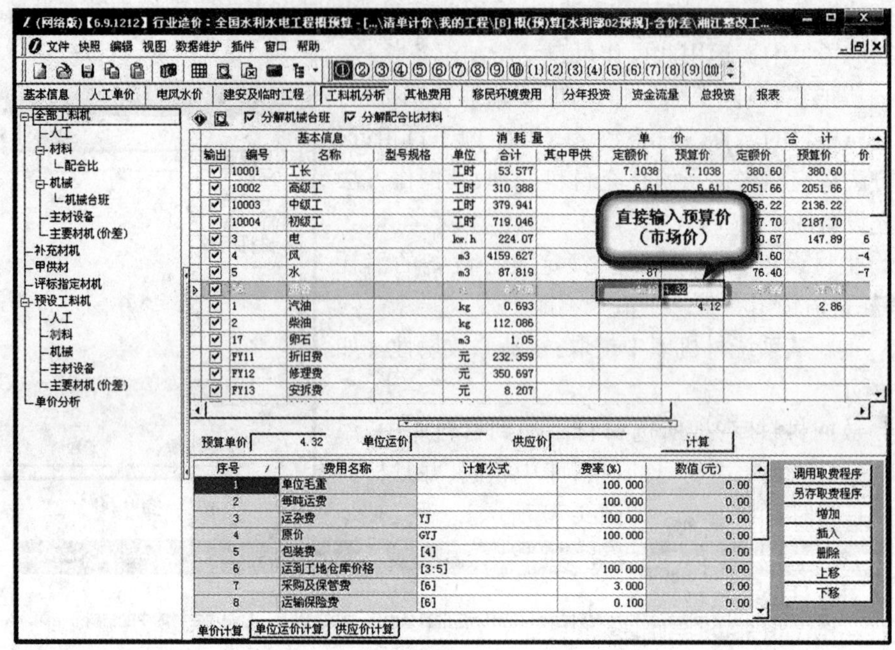

图9-71

用户将输入点定位到需要给价材料的“市场价”栏中,直接输入材料价格。

二、机械台时与配合比的分解

配合比与机械台时如果分解的话,只能对其组成成分(抽料成分)进行报价,而不能直接对配合比与机械台时进行报价。

如果不分解的话可以直接报价,两种状态可以通过勾选 ☑分解机械台时 ☑分解配合比材料 开关按钮实现;在分解状态下可以看到组成机械台时与配合比的所有分解后的“人材机”成分,在未分解状态则不能看到分解出来的台时与配合比成分。

三、材料单价分析

对主要材料要进行单价分析处理的,可以在“工料机汇总分析”主窗口中选择指定材料,然后在单价分析窗口左侧表格中单击鼠标右键,执行“选择取费”命令项,从弹出的文件对话框中选择文件“主要材料单价分析.JQF”并打开,此时单价分析对话框中显示如图9-72所示的取费程序,并输入各费用项目,用户也可以在不修改“费用名称”的前提下编辑取费的程序。

预算单价 4.32　单位运价　供应价　计算

序号	费用名称	计算公式	费率(%)	数值(元)
1	单位毛重		100.000	0.00
2	每吨运费		100.000	0.00
3	运杂费	YJ	100.000	0.00
4	原价	GYJ	100.000	0.00
5	包装费	[4]		0.00
6	运到工地仓库价格	[3:5]	100.000	0.00
7	采购及保管费	[6]	3.000	0.00
8	运输保险费	[6]	0.100	0.00

调用取费程序　另存取费程序　增加　插入　删除　上移　下移

单价计算　单位运价计算　供应价计算

图9-72

(1)单位运价计算:输入各运输方式的参数及权重,计算加权的运价,代号 YJ。

(2)供应价计算:输入各供应商的供应价及权重,计算加权的供应价,代号 GYJ。

(3)调入编制价计算程序,得到编制价。

四、设定为主要材料

在“工料机分析”选择要设定为主要材料的材料名称,单击鼠标右键,执行“设定为主要材料”命令项,则可以将选中的材料放入“主要材料”节点下,在报表中作为“主要材料”打印输出。如果需取消“设定为主要材料”,可以进入“主要材料”节点,选择指定的材料后单击鼠标右键,执行“取消设定主要材料”命令项。点击“确定”按钮后,该材料就进行了单价分析。

五、设定为指定材料

选定材料后,单击右键执行快捷菜单中的“设为指定材料”,则可将材料设置为评标指定材料。

六、设置为完全甲供

如果有甲供材的,可以选择指定材料后,通过执行快捷菜单“设置为完全甲供”命令,如果取消的话,则在“甲供材”节点下将指定材料设置为乙供即可。

七、查找材机来源

要查找材料来源于哪些定额,可以选定材料后单击鼠标右键,执行快捷菜单中的“查询材机来源”命令项,则会弹出所有使用过当前材料的定额子目。或者选择材料后点击按钮。如图 9-73 所示。

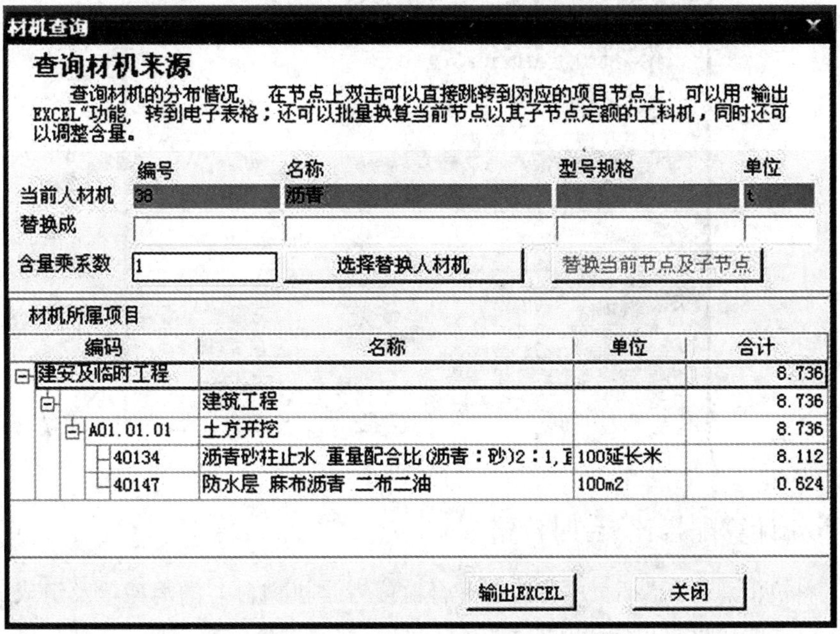

材机查询

查询材机来源

查询材机的分布情况, 在节点上双击可以直接跳转到对应的项目节点上, 可以用“输出EXCEL”功能, 转到电子表格;还可以批量换算当前节点以其子节点定额的工料机,同时还可以调整含量。

	编号	名称	型号规格	单位
当前人材机	38	沥青		t
替换成				
含量乘系数	1	选择替换人材机	替换当前节点及子节点	

材机所属项目

编码	名称	单位	合计
建安及临时工程			8.736
	建筑工程		8.736
A01.01.01	土方开挖		8.736
40134	沥青砂柱止水 重量配合比(沥青:砂)2:1,直	100延长米	8.112
40147	防水层 麻布沥青 二布二油	100m2	0.624

输出EXCEL　关闭

图 9-73

用户还可以点击“选择替换人材机”按钮,在项目指引库中选择需要替换的人材机或者修改“含量乘系数”。

八、保存和套用价格文件

(1)保存价格文件:为了避免在以后的工程中每次对相同的材料进行重复报价,可以将当前工程的市场价保存下来,以后的工程可以直接套用。在“工料机汇总分析 ”插页中单击鼠标右键,执行菜单中的“保存价格信息”命令,然后在弹出的对话框中给定一个价格文件名,根据情况选择相关选项,点击“确定”即可。如图 9-74 所示。

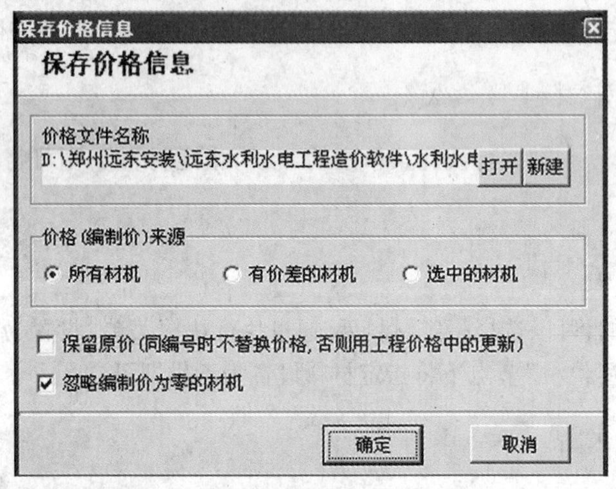

图 9-74

(2)套用价格文件:下次要调用时,同样通过右键,执行菜单命令“套用价格文件”,并在弹出的对话框中选择相应的价格文件即可。如图 9-75 所示。

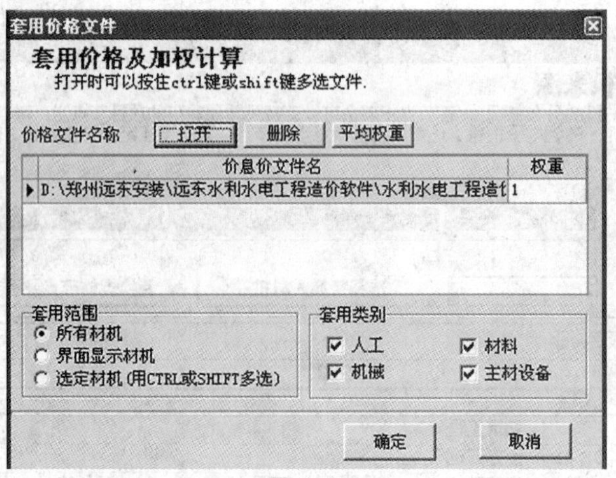

图 9-75

九、重新计算配合比、台时价格

当“工料机汇总分析”插页中修改了配合比或者是机械台时的消耗量及组成成分后,需要同样通过右键,执行菜单命令“重新计算配合比、台时价格”命令项。

注意:如果在"工料机汇总分析"窗口中修改配合比的成分及消耗量,将对所有的定额子目现时进行换算处理,如果只想对单个定额子目修改其配合比或台时成分及含量,则在套定额窗口中的"子目工料机"中进行换算处理。

十、价格调整

在"工料机汇总分析"窗口点击右键,执行菜单命令"价格调整"。如图9-76所示。

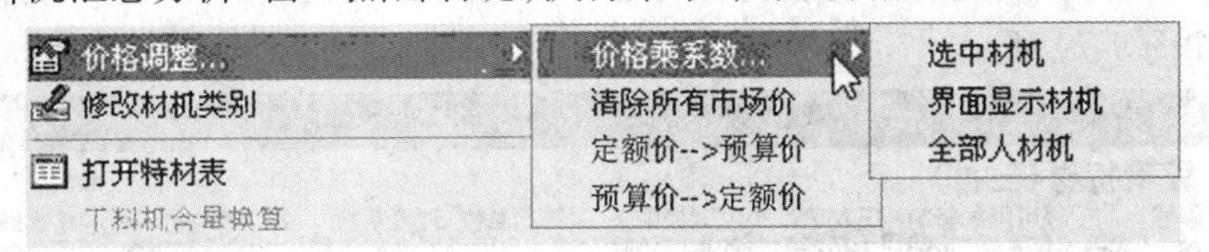

图9-76

(1)价格乘系数:即调整编制价,调整系数是按照百分比来计算的,默认在"100"情况下为不调整价格。如图9-77所示。

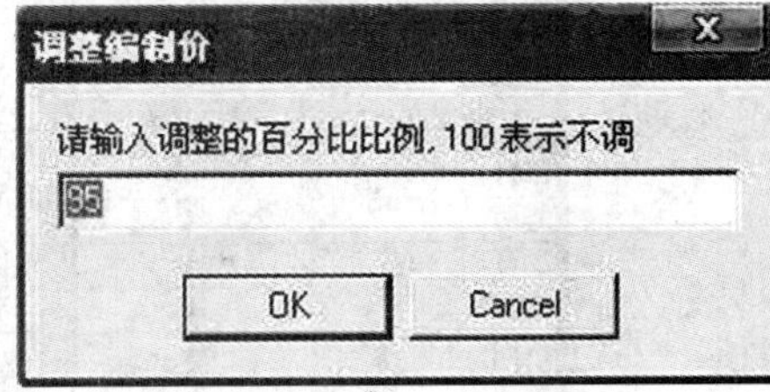

图9-77

选中材机:把当前选中的材机,乘以价格系数。

界面显示材机:把当前"工料机汇总分析"窗口中所有显示的材机乘以价格系数。

全部人材机:把工程中所有的人材机乘以价格系数。

(2)清除所有市场价:清除已有的市场价 。

(3)定额价→预算价:把所有的预算价改为跟定额价一样。

(4)预算价→定额价:把所有的定额价改为跟预算价一样。

十一、修改材机类别

改变工料机的类别。一般情况下,用户不需要更改。如图9-78所示。

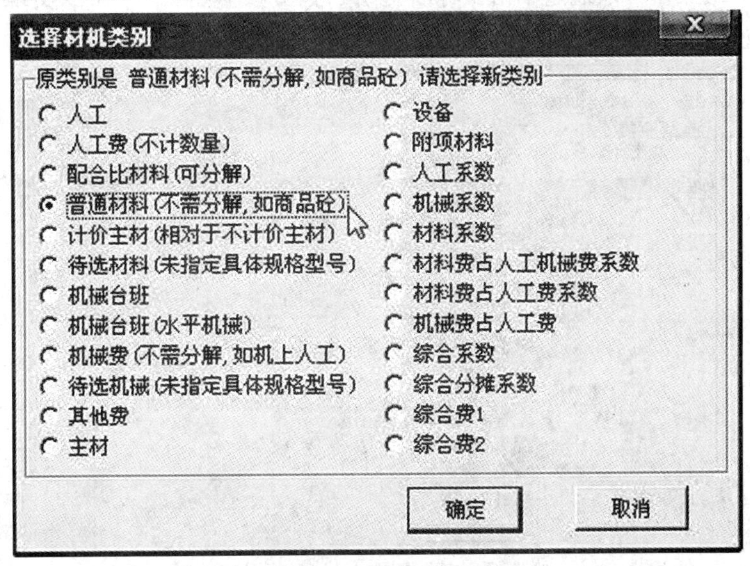

图9-78

十二、打开特材表

编辑当前工程可用的特材表或三材表。单位转换中按“需转换单位＝转换系数”，每个单位占一行的格式编辑。“刷新单位系数”按钮用于按特材表的单位转换设置，自动设置当前工程特材系数。“汇总数量金额”功能用于汇总当前工程中特材的数量和金额。每个特材还可设置单价分析程序以及相关的费率，这样可以通过批量设置特材号进行单价计算程序的设置。如图 9-79 所示。

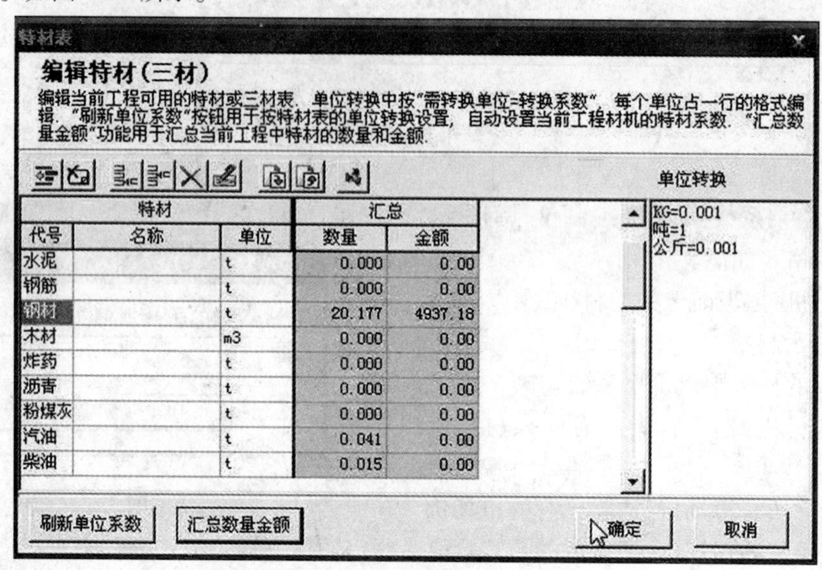

图 9-79

十三、右键菜单功能

注意：以上的操作可以通过单击鼠标右键，执行相应的快捷菜单命令实现，这里就不重复介绍。下面对其他右键菜单命令进行介绍。如图 9-80 所示。

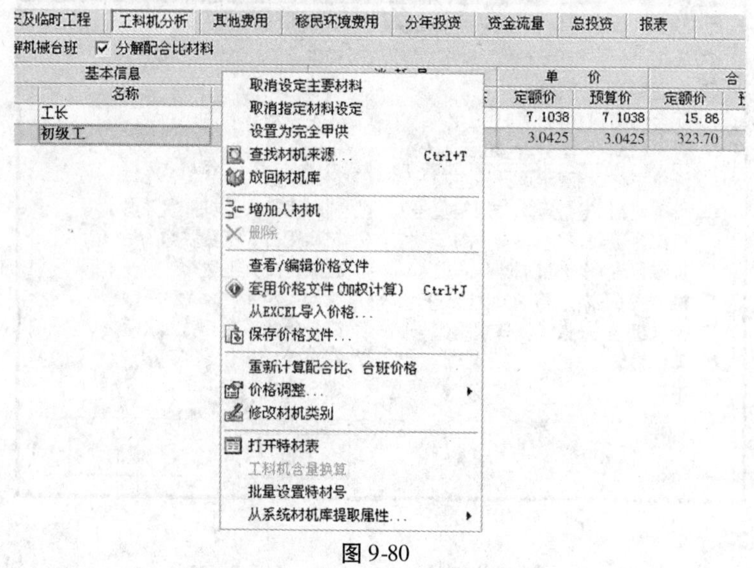

图 9-80

(1)修改工料机含量:对可分解的配合比或机械台时的组成含量的消耗量进行修改。

(2)批量设置特材号:成批给选定的工料机按相应的特材进行设置,便于汇总统计分析。

(3)放回材料库:把所选材料添加到材料库中,添加的材料号不能和原主材号的材料号相同,并且材料编号不能是临时材料编号。

(4)增加人材机:用户自定义补充工程中所需的材料。用户可以直接输入材料名称、编号等相关内容,还可以通过点击“打开材机指引”从系统材料库、主材库或当前工程材料中选择材料。

(5)查看/编辑价格文件:用户可以导入、导出及查看、编辑价格文件。

十四、其他费用

其他费用包含建设管理费、建设及施工场地征用费、生产准备费、科研勘测设计费、其他。这些费用在软件的备注中详细罗列出了计算说明,软件中只需输入相应的费率变量值即可。其他费中的数据是采用树状结构,数据向上一级汇总,最后的结果汇总到根节点。如图 9-81 所示。

(1) , , :插入项目,增加项目,增加子项。

(2) :保存模板。用户可以把当前的费用模块保存为模板,方便下一次调用或者以此模板为基础创建新的费用模块。

(3) :套用模板。套用其他的模板,以其他的模板为基础来编辑。

(4) :材料的数量、市场价、单位等在修改后点击汇总计算,系统会自动把结果汇总到根节点中。

(5)用户还可以对数值的小数位进行处理,选择保留小数点的位数。

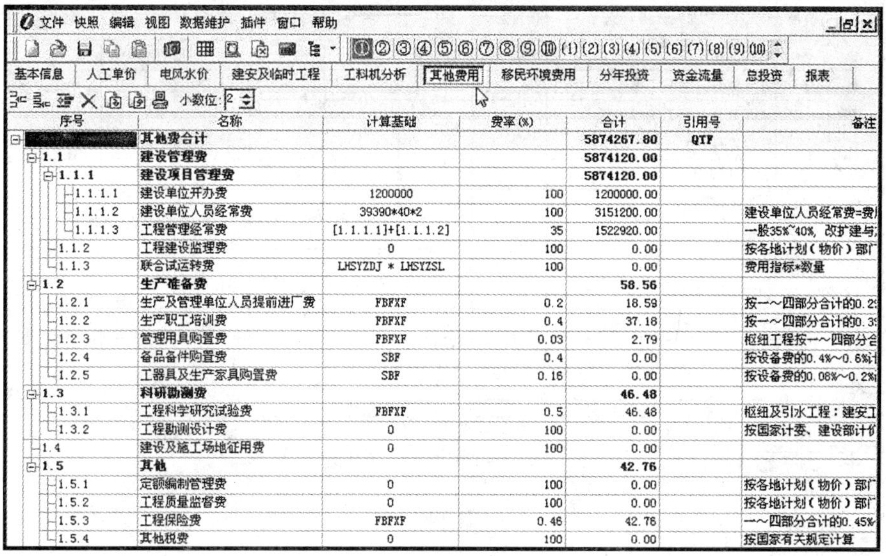

文件 快照 编辑 视图 数据维护 插件 窗口 帮助

基本信息 | 人工单价 | 电风水价 | 建安及临时工程 | 工料机分析 | 其他费用 | 移民环境费用 | 分年投资 | 资金流量 | 总投资 | 报表

小数位: 2

序号	名称	计算基础	费率(%)	合计	引用号	备注
	其他费合计			5874267.80	QTF	
1.1	建设管理费			5874120.00		
1.1.1	建设项目管理费			5874120.00		
1.1.1.1	建设单位开办费	1200000	100	1200000.00		
1.1.1.2	建设单位人员经常费	39390*40*2	100	3151200.00		建设单位人员经常费=费
1.1.1.3	工程管理经常费	[1.1.1.1]+[1.1.1.2]	35	1522920.00		一般35%~40%, 改扩建与
1.1.2	工程建设监理费	0	100	0.00		按各地计划(物价)部门
1.1.3	联合试运转费	LHSYZDJ * LHSYZSL	100	0.00		费用指标*数量
1.2	生产准备费			58.56		
1.2.1	生产及管理单位人员提前进厂费	FBFXF	0.2	18.59		按一~四部分合计的0.2
1.2.2	生产职工培训费	FBFXF	0.4	37.18		按一~四部分合计的0.3
1.2.3	管理用具购置费	FBFXF	0.03	2.79		枢纽工程按一~四部分合
1.2.4	备品备件购置费	SBF	0.4	0.00		按设备费的0.4%~0.6%计
1.2.5	工器具及生产家具购置费	SBF	0.16	0.00		按设备费的0.08%~0.2%
1.3	科研勘测费			46.48		
1.3.1	工程科学研究试验费	FBFXF	0.5	46.48		枢纽及引水工程:建安工
1.3.2	工程勘测设计费	0	100	0.00		按国家计委、建设部计价
1.4	建设及施工场地征用费	0	100	0.00		
1.5	其他			42.76		
1.5.1	定额编制管理费	0	100	0.00		按各地计划(物价)部门
1.5.2	工程质量监督费	0	100	0.00		按各地计划(物价)部门
1.5.3	工程保险费	FBFXF	0.46	42.76		一~四部分合计的0.45%
1.5.4	其他税费	0	100	0.00		按国家有关规定计算

图 9-81

十五、移民及环境费用

移民及环境费用中的数据是采用树状结构,数据向上一级汇总,最后的结果汇总到根节点。如图 9-82 所示。

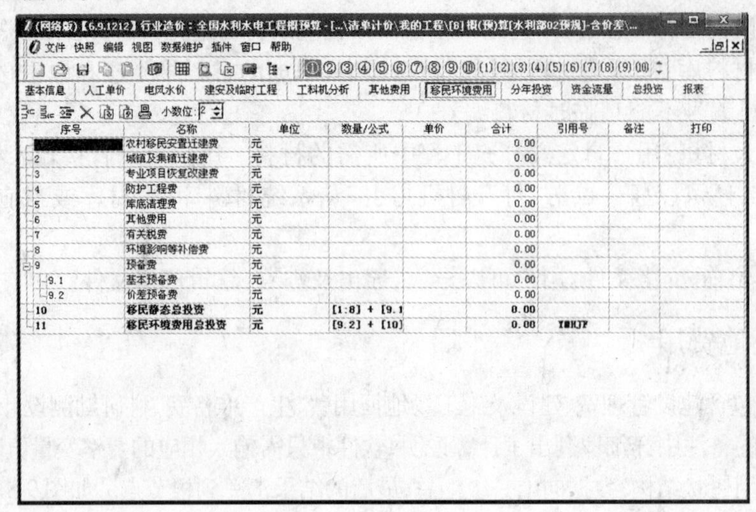

序号	名称	单位	数量/公式	单价	合计	引用号	备注	打印
	农村移民安置迁建费	元			0.00			
2	城镇及集镇迁建费	元			0.00			
3	专业项目恢复改建费	元			0.00			
4	防护工程费	元			0.00			
5	库底清理费	元			0.00			
6	其他费用	元			0.00			
7	有关税费	元			0.00			
8	环境影响等补偿费	元			0.00			
9	预备费	元			0.00			
9.1	基本预备费	元			0.00			
9.2	价差预备费	元			0.00			
10	移民静态总投资	元	[1:8] + [9.1		0.00			
11	移民环境费用总投资	元	[9.2] + [10]		0.00	I[illegible]HJF		

图 9-82

十六、分年投资

分年投资是工程的各项费用在不同时期的投资计划情况。如图 9-83 所示。

注意:季度分月用款计划是用 Excel 表格的形式显示出来的,操作跟 Excel 操作完全一样。

	A	B	C	D	E	F	G	H	I
4	编号	工程或费用名称	投资合计	第1年	第2年	第3年	第4年	第5年	第6年
5	一	建筑工程							
6	(一)	第一部分:建筑工程							
7	(二)	第四部分:施工临时工程							
8	二	安装工程							
9	三	设备工程							
10	四	独立费用							
11	(一)	建设管理费							
12	(二)	生产准备费							
13	(三)	科研勘测设计费							
14	(四)	建设及施工场地征用费							
15	(五)	其他							
16									

图 9-83

十七、资金流量

资金流量是工程期间各工程项目分年度完成工作量、预付款、扣回预付款、保留金、偿还保留金等费用项。如图 9-84 所示。

注意:季度分月用款计划是用 Excel 表格的形式显示出来的,操作跟 Excel 操作完全一样。

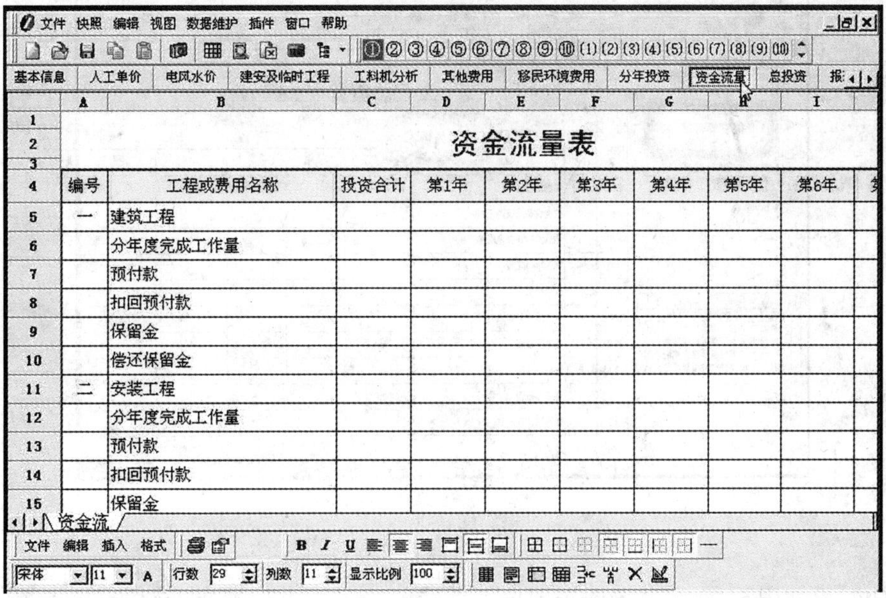

资金流量表

编号	工程或费用名称	投资合计	第1年	第2年	第3年	第4年	第5年	第6年
一	建筑工程							
	分年度完成工作量							
	预付款							
	扣回预付款							
	保留金							
	偿还保留金							
二	安装工程							
	分年度完成工作量							
	预付款							
	扣回预付款							
	保留金							

图 9-84

十八、总投资

总投资包含建筑工程、机电设备及安装工程、金属结构设备及安装工程、临时工程、其他费用、基本预备费、静态总投资、价差预备费及建设期融资利息。这些费用在软件的备注中详细罗列出了计算说明,软件中只需输入相应的费率变量值即可。其他费中的数据是采用树状结构,数据向上一级汇总,最后的结果汇总到根节点。如图 9-85 所示。

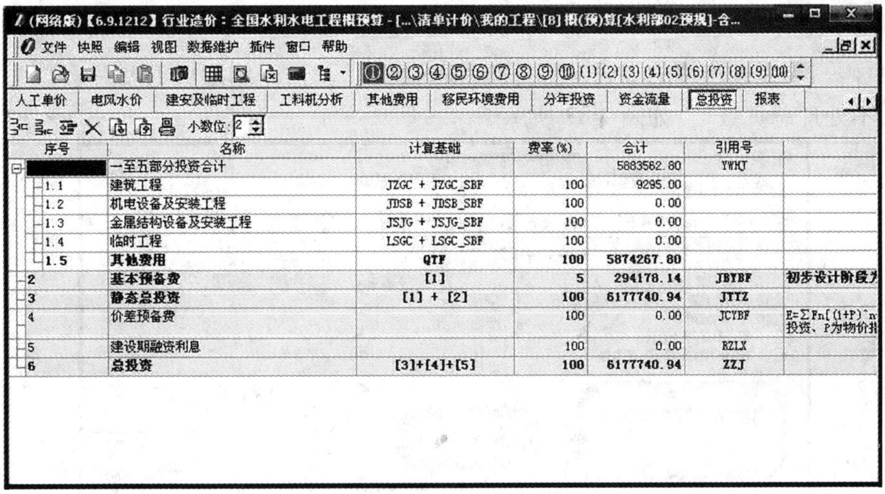

序号	名称	计算基础	费率(%)	合计	引用号	
	一至五部分投资合计			5883562.80	YWHJ	
1.1	建筑工程	JZGC + JZGC_SBF	100	9295.00		
1.2	机电设备及安装工程	JDSB + JDSB_SBF	100	0.00		
1.3	金属结构设备及安装工程	JSJG + JSJG_SBF	100	0.00		
1.4	临时工程	LSGC + LSGC_SBF	100	0.00		
1.5	其他费用	QTF	100	5874267.80		
2	基本预备费	[1]	5	294178.14	JBYBF	初步设计阶段
3	静态总投资	[1] + [2]	100	6177740.94	JTTZ	
4	价差预备费		100	0.00	JCYBF	E=ΣFn[(1+P)^n 投资、P为物价指
5	建设期融资利息		100	0.00	RZLX	
6	总投资	[3]+[4]+[5]	100	6177740.94	ZZJ	

图 9-85

十九、报表

套完定额工料机分析完成后,单击“报表”进入报表输出界面,如图 9-86 所示。

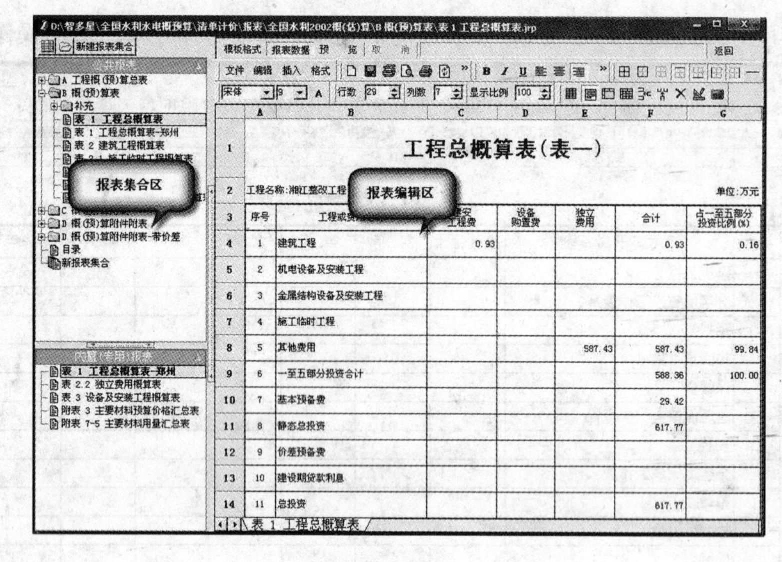

图 9-86

打印时先选中表,在预览确定无误后点击🖨进行打印,如需要做修改,单击🖨图标按钮进入页面设置。在报表的左窗口有三个按钮,功能分别如下:

▦:刷新(重建)报表目录。

📂:用资源管理器打开报表目录。

新建报表集合:新建报表集合或设置连续打印报表。在实际工程中,有时有些报表需要按连续的页码进行打印,点击此按钮弹出如下窗口,先选中左边的表,然后点击☞进行添加到右边窗口中,若误选了表,在选好该表后点击☜进行删除。若只需批量打印表格,可"选不处理页码",若需按连续的页码进行打印,请选择"自动连续编排页码及总页数"或"连续编页码,不处理总页数"。如图 9-87 所示。

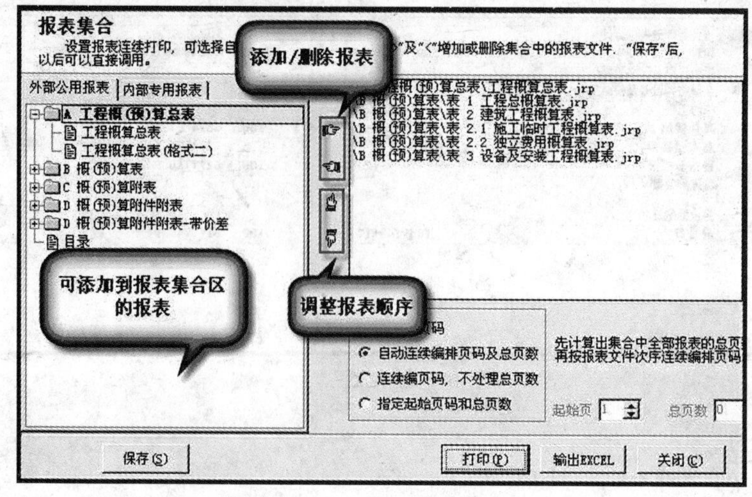

图 9-87

第四节 定额换算

一、定额换算处理

在进行定额子目录入时，经常遇到一些换算的项目，比如说人材机的系数换算、定额增减换算、配合比的换算、机械台时的换算，均可在系统智能提示下完成；如果需要对某定额子目补充或者替换人材机的话，可以在当前子目相对应下方的“工料机”窗口中单击鼠标右键，使用快捷菜单中的相应命令项实现，也可以按 Insert 键或者是在最后一行按向下方向键即可以增加空行。下面介绍有关换算的操作方法。

二、系数换算

（1）根据施工条件不同，对工料机进行系数增减换算处理。例如：录入编号为“20001”的定额后，自动弹出如图 9-88 所示的换算对话框，调整人材机的子目系数。

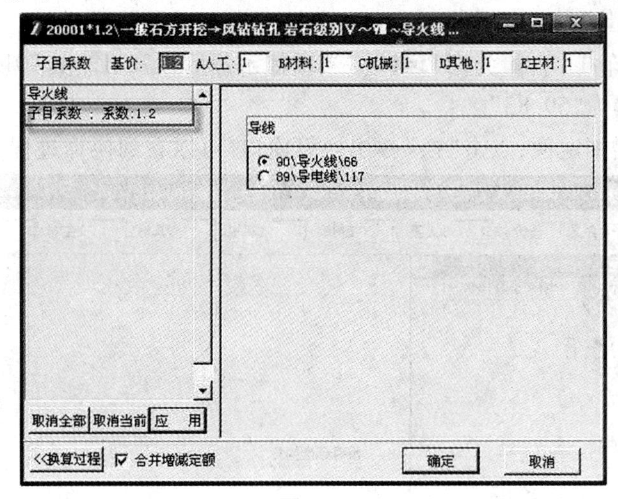

图 9-88

（2）点击“确定”按钮，此时我们可以看到套价窗口中该条定额子目编号为“20001 ＊1.2换”，即多了一个“换”字，“名称”栏中也加了换算内容，表示已经进行了换算。

（3）而其下方“工料机”窗格中所对应“人工”的消耗量也记录了换算过程，“备注”中表示原消耗量。

注意：系数的换算也可以直接在换算对话框“子目系数”中输入相应的系数实现换算。如果是在“基价”框中输入一个系数，则表示对所有的“人材机、其他”都现时乘系数进行换算，如果只在其中的某项中输入系数，则表示只对其中工料机中的某项进行换算。这些系数换算可以叠加进行。

三、定额增加换算

（1）例如：在工程中输入一定额“10439 人工挖土方机动翻斗车运输（Ⅰ～Ⅱ类土）运距100 m”，但这时又要在同一定额上增加另外一个定额“10440 人工挖土方机动翻斗车运输

（Ⅰ～Ⅱ类土）运距 200 m”。如图 8-99 所示。

快速定位… 编辑状态：标底

编码	定额	名称	单位	计算式
清 A01.01.01		土方开挖	m3	100
子 10001	水利	人工挖一般土方 土类级别I-II	100m3	Q/100
子 10001	水利	人工挖一般土方 土类级别I-II	100m3	Q/100
子 70007	水利	金钢石钻头 扩孔器	100m	1/100
子 20006换	水利	一般石方开挖→80型潜孔钻钻孔(孔深≤6m) 岩石级别IX～X ~换:合金钻头 换:潜孔钻钻头 80型 换:2#岩石铵梯炸药 换:DH6 冲击器	100m3	Q/100
子 20001*1.2换	水利	一般石方开挖→风钻钻孔 岩石级别V～VIII ~导火线 单价*1.2	100m3	Q/100
子 10439 + 10440换	水利	人工挖土方机动翻斗车运输(Ⅰ～Ⅱ类土)运距100m	100m3	Q/100
附 20432	水利	人工装石渣机动翻斗车运输 运距300m	100m3	(X*1.248)/100
子 30021	水利	干砌块石 挡土墙	100m3砌体方	1/100
子 30017	水利	干砌块石 护坡 平面	100m3砌体方	1/100
子 30027	水利	浆砌卵石 挡土墙	100m3砌体方	1/100
子 40003	水利	常态混凝土坝(堰)体 一般层厚浇筑半机械化	m3	(Q/100)*100
附 40147	水利	防水层 麻布沥青 二布二油	100m2	(X*1.04)/100
附 40134	水利	沥青砂柱止水 重量配合比(沥青：砂)2：1,直径30cm	100延长米	(X*1.04)/100

图 9-89

（2）在工料机中定额“10439 人工挖土方机动翻斗车运输（Ⅰ～Ⅱ类土）运距 100 m”的机动翻斗车 1 t 含量为“28.42”，“10440 人工挖土方机动翻斗车运输（Ⅰ～Ⅱ类土）运距 200 m”的机动翻斗车 1 t 含量为“31.41”。当增加定额后，“70112 ＋ 70113 杆上变压器”的机动翻斗车 1 t 含量为“59.83”。

（3）选中当前增加定额，点击“换”弹出换算窗口，可以看到换算过程。如图 9-90 所示。

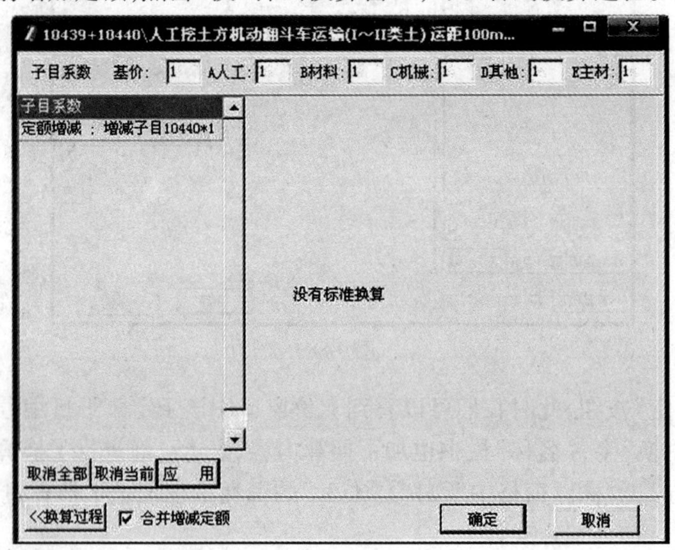

图 9-90

四、单选换算

即有的定额列出了多种换算选择，用户只能选择其中一项。

五、配合比换算

软件将定额中所有配合比都列出，可选用其他配合比进行换算，系统自动记忆上次选用的配合比,方便快速选择。

六、机械台时的换算

机械台时的换算方法与配合比换算操作方法相同,请参照进行。

七、子目检查与换算过程查询

在进行换算时,系统记录了整个换算过程,如果用户需要查看某子目的换算过程的话,在定额子目上所对应的“工料机”窗口中单击鼠标右键在快捷菜单中选择“显示换算窗”或者点击右下方 换 |◀ ◀ ▶ ▶| 按钮中的“换”,(其中上、下箭头可以用来逐条地显示套定额窗口中的每一行内容),图 9-90 所示为弹出的换算窗口。

注意:换算操作只能在子目节点操作。

第五节　清单项目管理

在“数据维护”菜单中选择“清单项目”,弹出“清单库管理”窗口。如图 9-91 所示。

图 9-91

一、主菜单栏

(1)文件。

新建:新建清单库。直接输入数据库名称、所属地区、所属专业名称、数据库识别代号及相关支持库。如图 9-92 所示。

打开:打开已有的清单库。

保存:保存当前操作的清单库。

另存为:把当前操作的清单库按一定条件(文件名或路径)存储。

(2)选择定额库,点击“选择定额库”按钮,弹出选择打开定额库文件。缺省情况下定额库文件是在安装目录下的“sysData”文件中,选择需要打开的定额库即可。

(3)指引定额库:显示当前定额库的目标路径。如图 9-93 所示。

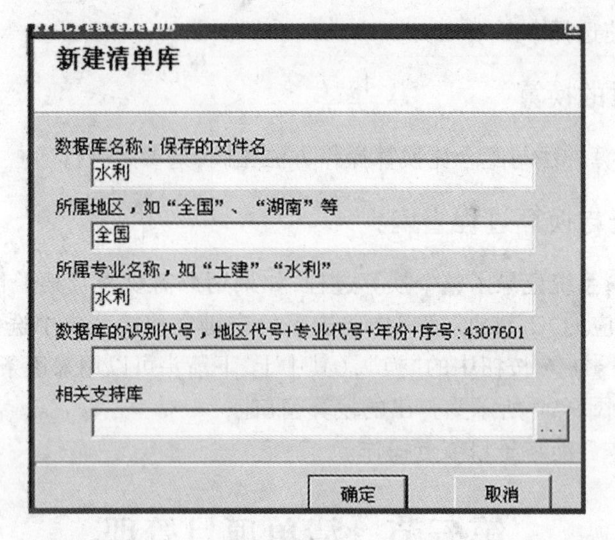

图 9-92

类别	项目编号	项目名称	单位	序号	指标类别
段	A	一、建筑工程		001	
部	A01	(一)挡水工程		001001	
部	A01.01	混凝土坝(闸)工程		001001001	
部	A01.02	土(石)坝工程		001001002	
部	A02	(二)泄洪工程		001002	
部	A03	(三)引水工程		001003	
部	A04	(四)发电工程		001004	
部	A05	(五)升压变电工程		001005	
部	A06	(六)航运过坝工程		001006	
部	A07	(七)灌溉渠首工程		001007	
部	A08	(八)交通工程		001008	
部	A09	(九)房屋建筑工程		001009	
部	A10	(十)其他工程		001010	
段	B	二、设备和安装工程		002	
段	C	三、金属结构设备及安装工程		003	
段	D	四、临时工程		004	
段	E	五、环境保护工程		005	

图 9-93

二、清单库信息

在“清单项目管理”窗口的左下角点击“清单库信息”，窗口切换到“清单库信息”子插页窗口。如图 9-94 所示。

清单库管理 水利建筑工程项目库.JQD

文件 选择定额库 指引定额库 D:\智多星\全国水利水电概预 刷新指引子目名称

名称	内容
地区名称	广东
编制人	
编制日期	
专业名称	全国建筑清单(广东)
专业序号	1
专业代号	1
清单库名称	全国建筑清单(广东).JQD
清单库代号	
定额库名称	广东土建定额(2003).JDE
定额库代号	51000051
清单显示模板	00010000000
清单显示格式	31
节点长度	12

清单库信息

清单库信息 清单表

图 9-94

在“清单库信息”窗口中，可以增加或删除清单信息，然后再保存。在实际工程中，若要更改清单库的内容，必须先勾选☑修改单选框，才能对清单库的内容进行修改；否则，在没有勾选□修改单选框时，清单库的内容是锁定不能修改的。

一般情况下，系统默认设置好清单库信息，用户不需要更改。

三、清单表

在“清单库管理”窗口的左下角点击“清单表”，窗口切换到“清单表”子窗口。

(1)查找：输入查找的关键字，关键字必须在清单范围之内，否则查找不到。

(2)增加/删除：增加一行空内容的清单项/删除选定的清单项。

(3)复制/粘贴：选定一行复制/增加一行空清单项后粘贴即可。

(4)保存：对当前操作后的清单保存。

(5)生成序号：分为按“章节”和“全部项目”生成序号。

(6)修改：只有在勾选☑修改单选框后，才能对清单表进行编辑。

附录　水利水电基本建设项目划分表

第一部分　建筑工程

序号	一级项目	二级项目	三级项目	技术经济指标
Ⅰ	枢纽工程			
一	挡水工程			
1		混凝土坝(闸)工程		
			土方开挖	元/m^3
			石方开挖	元/m^3
			土石方回填	元/m^3
			模板	元/m^2
			混凝土	元/m^3
			防渗墙	元/m^2
			灌浆孔	元/m
			灌浆	
			排水孔	元/m
			砌石	元/m^3
			钢筋	元/t
			锚杆	元/根
			锚索	元/束
			启闭机室	元/m^2
			温控措施	
			细部结构工程	元/m^3
2		土(石)坝工程		
			土方开挖	元/m^3
			石方开挖	元/m^3
			土料填筑	元/m^3
			砂砾料填筑	元/m^3
			斜(心)墙土料填筑	元/m^3
			反滤料、过渡料填筑	元/m^3
			坝体(坝趾)堆石	元/m^3
			土工膜	元/m^2
			沥青混凝土	元/m^3
			模板	元/m^2
			混凝土	元/m^3
			砌石	元/m^3
			铺盖填筑	元/m^3
			防渗墙	元/m^2
			灌浆孔	元/m
			灌浆	
			排水孔	元/m
			钢筋	元/t
			锚杆(索)	元/束(根)
			面(趾)板止水	元/m
			细部结构工程	元/m^3

续表

序号	一级项目	二级项目	三级项目	技术经济指标
I	枢纽工程			
二	泄洪工程			
1		溢洪道工程		
			土方开挖	元/m^3
			石方开挖	元/m^3
			土石方回填	元/m^3
			模板	元/m^2
			混凝土	元/m^3
			灌浆孔	元/m
			灌浆	
			排水孔	元/m
			砌石	元/m^3
			钢筋	元/t
			锚索(杆)	元/束(根)
			温控措施	
			细部结构工程	元/m^3
2		泄洪洞工程		
			土方开挖	元/m^3
			石方开挖	元/m^3
			模板	元/m^2
			混凝土	元/m^3
			灌浆孔	元/m
			灌浆	
			排水孔	元/m
			钢筋	元/t
			锚索(杆)	元/束(根)
			细部结构工程	元/m^3
3		冲砂洞(孔)工程		
			土方开挖	元/m^3
			石方开挖	元/m^3
			模板	元/m^2
			混凝土	元/m^3
			灌浆孔	元/m
			灌浆	
			排水孔	元/m
			钢筋	元/t
			锚索(杆)	元/束(根)
			细部结构工程	元/m^3
4		放空洞工程		
三	引水工程			
1		引水明渠工程		
			土方开挖	元/m^3
			石方开挖	元/m^3
			模板	元/m^2
			混凝土	元/m^3
			钢筋	元/t

续表

序号	一级项目	二级项目	三级项目	技术经济指标
Ⅰ	枢纽工程			
			锚索(杆)	元/束(根)
			细部结构工程	元/m^3
2		进(取)水口工程		
			土方开挖	元/m^3
			石方开挖	元/m^3
			模板	元/m^2
			混凝土	元/m^3
			钢筋	元/t
			锚索(杆)	元/束(根)
			细部结构工程	元/m^3
3		引水隧洞工程		
			土方开挖	元/m^3
			石方开挖	元/m^3
			模板	元/m^2
			混凝土	元/m^3
			灌浆孔	元/m
			灌浆	
			钢筋	元/t
			锚索(杆)	元/束(根)
			细部结构工程	元/m^3
4		调压井工程		
			土方开挖	元/m^3
			石方开挖	元/m^3
			模板	元/m^2
			混凝土	元/m^3
			喷浆	元/m^2
			灌浆孔	元/m
			灌浆	
			钢筋	元/t
			锚索(杆)	元/束(根)
			细部结构工程	元/m^3
5		高压管道工程		
			土方开挖	元/m^3
			石方开挖	元/m^3
			模板	元/m^2
			混凝土	元/m^3
			灌浆孔	元/m
			灌浆	
			钢筋	元/t
			锚索(杆)	元/束(根)
			细部结构工程	元/m^3
四	发电厂工程			
1		地面厂房工程		
			土方开挖	元/m^3
			石方开挖	元/m^3
			模板	元/m^2
			混凝土	元/m^3
			砖墙	元/m^3

续表

序号	一级项目	二级项目	三级项目	技术经济指标
Ⅰ	枢纽工程			
			砌石	元/m^3
			灌浆孔	元/m
			灌浆	
			钢筋	元/t
			锚索(杆)	元/束(根)
			温控措施	
			厂房装修	元/m^2
			细部结构工程	元/m^3
2		地下厂房工程		
			石方开挖	元/m^3
			模板	元/m^2
			混凝土	元/m^3
			喷浆	元/m^2
			灌浆孔	元/m
			灌浆	
			排水孔	元/m
			钢筋	元/t
			锚索(杆)	元/束(根)
			温控措施	
			厂房装修	元/m^2
			细部结构工程	元/m^3
3		交通洞工程		
			土方开挖	元/m^3
			石方开挖	元/m^3
			模板	元/m^2
			混凝土	元/m^3
			灌浆孔	元/m
			灌浆	
			钢筋	元/t
			锚索(杆)	元/束(根)
			细部结构工程	元/m^3
4		出线洞(井)工程		
5		通风洞(井)工程		
6		尾水洞工程		
7		尾水调压井工程		
8		尾水渠工程		
			土方开挖	元/m^3
			石方开挖	元/m^3
			模板	元/m^2
			混凝土	元/m^3
			砌石	元/m^3
			钢筋	元/t
			细部结构工程	元/m^3

续表

序号	一级项目	二级项目	三级项目	技术经济指标
I	枢纽工程			
五	升压变电站工程			
1		变电站工程		
			土方开挖	元/m^3
			石方开挖	元/m^3
			模板	元/m^2
			混凝土	元/m^3
			砌石	元/m^3
			构架	元/m^3(t)
			钢筋	元/t
			细部结构工程	元/m^3
2		开关站工程		
			土方开挖	元/m^3
			石方开挖	元/m^3
			模板	元/m^2
			混凝土	元/m^3
			砌石	元/m^3
			构架	元/m^3(t)
			钢筋	元/t
			细部结构工程	元/m^3
六	航运工程			
1		上游引航道工程		
			土方开挖	元/m^3
			石方开挖	元/m^3
			模板	元/m^2
			混凝土	元/m^3
			砌石	元/m^3
			钢筋	元/t
			锚索(杆)	元/束(根)
			细部结构工程	元/m^3
2		船闸(升船机)工程		
			土方开挖	元/m^3
			石方开挖	元/m^3
			模板	元/m^2
			混凝土	元/m^3
			灌浆孔	元/m
			灌浆	
			防渗墙	元/m^2
			钢筋	元/t
			锚索(杆)	元/束(根)
			控制室	元/m^2
			温控措施	
			细部结构工程	元/m^3
3		下游引航道工程		
			土方开挖	元/m^3
			石方开挖	元/m^3

续表

序号	一级项目	二级项目	三级项目	技术经济指标
Ⅰ	枢纽工程			
			模板 混凝土 砌石 钢筋 锚索(杆) 细部结构工程	元/m^2 元/m^3 元/m^3 元/t 元/束(根) 元/m^3
七	鱼道工程			
八	交通工程			
1		公路工程	土方开挖 石方开挖 土石方回填 砌石 路面	元/m^3 元/m^3 元/m^3 元/m^3
2		铁路工程		元/km
3		桥梁工程		元/延米
4		码头工程		
九	房屋建筑工程			
1		辅助生产厂房		元/m^2
2		仓库		元/m^2
3		办公室		元/m^2
4		生活及文化福利建筑		
5		室外工程		
十	其他建筑工程			
1		内外部观测工程		
2		动力线路工程(厂坝区)		元/km
3		照明线路工程		元/km
4		通信线路工程		元/km
5		厂坝区及生活区供水、供热、排水等公用设施		
6		厂坝区环境建设工程		
7		水情自动测报系统工程		
8		其他		

续表

序号	一级项目	二级项目	三级项目	技术经济指标
Ⅱ	引水工程及河道工程			
一	渠(管)道工程(堤防工程、疏浚工程)			
1		××—××段干渠(管)工程(××—××段堤防工程、××—××段疏浚工程)		
			土方开挖(挖泥船挖)	元/m^3
			石方开挖	元/m^3
			土石方回填	元/m^3
			土工膜	元/m^2
			模板	元/m^2
			混凝土	元/m^3
			输水管道	元/m
			砌石	元/m^3
			抛石	元/m^3
			钢筋	元/t
			细部结构工程	元/m^3
2		××—××段支渠(管)工程		
二	建筑物工程			
1		泵站工程(扬水站、排灌站)		
			土方开挖	元/m^3
			石方开挖	元/m^3
			土石方回填	元/m^3
			模板	元/m^2
			混凝土	元/m^3
			砌石	元/m^3
			钢筋	元/t
			锚杆	元/根
			厂房建筑	元/m^2
			细部结构工程	元/m^3
2		水闸工程		
			土方开挖	元/m^3
			石方开挖	元/m^3
			土石方回填	元/m^3
			模板	元/m^2
			混凝土	元/m^3
			防渗墙	元/m^2

续表

序号	一级项目	二级项目	三级项目	技术经济指标
Ⅱ	引水工程及河道工程			
			灌浆孔	元/m
			灌浆	
			砌石	元/m^3
			钢筋	元/t
			启闭机室	元/m^2
			细部结构工程	元/m^3
3		隧洞工程		
			土方开挖	元/m^3
			石方开挖	元/m^3
			模板	元/m^2
			混凝土	元/m^3
			灌浆孔	元/m
			灌浆	
			钢筋	元/t
			锚索(杆)	元/束(根)
			细部结构工程	元/m^3
4		渡槽工程		
			土方开挖	元/m^3
			石方开挖	元/m^3
			土石方回填	元/m^3
			模板	元/m^2
			混凝土	元/m^3
			砌石	元/m^3
			钢筋	元/t
			细部结构工程	元/m^3
5		倒虹吸工程		
			土方开挖	元/m^3
			石方开挖	元/m^3
			土石方回填	元/m^3
			模板	元/m^2
			混凝土	元/m^3
			砌石	元/m^3
			钢筋	元/t
			细部结构工程	元/m^3
6		小水电站工程		
			土方开挖	元/m^3
			石方开挖	元/m^3
			土石方回填	元/m^3
			模板	元/m^2
			混凝土	元/m^3
			砌石	元/m^3
			钢筋	元/t
			锚筋	元/t
			厂房建筑	元/m^2
			细部结构工程	元/m^3

续表

序号	一级项目	二级项目	三级项目	技术经济指标
Ⅱ	引水工程及河道工程			
7		调蓄水库工程		
8		其他建筑物工程		
三	交通工程			
1		公路工程	土方开挖 石方开挖 土石方回填 砌石 路面	元/m^3 元/m^3 元/m^3 元/m^3
2		铁路工程		元/km
3		桥梁工程		元/延米
4		码头工程		
四	房屋建筑工程			
1		辅助生产厂房		元/m^2
2		仓库		元/m^2
3		办公室		元/m^2
4		生活及文化福利建筑		
5		室外工程		
五	供电设施工程			
六	其他建筑工程			
1		内外部观测工程		
2		动力线路工程（厂坝区）		元/km
3		照明线路工程		元/km
4		通信线路工程		元/km
5		厂坝区及生活区供水、供热、排水等公用设施		
6		厂坝区环境建设工程		
7		水情自动测报系统工程		
8		其他		

第二部分　机电设备及安装工程

序号	一级项目	二级项目	三级项目	技术经济指标
Ⅰ	枢纽工程			
一	发电设备及安装工程			
1		水轮机设备及安装工程		
			水轮机	元/台
			调速器	元/台
			油压装置	元/台
			自动化元件	元/台
			透平油	元/t
2		发电设备及安装工程		
			发电机	元/台
			励磁装置	元/台(套)
3		主阀设备及安装工程		
			蝴蝶阀(球阀、锥形阀)	元/台
			油压装置	元/台
4		起重设备及安装工程		
			桥式起重机	元/台
			转子吊具	元/具
			平衡梁	元/副
			轨道	元/双 10 m
			滑触线	元/三相 10 m
5		水力机械辅助设备及安装工程		
			油系统	
			压气系统	
			水系统	
			水力量测系统	
			管路(管子、附件、阀门)	
6		电气设备及安装工程		
			发电电压装置	
			控制保护系统	
			直流系统	
			厂用电系统	
			电工试验	
			35 kV 及以下动力电缆	
			控制和保护电缆	
			母线	
			电缆架	
			其他	
二	升压变电设备及安装工程			
1		主变压器设备及安装工程		
			变压器	元/台
			轨道	元/双 10 m

续表

序号	一级项目	二级项目	三级项目	技术经济指标
I	枢纽工程			
2	高压电气设备及安装工程			
			高压断路器	
			电流互感器	
			电压互感器	
			隔离开关	
			高压避雷器	
			110 kV 及以上高压电缆	
3		一次拉线及其他安装工程		
三	公用设备及安装工程			
1		通信设备及安装工程		
			卫星通信	
			光缆通信	
			微波通信	
			载波通信	
			生产调度通信	
			行政管理通信	
2		通风采暖设备及安装工程		
			通风机	
			空调机	
			管路系统	
3		机修设备及安装工程		
			车床	
			刨床	
			钻床	
4		计算机监控系统		
5		管理自动化系统		
6		全厂接地及保护网		
7		电梯设备及安装工程		
			大坝电梯	
			厂房电梯	
8		坝区馈电设备及安装工程		
			变压器	
			配电装置	
9		厂坝区供水、排水、供热设备及安装工程		
10		水文、泥沙检测设备及安装工程		
11		水情自动测报系统设备及安装工程		

续表

序号	一级项目	二级项目	三级项目	技术经济指标
Ⅰ	枢纽工程			
12		外部观测设备及安装工程		
13		消防设备		
14		交通设备		
Ⅱ	引水工程及河道工程			
一	泵站设备及安装工程			
1		水泵设备及安装工程		
2		电动机设备及安装工程		
3		主阀设备及安装工程		
4		起重设备及安装工程	桥式起重机 平衡梁 轨道 滑触线	元/台 元/副 元/双 10 m 元/三相 10 m
5		水力机械辅助设备及安装工程	油系统 压气系统 水系统 水力量测系统 管路(管子、附件、阀门)	
6		电气设备及安装工程	控制保护系统 盘柜 电缆 母线	
二	小水电站设备及安装工程			
三	供变电工程			
		变电站设备及安装		
四	公用设备及安装工程			
1		通信设备及安装工程	卫星通信 光缆通信 微波通信 载波通信 生产调度通信 行政管理通信	
2		通风采暖设备及安装工程	通风机 空调机 管路系统	

续表

序号	一级项目	二级项目	三级项目	技术经济指标
Ⅱ	引水工程及河道工程			
3		机修设备及安装工程		
			车床 刨床 钻床	
4		计算机监控系统		
5		管理自动化系统		
6		全厂接地及保护网		
7		坝(闸、泵站)区馈电设备及安装工程		
			变压器 配电装置	
8		厂坝(闸、泵站)区供水、排水、供热设备及安装工程		
9		水文、泥沙检测设备及安装工程		
10		水情自动测报系统设备及安装工程		
11		外部观测设备及安装工程		
12		消防设备		
13		交通设备		

第三部分　金属结构设备及安装工程

序号	一级项目	二级项目	三级项目	技术经济指标
Ⅰ	枢纽工程			
一	挡水工程			
1		闸门设备及安装工程		
			平板门 弧形门 埋件 闸门防腐	元/t 元/t 元/t
2		启闭设备及安装工程		
			卷扬式启闭机 门式启闭机 油压启闭机 轨道	元/台 元/台 元/台 元/双10 m
3		拦污设备及安装工程		
			拦污栅 清污机	元/t 元/t(台)

续表

序号	一级项目	二级项目	三级项目	技术经济指标
Ⅰ	枢纽工程			
二	泄洪工程			
1		闸门设备及安装工程		
2		启闭设备及安装工程		
3		拦污设备及安装工程		
三	引水工程			
1		闸门设备及安装工程		
2		启闭设备及安装工程		
3		拦污设备及安装工程		
4		钢管制作及安装工程		
四	发电厂工程			
1		闸门设备及安装工程		
2		启闭设备及安装工程		
五	航运工程			
1		闸门设备及安装工程		
2		启闭设备及安装工程		
3		升船机设备及安装工程		
六	鱼道工程			
Ⅱ	引水工程及河道工程			
一	泵站工程			
1		闸门设备及安装工程		
2		启闭设备及安装工程		
3		拦污设备及安装工程		
二	水闸工程			
1		闸门设备及安装工程		
2		启闭设备及安装工程		
3		拦污设备及安装工程		
三	小水电站工程			
1		闸门设备及安装工程		
2		启闭设备及安装工程		
3		拦污设备及安装工程		
4		钢管制作及安装工程		
四	调蓄水库工程			
五	其他建筑工程			

第四部分　施工临时工程

序号	一级项目	二级项目	三级项目	技术经济指标
一	导流工程			
1		导流明渠工程		
			土方开挖	元/m^3
			石方开挖	元/m^3
			模板	元/m^2
			混凝土	元/m^3
			钢筋	元/t
			锚杆	元/根
2	导流洞工程			
			土方开挖	元/m^3
			石方开挖	元/m^3
			模板	元/m^2
			混凝土	元/m^3
			灌浆	
			钢筋	元/t
			锚杆(索)	元/根(束)
3	土石围堰工程			
			土方开挖	元/m^3
			石方开挖	元/m^3
			堰体填筑	元/m^3
			砌石	元/m^3
			防渗	元/m^3(m^2)
			堰体拆除	元/m^3
			截流	
			其他	
4		混凝土围堰工程		
			土方开挖	元/m^3
			石方开挖	元/m^3
			模板	元/m^2
			混凝土	元/m^3
			防渗	元/m^3(m^2)
			堰体拆除	元/m^3
			其他	
5		蓄水期下游断流补偿设施工程		
6		金属结构设备及安装工程		
二	施工交通工程			
1		公路工程		元/km
2		铁路工程		元/km
3		桥梁工程		元/延米
4		施工支洞工程		
5		码头工程		
6		转运站工程		

续表

序号	一级项目	二级项目	三级项目	技术经济指标
三	施工供电工程			
1		220 kV 供电线路		元/km
2		110 kV 供电线路		元/km
3		35 kV 供电线路		元/km
4		10 kV 供电线路（引水及河道）		元/km
5		变配电设施（场内除外）		元/座
四	房屋建筑工程			
1		施工仓库		
2		办公、生活及文化福利建筑		
五	其他施工临时工程			

第五部分　独立费用

序号	一级项目	二级项目	三级项目	技术经济指标
一	建设管理费			
1		项目建设管理费	建设单位开办费 建设单位经常费	
2		工程建设监理费		
3		联合试运转费		
二	生产准备费			
1		生产及管理单位提前进厂费		
2		生产职工培训费		
3		管理用具购置费		
4		备品备件购置费		
5		工器具及生产家具购置费		
三	科研勘测设计费			
1		工程科学研究试验费		
2		工程勘测设计费		

续表

序号	一级项目	二级项目	三级项目	技术经济指标
四	建设及施工场地征用费			
五	其他			
1		定额编制管理费		
2		工程质量监督费		
3		工程保险费		
4		其他税费		

参考文献

[1] 河南省水利厅.河南省水利水电建筑工程概算定额[M].西安:西安地图出版社,2006.

[2] 河南省水利厅.河南省水利水电建筑工程预算定额[M].西安:西安地图出版社,2006.

[3] 河南省水利厅.河南省水利水电设备安装工程概(预)算补充定额[M].西安:西安地图出版社,2006.

[4] 河南省水利厅.河南省水利水电工程施工机械台时费定额[M].西安:西安地图出版社,2006.

[5] 河南省水利厅.河南省水利水电工程设计概(估)算编制规定[M].西安:西安地图出版社,2006.

[6] 中国水利学会水利工程造价管理专业委员会.水利工程造价[M].北京:中国计划出版社,2002.

[7] 水利部,国家电力公司,国家工商行政管理局.水利水电工程施工合同和招标文件示范文本[M].北京:中国水利水电出版社;中国电力出版社,2000.

[8] 张健,等.河南省水利水电工程概预算[M].郑州:黄河水利出版社,2000.

[9] 梁建林.水利水电工程造价与招投标[M].郑州:黄河水利出版社,2001.

[10] 周召梅,徐凤永,等.工程造价与招投标[M].北京:中国水利水电出版社,2007.

[11] 水利部建设与管理司.最新水利工程建设项目招标投标文件汇编[G].北京:中国水利水电出版社,2005.

[12] 天津市水利建设工程造价管理站.水利建设工程招标投标指导全书[M].北京:中国水利水电出版社,2005.